高职高专测绘类专业“十二五”规划教材·规范版

教育部测绘地理信息职业教育教学指导委员会组编

测 绘 基 础

主 编 张东明

副主编 弓永利 杨爱琴

主 审 王金玲

图书在版编目(CIP)数据

测绘基础/张东明主编;弓永利,杨爱琴副主编;王金玲主审 .—武汉:武汉大学出版社,2014.1(2023.8 重印)
高职高专测绘类专业“十二五”规划教材 · 规范版
ISBN 978-7-307-11994-9

Ⅰ.测…　Ⅱ.①张…　②弓…　③杨…　④王…　Ⅲ. 测绘—高等职业教育—教材　Ⅳ.P2

中国版本图书馆 CIP 数据核字(2013)第 251728 号

责任编辑:王金龙　　责任校对:鄢春梅　　版式设计:马　佳

出版发行:**武汉大学出版社**　(430072　武昌　珞珈山)
(电子邮箱:cbs22@ whu.edu.cn 网址:www.wdp.com.cn)
印刷:武汉中远印务有限公司
开本:787×1092　1/16　印张:15.25　字数:351 千字　插页:1
版次:2014 年 1 月第 1 版　2023 年 8 月第 8 次印刷
ISBN 978-7-307-11994-9　定价:30.00 元

高职高专测绘类专业 “十二五”规划教材·规范版
编审委员会

序

武汉大学出版社根据高职高专测绘类专业人才培养工作的需要，于2011年和教育部高等教育高职高专测绘类专业教学指导委员会合作，组织了一批富有测绘教学经验的骨干教师，结合目前教育部高职高专测绘类专业教学指导委员会研制的“高职测绘类专业规范”对人才培养的要求及课程设置，编写了一套《高职高专测绘类专业“十二五”规划教材·规范版》。该套教材的出版，顺应了全国测绘类高职高专人才培养工作迅速发展的要求，更好地满足了测绘类高职高专人才培养的需求，支持了测绘类专业教学建设和改革。

当今时代，社会信息化的不断进步和发展，人们对地球空间位置及其属性信息的需求不断增加，社会经济、政治、文化、环境及军事等众多方面，要求提供精度满足需要，实时性更好、范围更大、形式更多、质量更好的测绘产品。而测绘技术、计算机信息技术和现代通信技术等多种技术集成，对地理空间位置及其属性信息的采集、处理、管理、更新、共享和应用等方面提供了更系统的技术，形成了现代信息化测绘技术。测绘科学技术的迅速发展，促使测绘生产流程发生了革命性的变化，多样化测绘成果和产品正不断努力满足多方面需求。特别是在保持传统成果和产品的特性的同时，伴随信息技术的发展，已经出现并逐步展开应用的虚拟可视化成果和产品又极好地扩大了应用面。提供对信息化测绘技术支持的测绘科学已逐渐发展成为地球空间信息学。

伴随着测绘科技的发展进步，测绘生产单位从内部管理机构、生产部门及岗位设置，进而相关的职责也发生着深刻变化。测绘从向专业部门的服务逐渐扩大到面对社会公众的服务，特别是个人社会测绘服务的需求使对测绘成果和产品的需求成为海量需求。面对这样的形势，需要培养数量充足，有足够的理论支持，系统掌握测绘生产、经营和管理能力的应用性高职人才。在这样的需求背景推动下，高等职业教育测绘类专业人才培养得到了蓬勃发展，成为了占据高等教育半壁江山的高等职业教育中一道亮丽的风景。

高职高专测绘类专业的广大教师积极努力，在高职高专测绘类人才培养探索中，不断推进专业教学改革和建设，办学规模和专业点的分布也得到了长足的发展。在人才培养过程中，结合测绘工程项目实际，加强测绘技能训练，突出测绘工作过程系统化，强化系统化测绘职业能力的构建，取得很多测绘类高职人才培养的经验。

测绘类专业人才培养的外在规模和内涵发展，要求提供更多更好的教学基础资源，教材是教学中的最基本的需要。因此面对“十二五”期间及今后一段时间的测绘类高职人才培养的需求，武汉大学出版社将继续组织好系列教材的编写和出版。教材编写中要不断将测绘新科技和高职人才培养的新成果融入教材，既要体现高职高专人才培养的类型层次特征，也要体现测绘类专业的特征，注意整体性和系统性，贯穿系统化知识，构建较好满足现实要求的系统化职业能力及发展为目标；体现测绘学科和测绘技术的新发展、测绘管理与生产组织及相关岗位的新要求；体现职业性，突出系统工作过程，注意测绘项目工程和生产中与相关学科技术之间的交叉与融合；体现最新的教学思想和高职人才培养的特色，在传统的教材基础上勇于创新，按照课程改革建设的教学要求，让教材适应于按照"项目教学"及实训的教学组织，突出过程和能力培养，具有较好的创新意识。要让教材适合高职高专测绘类专业教学使用，也可提供给相关专业技术人员学习参考，在培养高端技能应用性测绘职业人才等方面发挥积极作用，为进一步推动高职高专测绘类专业的教学资源建设，作出新贡献。

按照教育部的统一部署，教育部高等教育高职高专测绘类专业教学指导委员会已经完成使命，停止工作，但测绘地理信息职业教育教学指导委员会将继续支持教材编写、出版和使用。

教育部测绘地理信息职业教育教学指导委员会副主任委员

二〇一三年一月十七日

前　言

为了进一步推动高职高专测绘类专业的教学资源建设，整合全国优质教学资源，结合教育部2012年印发的《高等职业学校专业教学标准(试行)》——高职测绘地理信息类专业对人才培养的要求及课程设置，全国测绘地理信息职业教育教学指导委员会组织编写了“十二五”规划教材，本书是其中之一。

在《高等职业学校专业教学标准(试行)》中，“工程测量技术”、“工程测量与监理”、“地理信息系统与地图制图技术”等7个测绘地理信息类专业均将“测绘基础”作为专业基础课程进行开设。在教材编写中，结合高职教育特点和学生实际，根据测绘地理信息行业企业发展需要和完成测绘职业岗位实际工作任务所需要的知识、能力和素质要求，选取教材内容，注重介绍与测绘工程实践密切相关的作业方法、手段、技术和技能。教材体现教、学、做相结合，理论与实践一体化的教学特点，按照测绘生产的过程，基于地面点定位和地形图测绘的工作任务对所需的知识与技能进行分解和重构，有针对性地序化与构建能力单元，按照测绘基本技能、水准测量、导线测量、测量误差基本知识应用、地形图测绘等项目组织教材内容，开展相关测绘知识、理论、技能和方法的学习。

本书由昆明冶金高等专科学校张东明教授担任主编，内蒙古建筑职业技术学院弓永利、甘肃工业职业技术学院杨爱琴担任副主编。参加编写的人员有张新盈(河南水利与环境职业学院)、陈旭(黄河水利职业技术学院)、师军良(黄河水利职业技术学院)、张莉(包头铁道职业技术学院)、陈占(昆明冶金高等专科学校)。各章节的编写分工如下：第1章、第10章、附录由张东明编写，第2章由杨爱琴编写，第3章由张新盈编写，第4章由陈旭编写，第5章由师军良编写，第6章由张莉编写，第7章由陈占编写，第8章由弓永利、张东明编写，第9章由弓永利编写。全书由张东明负责统稿、定稿，并对部分章节进行了补充和修改。

本书由湖北水利水电职业技术学院王金玲教授担任主审，为书稿提供了宝贵的修改意见。武汉大学出版社王金龙老师为书稿的出版付出了大量辛勤劳动。在此表示衷心的感谢!

本书的编写得到了全国测绘地理信息职业教育教学指导委员会和武汉大学出版社的大力支持，是参与编写的各院校教师共同努力的结果。同时，在编写本书的过程中参阅了大量的书籍，在此对这些参考书籍的编者表示由衷的感谢。

由于作者水平有限，书中错误在所难免，希望读者不吝指正。

编　者

2013年7月

目　　录

第1章　测绘的发展及应用

【**教学目标**】测绘基础是测绘地理信息类专业学生的专业入门课程，是一门理论和实践紧密结合的课程。在本章的教学中，通过对测绘概念的学习，掌握从事绘地理信息工作的内容，了解测绘技术的发展，对测绘学科的各个应用领域有所了解。在学习测绘职业岗位内容的基础上，了解各个职业资格对知识、技能的要求，为后续专业课程的学习起先导作用。通过了解测绘在经济建设和社会服务中的作用，增强学生对测绘地理信息专业学习的兴趣。

1.1　测绘的基本概念与研究内容

1.1.1　测绘的基本概念

测绘是一门古老的学科和专业，有着悠久的历史。测绘是测量和地图制图的简称。常规而言，就是以地球表面为研究对象，利用测量仪器测定地球表面自然形态和地表人工设施的形状、大小、空间位置及其属性，然后根据观测到的数据通过地图制图的方法将地面的自然形态和人工设施绘制成地图。

随着人类活动范围的扩大和科学技术水平的发展，对地球表面形状和现象的测绘，不限于较小区域，而扩大到大区域，例如一个国家，一个地区，甚至全球范围。此时，测绘不仅研究地球表面自然形态和地表人工设施的几何信息获取方法、以及几何信息和属性信息的表达与描述，而且将地球作为一个整体研究其物理信息，例如地球重力场等。所以，从大的概念上讲，测绘就是研究测定和推算地面及其外空间点的几何位置，确定地球形状和地球重力场，获取地球表面自然形态和人工设施的几何分布以及与其属性有关的信息，编制全球或局部地区各种比例尺的普通地图和专题地图，建立各种地理信息系统，为国民经济发展和国防建设以及地学研究服务。

从应用层面上讲，测绘是为国民经济、社会发展以及国家各个部门提供地理信息保障，并为各项工程顺利实施提供技术、信息和决策支持的基础性行业。对于高职学生的学习和就业而言，测绘主要就是在测绘、水利、电力、公路、铁路、国土资源、城市规划、建筑、冶金、地质勘探、矿山、林业、农业、石油、海洋等行业，为各项工程顺利实施提供空间位置信息与测绘技术保障。其主要职业岗位是工程测量、大地测量、地籍测绘、房产测量、摄影测量、地理信息数据生产等。

在国家层面，测绘是准确掌握国情力、提高管理决策水平的重要手段，对于加强和改善宏观调控、促进区域发展、建设创新国家等具有重要作用。同时测绘工作涉及国家秘密，地图体现国家主权和政治主张，对于维护国家主权、安全和利益至关重要。

在2002年由全国科学技术名词审定委员会公布的《测绘学名词》一书中，对测绘学的定义是：英文名称为Geomatics，surveying and mapping，研究与地球有关的基础空间信息的采集、处理、显示、管理、利用的科学与技术。

我国的测绘地理信息高等教育主要有高等职业教育、本科教育、研究生教育。研究生教育专业为测绘科学与技术，下设大地测量学与测量工程、摄影测量与遥感、地图制图学与地理信息工程三个研究方向；本科教育专业设置为测绘类，下设测绘工程、遥感科学与技术两个专业；高等职业教育专业设置为测绘地理信息类，下设工程测量、工程测量与监理、摄影测量与遥感技术、大地测量与卫星定位技术、地理信息系统与地图制图技术、地籍测绘与土地管理信息技术、矿山测量等七个目录内专业，此外还设置了测绘与地理信息技术、测绘工程技术、测绘与地质工程技术等三个目录外专业。

1.1.2 测绘的研究内容

从测绘的基本概念和我国测绘高等教育的专业设置可知，其研究内容很多，涉及国家经济建设的多个行业和领域。从测绘地球研究方面而言，其主要内容为以下几个方面：

1. 建立全国统一的测绘基准和测绘系统

在已知地球形状、大小及其重力场的基础上建立一个统一的地球坐标系统，用以表示地球表面及其外部空间任一点在这个地球坐标系中的几何位置。全国统一的测绘基准和测绘系统是各类测绘活动的基础。

测绘基准是指一个国家的整个测绘的起算依据和各种测绘系统的基础，包括所选用的各种大地测量参数、统一的起算面、起算基准点、起算方位以及有关的地点、设施和名称等。我国目前采用的测绘基准主要包括大地基准、高程基准、深度基准和重力基准。

1982年，我国建成了由4.8万个点组成的国家平面控制网，建立了1980国家大地坐标系统——西安坐标系。1997年，建成了国家高精度GPS A、B级网，实现了三维地心坐标的全国覆盖。2003年，建成了由2500个点组成的2000国家GPS大地控制网。2004年，建成了由近5万个点组成的2000国家大地控制网。

1984年，建成总里程9.3万千米、包括100个环的国家一等水准网。1990年建成了总里程13.6万千米的国家二等水准网，在上述成果的基础上建成了1985国家高程系统。

1985年，建成了由6个重力基准点、46个重力基本点和163个重力一等点组成的1985国家重力基本网。2003年建成了由19个基准点和119个基本点构成的新一代国家重力基准——2000国家重力基本网。从20世纪80年代以来，我国开始了测绘基准现代化进程，见图1.1所示。

2. 地表形态的测绘

依据控制测量建立起的地面上大量点的坐标和高程，使用测绘仪器(如全站仪、水准仪、GNSS测量系统、摄影测量和遥感系统等)，按一定的测量方法，进行地球表面的起伏变化、地形地貌、各种自然地物和人工建(构)筑物的测量工作，并按照一定的规范和技术要求，绘制各种比例尺的地形图或建立地理信息数据库等工作。

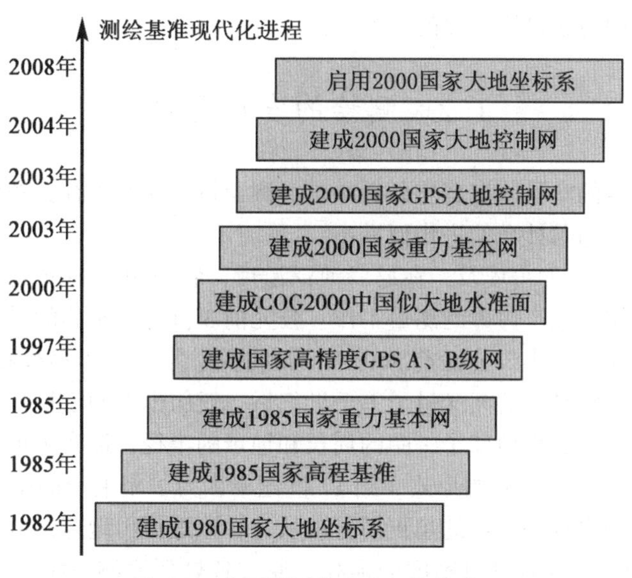

图 1.1　我国的测绘基准现代化进程

3. 地图制图

将使用测量仪器和测量方法获取的自然界与人类社会现象的空间分布、相互联系及其动态变化信息以地图的形式反映和展示出来。在经过地图投影、综合、编制、整饰和制印后，形成各种比例尺的普通地图和专题地图。

4. 工程建设测绘

各种经济建设和国防工程建设的勘测、设计、施工和管理阶段都需要进行测绘工作。这些测绘工作直接为各项工程的勘测、设计、施工、安装、竣工、监测以及运营管理提供保障和服务，用测绘资料引导工程建设的实施，监测建(构)筑物的形变。

5. 海洋测绘

海洋面积占地球面积的71%。同时，我国也是一个海洋大国，东、南面有长达1.8万公里的海岸线，与之相邻有渤海、黄海、东海和南海。因而，利用测绘仪器，在一定的测绘方法支持下，对海洋及其邻近陆地和江河湖泊进行测量和调查，编制各种海图和航海资料。

6. 测量数据处理

在进行各种类型的测绘工作时，由于测量仪器构造上存在的缺陷、观测者的技术和自然环境各种因素，如气温、气压、风力、透明度和大气折光等变化，对测量工作都会有影响，给测量结果带来误差。因此，需要依据数学上的一定准则，由一系列带有观测误差的测量数据，求出未知量的最佳估值及其精度。依据不同的测绘理论和方法，使用不同的仪器和设备，采用不同的数据处理和平差手段，最后获取符合不同应用领域要求的测绘成果。

纵观上述研究内容，可以看出测绘的三个基本任务是：一是精确地测定地面点的位置

(X, Y, Z)及地球的形状和大小；二是将地球表面的形态及其他相关信息测绘成图；三是进行经济建设和国防建设所需要的测绘工作。

1.2 测绘的发展历史

测绘是一门古老的学科，有着悠久的历史。测绘技术起源于社会的生产需求，伴随着人类的活动而产生，随着社会的进步而进步。

远在公元前1400年的古埃及，在尼罗河泛滥后，农田边界的整理过程中，就产生了较早的测量技术，用于地产边界的测量工作。公元前3世纪，希腊的科学家就用天文测量方法测定地球的形状和大小。公元前340年，希腊科学家亚里士多德在他的《论天》一书中明确提出地球的形状是圆的。又过了1个世纪后，亚历山大的埃拉托斯尼采用在两地观测日影的方法，首次推算出地球子午圈的周长和地球的半径，证实了地圆说。这是测量地球大小的“弧度测量”方法的初始形式。到17世纪末，为了用地球的精确大小定量证实万有引力定律，英国的牛顿和荷兰的惠更斯首次从力学原理提出地球是两极略扁的椭球，即为地扁说。19世纪初，随着测量精度的提高，通过各处弧度测量结果的研究，法国的拉普拉斯和德国的高斯相继指出地球的非椭球性。1873年，利斯廷创造出“大地水准面”一词，并以此面表示地球的形状。直到1945年，前苏联的莫洛坚斯基创立了用地面重力测量数据直接研究地球自然表面形状的理论。因此，人类对地球形状的认识经历了“圆球→椭球→大地水准面→真实地球自然表面”的过程。

中国是一个文明古国，测绘技术也发展得相当早，相传公元前两千多年夏代的《九鼎》就是原始地图。《史记夏本纪》中描写大禹治水时测量情景的“左准绳，右规矩，载四时，以开九州，通九道、陂九泽、度九山”。“准”是测量高低的，“绳”是量距的，“规”画圆，“矩”是画方形和三角形。那时还有一个测量单位是“步”，折三百步为一里，《山海经》也说，禹王派大章和竖亥两位徒弟步量世界大小。颛顼高阳氏(公元前2513—前2434年)时，便开始观测日、月五星，定一年长短。到了秦代(公元前246~前207年)用颛顼历定一年的长短为365.25日。公元前7世纪前后，即春秋时期管仲在所著《管子》一书中已收集了早期的地图27幅。1973年，长沙马王堆三号汉墓出土的西汉初期的帛地图《地形图》、《驻军图》、《城邑图》是目前所发现的我国最早的地图。

公元2世纪，古希腊的托勒密在他的巨著《地理学指南》里汇集了当时已明确的有关地球的一般知识，阐述了编制地图的方法，并提出了将地球曲面表示为平面的地图投影问题。100多年后，两晋初年裴秀编绘的《禹贡地域图》是世界最早的历史图集。裴秀编绘的《地形方丈图》是中国全国大地图，并且提出世界最早的制图理论，即《制图六体》，六体是“分率、准望、道里、高下、方邪、迂直”。分率——比例尺、准望——测量方法、道里——测量距离、高下——测量高低、方邪——测量角度、迂直——测量曲线与直线，使地图制图有了标准，提高了地图的可靠程度。16世纪，以荷兰墨卡托的《世界地图集》和中国罗洪生的《广舆图》为代表，总结了16世纪以前西文和东方的历史成就。17世纪初，荷兰人汉斯发明了望远镜，斯约尔创造了三角测量方法。法国人都明、特里尔提出用等高线表示地貌。德国科学家高斯提出最小二乘法理论，而后他又提出了横圆柱投影学说，使得地图的测量更为精确。清初康熙年间，在中国历史上首次使用测量仪器测绘完成了全国性大规模的《皇舆全览图》。18世纪出现了水准测量方法，提高了地形测图的精度。1899年摄影测量理论得到发展，1903年发明了飞机后，便使用了航空摄影测量方法测绘地形图。

20世纪50年代前后，电子学、电子计算机、近代光学和航天技术的迅速发展为测绘科学的发展开辟了新的途径。1947年光波测距的问世，使距离的测量工作产生了一大变革，20世纪40年代自动安平水准仪问世，使得水准测量更为方便快捷。电子经纬仪的问世，使得读数方法有了较大的改革，观测数据可自动记录，自动处理，大大提高了劳动效率，人造地球卫星的上天，产生了卫星大地测量这门测绘学科，卫星多普勒定位，卫星拍摄地球影像，监视自然现象变化，对深山、荒漠及海洋进行有效的勘测。陀螺经纬仪的产生，提高了矿井定向的精度。概率与数理统计、线性代数等工程数学的理论和方法被应用于测绘科学，使测量平差的理论有了较大发展。

我国北斗卫星导航系统已于2011年12月正式提供试运行服务，并在2012年形成覆盖亚太大部分地区的服务能力。开发了与北斗兼容的多频多系统高精度定位芯片，结束了我国高精度卫星导航定位产品“有机无芯”的历史，打破了国外品牌一统天下的局面。

2012年我国成功发射了首颗民用立体测绘卫星——资源三号，在推动遥感领域的产业化发展方面产生了积极效应，后续系列测绘卫星也在积极筹划和发展之中。目前，中巴资源卫星、北京一号、天绘一号、资源三号卫星影像的应用逐渐增多，应用水平不断提升。

随着地理信息系统在各个行业应用的不断成熟，大量地理信息系统软件不断涌现，如北京超图软件公司的SuperMap、武汉中地数码公司的MapGIS、武大吉奥公司的GeoStar、北京数字政通公司的数字城管地理信息系统等。伴随信息化和数字城市建设不断推进，地理信息系统集成应用已拓展到经济社会各个领域。

2010年初，国家测绘地理信息局启动平台公众版——天地图的建设。天地图集成了海量地理信息资源，主要包括全球范围的1∶100万矢量地形数据、250m分辨率卫星遥感影像，全国范围的1∶25万公众版地图数据、导航电子地图数据、15m分辨率卫星遥感影像、2.5m分辨率卫星遥感影像、全国300多个城市0.5m分辨率卫星遥感影像。天地图中我国范围内的数据尤为详尽，覆盖范围从宏观的中国全境到微观的县市乃至乡镇、村庄，数据内容包括不同详细程度的交通、水系、境界、政区、居民地、地名等矢量数据和不同分辨率的遥感影像数据等。

在我国，测绘现已经发展成为地理信息产业。地理信息产业是以现代测绘和地理信息系统、遥感、卫星导航定位等技术为基础，以地理信息开发利用为核心，从事地理信息获取、处理、应用的高新技术产业、新型高端服务业。2007年以来，我国测绘地理信息产业规模以年均超过25%的速度持续快速增长。2011年，我国已有地理信息企业2万家，其中拥有测绘资质的企业1.2万多家，测绘地理信息产业总产值接近1500亿元；地理信息产业从业人员超过40万人，210多所高校开设了测绘地理信息技术专业教育，200多个研究机构开展了测绘地理信息相关技术研究工作。2012年，我国测绘地理信息产业总产值已超过2000亿元。

1.3 测绘的学科与职业分类

测绘是一门既古老而又不断发展创新的学科。按照研究范围和对象及采用技术的不同，以及测绘从事的职业岗位不同，可以进行学科分类和职业岗位分类划分。

1.3.1 传统测绘学科分类

1. 大地测量学

大地测量学是一门古老而又年轻的科学，是地球科学的一个分支。它的基本目标是测定和研究地球空间点的位置、重力及其随时间变化的信息，为国民经济建设和社会发展、国家安全以及地球科学和空间科学研究等提供大地测量基础设施、信息和技术支持。现代大地测量学与地球科学和空间科学的多个分支相互交叉，已成为推动地球科学、空间科学和军事科学发展的前沿科学之一，其范围已从测量地球发展到测量整个地球外空间。

2. 摄影测量学

通过"摄影"进行"测量"就是摄影测量。摄影测量的基本含义是基于像片的量测与解译，它是利用光学或数码摄影机摄影得到的影像，研究和确定被摄物体的形状、大小、位置、性质和相互关系的一门学科和技术。它的基本原理是来自测量的交会方法。我们知道，把物体放在眼前，分别用左眼和右眼去看它，会发现位置有微小变动。摄影测量就是在不同的角度进行摄影，利用这样的立体像对的"移位"来构建立体模型，进行测量。根据对地面获取影像时摄像机安放位置的不同，摄影测量可分为航空摄影测量、航天摄影测量与地面(近景)摄影测量。

3. 地图制图学

地图具有可量测性、直观性、一览性，因此应用广泛。编制全球或局部地区的各种比例尺的普通地图和专题地图，为国民经济的发展和国防建设以及地学研究服务，这是测绘学科的基本任务。

地图制图学就是要研究如何把地球椭球上的点投影到平面上，选用怎样的符号表示在地图上使其不仅能直观地表示物体并能反映本质规律。地图的种类是多种多样的，在内容上分为普通地图(以相对平衡的详细程度表示水系、地貌、土质植被、居民地、交通网、境界等)和专题地图(根据需要突出反映一种或几种主题要素或现象)。按地图维数可分为二维地图、二点五维地图、三维地图、四维地图。

20 世纪 90 年代以来，随着计算机技术和激光技术的发展，数字制图技术诞生，它以地图、统计数据、实测数据、野外测量数据、数字摄影测量数据、GNSS 数据、遥感数据等为数据源，以电子出版物为平台，使地图制图与印刷融为一体，给地图制图带来了革命性的变化。研究多数据源的地图制图技术方法，设计制作各种新型数字地图产品(如真三维地图)，采用数字地图制图技术与地理信息系统技术编制国家电子地图集，建立国家地图集数据库与国家地图集信息系统是今后的主要发展方向。

4. 工程测量学

工程测量学主要研究在工程建设的勘测、设计、施工和管理各个阶段所进行的与地形及工程有关的信息采集和处理、工程的施工放样及设备安装、变形监测分析和预报等的理论、技术和方法，以及研究对与测量和工程有关的信息进行管理和使用。工程测量工作遍布国民经济建设和国防建设的各个部门和各个方面。其工作内容包括工程控制网的建立、工程地形图的测绘、施工放样定位、竣工测量以及变形测量等。

工程测量可以根据其服务的对象划分为工业建设测量、铁路公路测量、桥梁测量、隧道及地下施工测量、建筑工程测量以及水利工程建设测量等。

5. 海洋测绘学

海洋面积约占地球总面积的71%，是人类生命的摇篮。一切海洋活动，包括经济、军事、科研，像海上交通、海洋地质调查和资源开采、海洋工程建设、海洋疆界勘定、海洋环境保护、海底地壳和板块运动研究等，都需要测绘提供不同种类的海洋地理信息要素、数据和基础图件。海洋测绘是海洋测量和海图绘制的总称，其任务是对海洋及其邻近陆地和江河湖泊进行测量和调查，获取海洋基础地理信息，编制各种海图和航海资料，为航海、国防建设、海洋开发和海洋研究服务。海洋测量的内容主要包括海洋重力测量、海洋磁力测量、大地控制与海底控制测量、定位、测深、海底地形勘测和海图制图。

1.3.2 测绘新技术列举

1. 卫星导航定位技术(GNSS)

它是利用在空间飞行的卫星不断向地面广播发送具有某种频率并加载了某些特殊定位信息的无线电信号来实现定位测量的导航定位系统。

2. 航天遥感技术(RS)

它是不接触物体本身，用传感器采集目标物的电磁波信息，经处理、分析后识别目标物，揭示几何、物理性质的相互联系及其变化规律的现代科学技术。

3. 数字地图制图技术(Digital Cartography)

它是根据地图制图原理和地图编辑过程的要求，利用计算机输入、输出等设备，通过数据库技术和图形数字处理方法，实现地图数据的获取、处理、显示、存储和输出。

4. 地理信息系统技术(GIS)

它是在计算机软件和硬件系统支持下，把各种地理信息按照空间分布及属性以一定的格式输入、存储、检索、更新、显示、制图和综合分析应用的技术系统。

5. 3S 集成技术(Integration of GNSS, RS and GIS Technology)

在3S技术的集成中，GNSS主要用于实时、快速地提供目标的空间位置；RS用于实时、快速地提供大面积地表物体及其环境的几何与物理信息，以及它们的各种变化；GIS则是对多种来源时空数据的综合处理分析的平台。

6. 卫星重力探测技术(Satellite Gravimetry)

它是将卫星当成地球重力场的探测器或传感器，通过对卫星轨道的受摄运动及其参数的变化或者两颗卫星之间的距离变化进行观测，据此了解和研究地球重力场的精细结构。

7. 虚拟现实技术(Virtual Reality Technology)

它是由计算机组成的高级人机交互系统，构成一个以视觉感受为主，包括听觉、触觉、嗅觉的可感知环境。

1.3.3 测绘职业岗位分类

按照国家职业标准，测绘职业划分为大地测量员、地籍测绘员、地图制图员、房产测量员、工程测量员和摄影测量员等六个职业岗位。每个职业共设五个等级，分别为：初级(国家职业资格五级)、中级(国家职业资格四级)、高级(国家职业资格三级)、技师(国家职业资格二级)、高级技师(国家职业资格一级)。

1. 大地测量员

能使用测量仪器设备，依据有关技术标准进行大地测量的观测、记录和数据处理人员。能进行重力测量、三角测量、水准测量、卫星定位测量、数据处理和技术与质量管理等工作。

2. 地籍测绘员

能使用测绘仪器设备，对土地及其附属物的现状进行测绘和调查的人员。能进行地籍测绘踏勘、地籍调查、地籍测绘、控制网的数据处理、宗地图的绘制、控制测量检查、地籍调查成果检查、地籍图检查、测量仪器设备维护等工作。

3. 地图制图员

能使用数据采集、编辑设备或工具，编制地图的人员。能进行地图设计书编写、普通地图编绘、专题地图编绘、地图的数据处理、地图的出版准备、普通地图的检查、专题地图的检查、制图仪器设备维护等工作。

4. 房产测量员

能使用测绘仪器，按照房产测量规范和有关规定，采集和表述房屋及其用地信息的从业人员。能进行房产要素调查、控制与碎部测量、房屋测量、控制网的数据处理、面积计算、房产图的绘制、面积统计、控制测量质量检查、面积测量质量检查、房产图质量检查、测量仪器设备维护等工作。

5. 工程测量员

能使用测量仪器设备，按工程建设的要求，依据有关技术标准进行测量的人员。能根据各种施工控制网的特点进行图纸和起算数据的准备、能根据工程放样方法的要求准备放样数据、仪器准备、控制测量、工程测量、地形测量、数据整理、计算、控制测量检验、工程测量检验、地形测量检验和测量仪器设备维护等工作。

6. 摄影测量员

能利用航空摄影影像和各种遥感影像资料、测绘仪器和计算机系统，测绘地形图及相关数据产品的人员。能进行像片控制测量、像片调绘、空三加密、影像测图、地图编制等工作。

为了提高测绘专业技术人员素质，保证测绘成果质量，维护国家和公众利益，目前我国正在着手执行注册测绘师制度。注册测绘师是指经考试取得《中华人民共和国注册测绘师资格证书》，并依法注册后，从事测绘活动的专业技术人员。注册测绘师英文译为：Registered Surveyor。测绘师执业资格通过考试方法取得，实行全国统一大纲、统一命题，考试每年举行一次。注册测绘师资格考试设三个科目，分别为“测绘综合能力”、“测绘管理与法律法规”和“测绘案例分析”，参加考试的人员，必须在一个考试年度内全部合格，经考试合格的人员，由国家授予《中华人民共和国注册测绘师资格证书》，该证书是持有人测绘专业水平能力的证明，在全国范围内有效。注册测绘师的执业范围包括：(一)测绘项目技术设计；(二)测绘项目技术咨询和技术评估；(三)测绘项目技术管理、指导与监督；(四)测绘成果质量检验、审查、鉴定；(五)国务院有关部门规定的其他测绘业务。注册测绘师的执业能力包括：(一)熟悉并掌握国家测绘及相关法律、法规和规章；(二)了解国际、国内测绘技术发展状况，具有较丰富的专业知识和技术工作经验，能够处理较复杂的技术问题；(三)熟练运用测绘相关标准、规范、技术手段，完成测绘项目技术设计、咨询、评估及测绘成果质量检验管理；(四)具有组织实施测绘项目的能力。

1.4 测绘在经济建设和社会服务中的作用

测绘是国民经济和社会发展的一项前期性、基础性工作，广泛服务于经济建设、国防建设、科学研究、文化教育、行政管理和人民生活等诸多领域，属于责任较大、社会通用性强、专业技术性强、关系公共利益的技术工作。测绘成果对国家版图、疆域的反映，体现了国家的主权和政府的意志。测绘成果的质量与国家经济建设和人民群众日常生活密切相关，地籍测绘、房产测绘及其他一些测绘成果的质量更是直接与人民群众的生活息息相关。

1. 测绘技术在科学研究中的作用

地球是人类和社会赖以生存和发展的资源。由于人类活动范围的加剧，地球正面临一系列全球性或区域性的重大难题和挑战。现代测绘技术已经实现无人工干预自动连续观测和数据处理，可以提供几乎任意时域分辨率的观测成果，具有检测瞬时地学事件的能力，如地震预测预报、灾情监测、空间技术研究、海底资源探测、大坝变形监测、加速器和核电站运营的监测等，以及其他科学研究，无一不需要测绘工作紧密配合和提供空间信息。

2. 测绘技术在国民经济建设中的作用

测绘在国民经济建设中的作用广泛。在经济发展规划、土地资源调查和利用、海洋开发、农林牧渔业的发展、生态环境保护以及各种工程、矿山和城市建设等各个方面都必须进行相应测绘工作，编制各种地图和建立相应的地理信息系统，以供规划、设计、施工、管理和决策使用。

在城市建设中，科学的规划和整理居民地，城市的扩充与改建计划，建设城市交通路线，敷设地下管线、兴建地下铁道等需要城市测绘数据、高分辨率卫星影像、三维景观模型、智能交通和城市地理信息系统等测绘高新技术的支持，都必须有地形图和地图，并进行专门的测量工作。

在农业和林业中，进行土地整理以及森林的建设与经营，改良土壤、整理土地、开垦荒地以及实现许多旨在发展农业和林业的其他措施时，不仅需要利用地图和地形图，更需要进行精确的测量工作。

地勘测绘为地质矿产资源勘查、矿山建设、环境地质监控和治理等方面，提供基础信息资料和科学技术方法。例如，为地矿资源勘查区(陆地、海洋、空间)提供大地定位基础；为描述勘查区各种地形、地质、矿产分布形态规律和赋存关系，测绘或编制各种地形图、地质图、专题地图；为防治地质灾害，监测地面沉降、滑坡、泥石流等及时提供各种形变数据；为矿山开发建设提供测绘保障。

在交通运输业中，当修建铁路、公路、通航运河及它们的附属建筑工程时，初步方案要根据地形图来制定；在勘察、设计和施工的各个阶段，都要进行测量工作。

在水利建设工程中，首先根据地形图做出初步方案研究，然后进行勘察设计、施工。在施工过程中，要将设计测设到实地上。即使工程已经建成并交付使用后，仍然要进行精确的测量工作，以观察和发现工程建筑物所产生的变形、下沉和偏移，并提供准确的资料。

如何科学地利用和管理人类赖以生存的土地，是每个国家都必须解决的问题。而为了解决这一问题，首先就要进行土地调查和地籍测量工作。

3. 测绘技术在国防建设中的作用

在军事上，首先由测绘工作提供地形信息，在战略的部署、战役的指挥中，除必须的军用地图(包括电子地图、数字地图)外，还需要进行目标的观测定位以便进行打击。至于远程导弹、空间武器、人造地球卫星以及航天器的发射等，都要随时观测、校正飞行轨道，保证它精确入轨飞行。为了使飞行器到达预定目标，除了测算出发射点和目标点的精确坐标、方位、距离外，还必须掌握地球形状、大小、重力场的精确数据。航天器发射后，还要跟踪观测飞行轨道是否正确。总之，现代战争与现代测绘技术紧密结合在一起，是军事上决策的重要依据之一。

公安部门合理部署警力，有效预防和打击犯罪也需要电子地图、全球导航卫星系统(GNSS)和地理信息系统(GIS)的支持。测绘空间数据库和多媒体地理信息不仅在实际疆界划定工作中起着基础信息的作用，而且对于边界谈判、缉私禁毒、边防建设与界线管理中均有重要的作用。

4. 测绘技术在社会发展中的作用

政府部门或职能机构既要及时了解自然或社会经济要素的分布与资源环境条件，也要进行空间规划布局，还要掌握空间发展状况和政策空间效应。但由于现代经济和社会的快速发展与自然关系的复杂性，使人们解决现代经济和社会问题的难度增加。因此，政府基于测绘数据基础，建立空间决策系统，实现空间分析和管理决策以及电子政务。为解决环境恶化、不可再生能源和矿产资源匮乏及人口膨胀等社会问题，以及社会经济迅速发展和自然环境之间产生的巨大矛盾，维持社会的可持续发展，利用测绘和地理信息指导人类合理利用和开发资源，有效地保护和改善环境，防治和抵御各种自然灾害。在防灾减灾、资源开发和利用、生态建设、环境保护等方面，则利用测绘和地理信息进行规划、方案的制定，灾害、环境监测系统的建立，风险的分析，资源、环境调查与评估、可视化的显示以及决策指挥等。

进入21世纪，随着信息技术的飞速发展，“3S”技术逐步与计算机、网络、通信等高新技术集成，并得到广泛应用，从而使测绘地理信息产品的技术含量和网络化服务能力不断提高；车载导航、个人移动定位、互联网地图等新型高科技产品的生产与服务蓬勃兴起，涌现出一大批具有自主创新能力的测绘地理信息企业，有力地促进了测绘地理信息产业的发展。以“3S”技术为支撑、以空间信息资源为核心的测绘地理信息产业现已成为现代服务业新的经济增长点，并为测绘事业开拓了更加广阔的服务领域和发展空间。

本 章 小 结

本章介绍了测绘的基本概念，分别对测绘在应用层面和国家层面上的技术应用进行了讨论，并对测绘的研究内容、发展历史、测绘的学科分类、现代测绘新技术的发展、测绘职业岗位要求和测绘的地位及作用进行了介绍。通过本章学习，主要掌握测绘的基本概念，以及测绘的研究内容与任务，并对测绘的学科分类及职业岗位能力要求、测绘在国民经济建设中的作用有所了解。

习题和思考题

1. 简述测绘的基本概念。
2. 测绘的研究内容有哪些？
3. 简述测绘的发展历史。利用网络搜索功能，收集关于我国现代测绘发展状况的信息资源，编写一篇3000字左右的小科技论文。
4. 测绘学按照研究对象及采用技术的不同，分为哪些学科？利用网络搜索功能，收集关于我国现代测绘发展状况的信息资源，或者查阅相关科技文献资料，详细了解测绘各学科的研究和应用范围。
5. 测绘职业资格有哪几个？试述测绘各职业岗位的职业能力要求以及所从事的工作内容。
6. 结合自己所学的测绘地理信息类专业，试对今后所从事的职业进行规划。
7. 测绘工作在国民经济和国防建设中有哪些作用？

第 2 章　测绘基础知识

【教学目标】通过对地球形状的描述，要求掌握参考椭球、大地水准面、铅垂线的概念及其在测绘中的意义。掌握坐标系统的概念，重点掌握高斯平面直角坐标系的分带、投影及国家统一坐标的表示。通过对高程系统的学习，掌握我国高程基准的确定，以及用高差表示两点间高低的方法。

测绘工作的基本任务是地面点定位，即测绘和测设。需要掌握地面点位置确定方法，必备的数学知识及测量工作的基本原则。掌握测量工作中由于水准面曲率对观测量造成的影响及应对措施。

2.1　地球在测绘中的描述

地球是一个南北稍扁、赤道稍长、平均半径约为 6371km 的椭球体。测量工作是在地球表面进行的，而地球的自然表面有高山、丘陵、平原、盆地、湖泊、河流和海洋等高低起伏的形态，其中海洋面积约占 71%，陆地面积约占 29%。下面先介绍重力、铅垂线、水准面、大地水准面、参考椭球面的概念及关系。

如图 2.1 所示，由于地球的自转，其表面的质点 P 除受万有引力的作用外，还受到离心力的影响。P 点所受的万有引力与离心力的合力称为重力，重力的方向称为铅垂线方

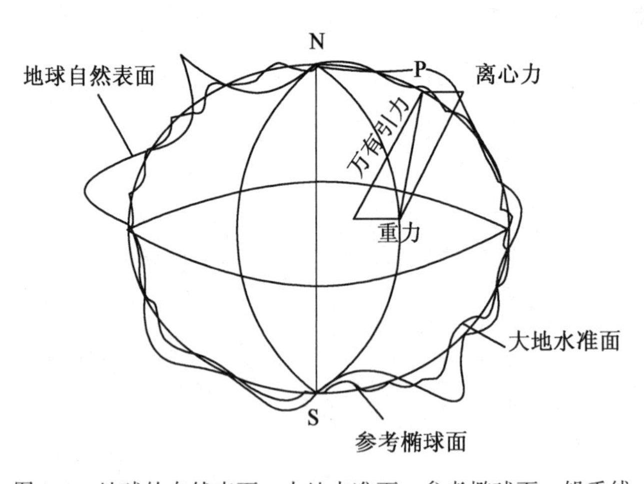

图 2.1　地球的自然表面、大地水准面、参考椭球面、铅垂线

向。测量工作取得重力方向的一般方法是，用细线悬挂一个垂球 G，细线即为悬挂点 O 的重力方向，通常称它为垂线或铅垂线方向。

假想静止不动的水面延伸穿过陆地，包围整个地球，形成一个封闭曲面，这个封闭曲面称为水准面。水准面是受地球重力影响形成的，是重力等位面，物体沿该面运动时，重力不做功(如水在这个面上不会流动)，其特点是曲面上任意一点的铅垂线垂直于该点的曲面。根据这个特点，水准面也可定义为：处处与铅垂线垂直的连续封闭曲面。由于水准面的高度可变，因此，符合该定义的水准面有无数个，其中与平均海水面相吻合的水准面称为大地水准面，大地水准面是唯一的。大地水准面围成的空间形体称为大地体。它可以近似地代表地球的形状。

由于地球内部质量分布不均匀和地球的自转和公转，使得重力受其影响，致使大地水准面成为一个不规则的、复杂的曲面，因此大地体成为一个无法用数学公式描述的物理体。如果将地球表面上的点位投影到大地水准面上，由于它不是数学体面，在计算上是无法实现的。经过长期测量实践数据表明，大地体很近似于一个以赤道半径为长半轴，以地轴为短轴的椭圆，并以短轴为旋转轴，旋转形成的椭球，所以测绘工作取大小与大地体很接近的旋转椭球作为地球的参考形状和大小，如图 2.2 所示。旋转椭球又称为参考椭球，其表面称为参考椭球面。

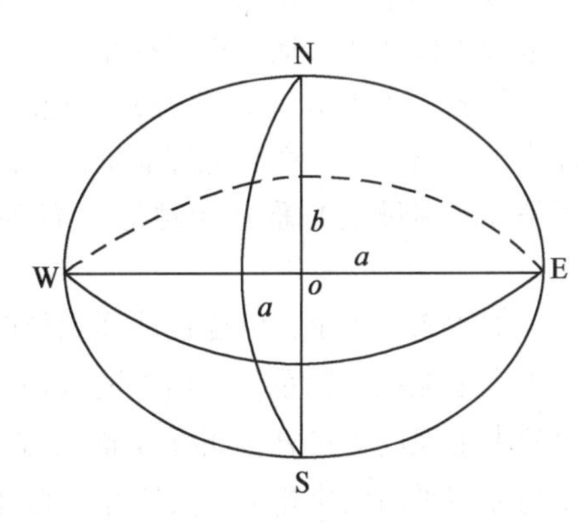

图 2.2　地球椭球体

我国目前采用的旋转椭球体的参数值为：

长半径　$a = 6378137\text{m}$

短半径　$b = 6356752\text{m}$

扁率 $\alpha = \dfrac{a-b}{a} = \dfrac{1}{298.257}$

由于旋转椭球的扁率很小，在测区面积不大，可以近似地把地球当做圆球看，其平均半径 R 可按下式计算：

$$R = \frac{1}{3}(2a + b) \tag{2-1}$$

在测量精度要求不高时，其平均半径 R 近似值取 6371km。

若对参考椭球面的数学式加入地球重力异常变化参数的改正，便可得到大地水准面的较为近似的数学式。从严格意义上讲，测绘工作是取参考椭球面为测量的基准面，但在实际工作中仍取的是大地水准面作为测量工作的基准面。当对测量成果的要求不十分严格时，则不必改正到参考椭球面上。另一方面，实际工作中又十分容易地得到水准面和铅垂线，所以用大地水准面作为测量的基准面便大大简化了操作和计算工作。因而大地水准面和铅垂线便成为实际测绘工作的基准面和基准线。

2.2　平面坐标系统

测量工作的基本任务是确定地面点的空间位置，需要用三个量来确定。在测量工作中，这三个量通常用该点在基准面(参考椭球面)上的投影位置和该点沿投影方向到基准面(一般实用上是用大地水准面)的距离来表示。测量工作中，通常用下面几种坐标系来确定地面点位。

2.2.1　地理坐标系

按坐标系所依据的基本线和基本面不同以及求坐标的方法不同，地理坐标系又分为天文地理坐标系和大地地理坐标系。

如图 2.3 所示，N、S 分别是地球的北极和南极，NS 称为自转轴。包含自转轴的平面称为子午面。子午面与地球表面的交线称为子午线。通过格林尼治天文台的子午面称为首子午面。通过地心垂直于地球自转轴的平面称为赤道面，赤道面与椭球面的交线称为赤道。

如图 2.3 所示，以通过地面点位的法线为依据，以地球椭球面为基准面的球面坐标系称为大地地理坐标系，地面点的大地地理坐标用大地经度 L 和大地纬度 B 来表示。某点 P' 的大地经度为过 P' 点的子午面与首子午面的夹角 L；某点 P 的大地纬度为通过 P 点的法线与赤道平面的夹角 B。大地经、纬度是根据起始大地点(又称大地原点，该点的大地经纬度与天文经纬度一致)的大地坐标，按大地测量所得的数据推算而得的。

我国于 20 世纪 50 年代和 80 年代分别建立了 1954 年北京坐标系(简称“54 坐标系”)和 1980 西安坐标系(简称“80 坐标系”)。限于当时的技术条件，我国大地坐标系基本上是依赖于传统技术手段实现的。54 坐标系采用的是克拉索夫斯基椭球体，该椭球在计算和定位的过程中，没有采用中国的数据，该系统在我国范围内符合得不好，不能满足高精度定位以及地球科学、空间科学和战略武器发展的需要。20 世纪 80 年代，我国大地测量工作者经过 20 多年的艰巨努力，完成了全国一、二等天文大地网的布测。经过整体平差，采用 1975 年 IUGG(国际大地测量和地球物理学联合会)第十六届大会推荐的参考椭球参数，建立了我国 80 坐标系。54 坐标系和 80 坐标系在我国经济建设、国防建设和科学研究中发挥了巨大作用。但其成果受技术条件制约，精度偏低，无法满足现代技术发展的要求。经国务院批准，根据《中华人民共和国测绘法》，我国自 2008 年 7 月 1 日起启用 2000 国家大地坐标系(简称“2000 坐标系”)。2000 坐标系是全球地心坐标系在我国的具体体现，其原点为包括海洋和大气的整个地球的质量中心。2000 坐标系采用的地球椭球参数如下：

长半轴　　$a=6378137\text{m}$

扁率　　$f=\dfrac{1}{298.257222101}$

地心引力常数 $\text{GM}=3.986004418\times1014\text{m}^3\text{s}^{-2}$

自转角速度　$\omega=7.292115\times10^{-5}\text{rads}^{-1}$

如图 2.4 所示，以通过地面点位的铅垂线线为依据，以大地水准面为基准面的球面坐标系称天文地理坐标系。地面点的天文地理坐标用天文经度 λ 和天文纬度 φ 来表示。某点 P 的天文经度为过 P 点的子午面与首子午面的夹角 λ ；某点 P 的纬度为通过 P 点的铅垂线与赤道平面的夹角 φ 。

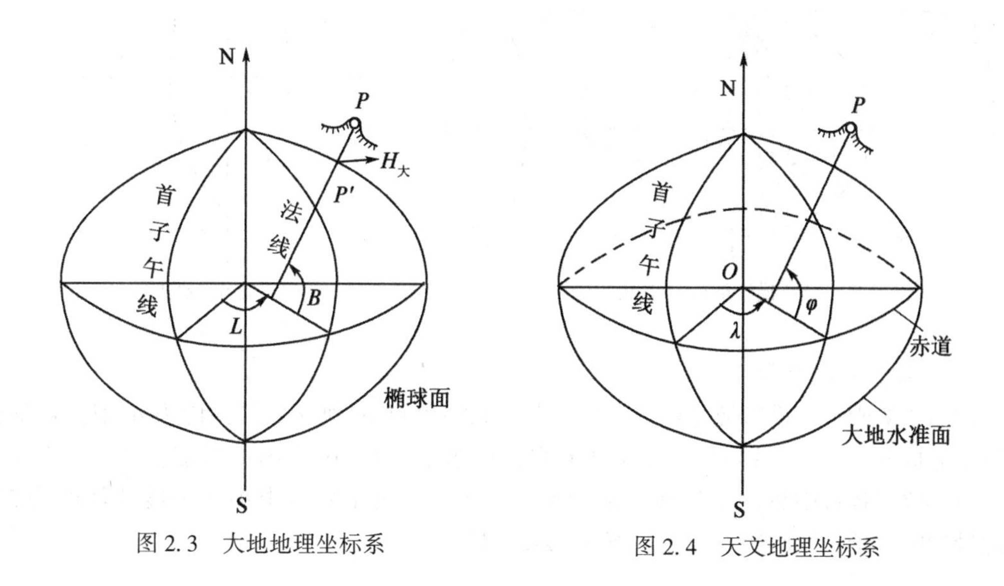

图 2.3　大地地理坐标系

图 2.4　天文地理坐标系

大地坐标和天文坐标，自首子午线起，向东 0°～180°称东经，向西 0°～180°称西经。自赤道起，向北 0°～90°称北纬，向南 0°～90°称南纬。例如北京的某点的大地地理坐标为东经 $L=116°28'$，北纬 $B=39°54'$。

2.2.2　高斯平面直角坐标系

当测区范围较小，把地球表面的一部分当做平面看待时，所测得地面点的位置或一系列点所构成的图形，可直接用相似而缩小的方法描绘到平面上去。如果测区范围较大，就不能把地球很大一块地表面当做平面看待，必须采用适当的投影方法来解决这个问题。我国采用的是高斯投影法，并由高斯投影来建立平面直角坐标系。高斯投影又称横轴椭圆柱等角投影，它是德国数学家高斯于 1825—1830 年首先提出的。实际上，直到 1912 年，由德国的另一位测量学家克吕格推导出实用的坐标投影公式后，这种投影才得到推广。所以，该投影又称为高斯-克吕格投影。如图 2.5 所示，假想有一个椭圆柱面横套在地球椭球体外面，并与某一条子午线(此子午线称为中央子午线或轴子午线)相切，椭圆柱的中心轴通过椭球体中心，然后用一定投影方法，将中央子午线两侧各一定经差范围内的地区投影到椭圆柱面上，再将此柱面展开即成为投影面，如图 2.6 所示，此投影为高斯投影，也是正形投影的一种。高斯平面投影的特点：投影后，中央子午线无变形；角度无变形，图形保持相似；离中央子午线越远，投影变形越大。

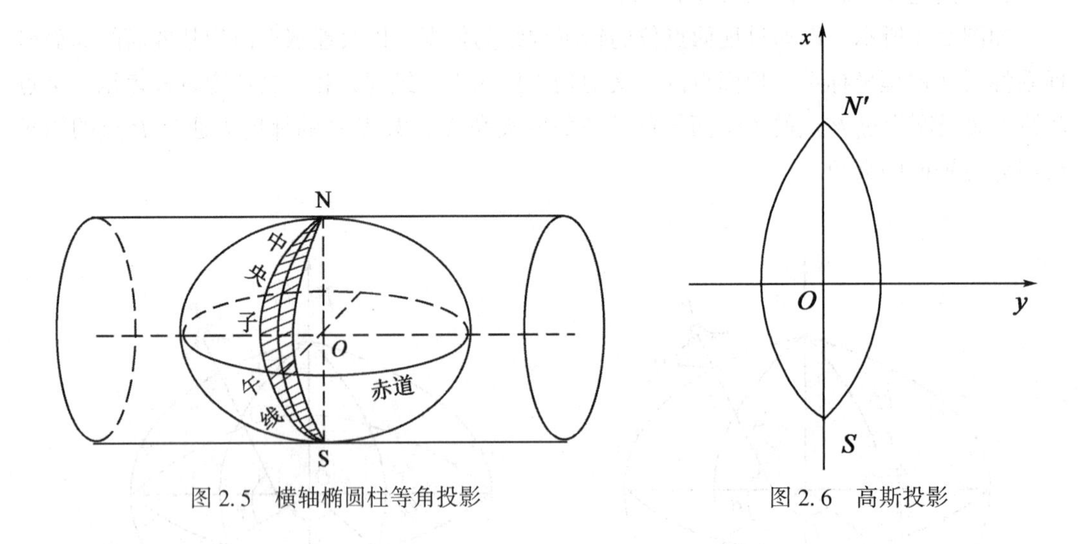

图 2.5　横轴椭圆柱等角投影　　图 2.6　高斯投影

1. 高斯投影 6°分带

如图 2.7 所示，投影带是从首子午线起，每隔经度 6°划分一带，称为 6°带，将整个地球划分成 60 个带。带号从首子午线起自西向东编，0°～6°为第 1 号带，6°～12°为第 2 号带……位于各带中央的子午线，称为中央子午线，第 1 号带中央子午线的经度为 3°，任意号带中央子午线的经度 λ_0，可按式(2-2)计算。

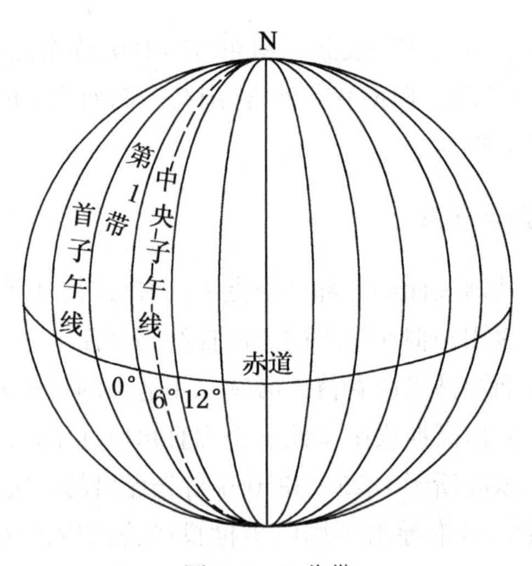

图 2.7　6°分带

$$\lambda_0 = 6N - 3 \tag{2-2}$$

式中：N——6°带的带号。

我国 6° 带中央子午线的经度，由东经 75° 起，每隔 6° 至 135°，共计 11 带，即从 13 带到 23 带。

2. 高斯投影3°分带

当要求投影变形更小时，可采用3°带投影或1.5°带投影法。也可采用任意分带法。如图2.8所示，3°带是从经度为1.5°的子午线起，以经差每3°划分一带，自西向东，将全球分为120个投影带，并依次以1，2，…，120标记带号，以N_3表示，我国3°带共计22带(24~45带)。各投影带的中央子午线经度以L_3表示。中央子午线经度L_3与其带号N_3有下列关系：

$$L_3 = N_3 \times 3° \tag{2-3}$$

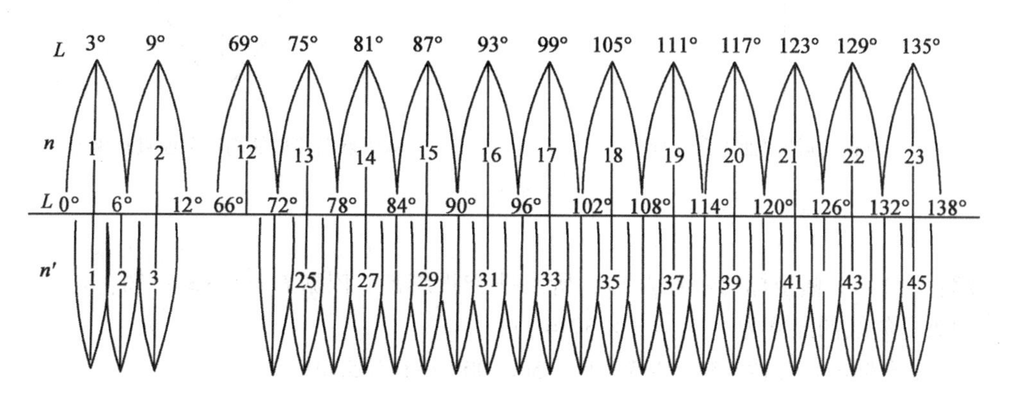

图2.8 高斯平面直角坐标系6°带投影与3°带投影的关系

3. 高斯平面直角坐标系

图2.9(a)在投影面上，中央子午线和赤道的投影都是直线，并且以中央子午线和赤道的交点O作为坐标原点，以中央子午线的投影为纵坐标x轴，向北为正，以赤道的投影为横坐标y轴，向东为正，四个象限按顺时针顺序Ⅰ、Ⅱ、Ⅲ、Ⅳ排列。如图2.9(b)所示。我国地理位置在北半球，x坐标都是正的，y坐标则有正有负，为了避免y坐标出现负值，规定将x坐标轴向西平移500km，即所有点的y坐标均加上500km。此外，由于每个投影带都有这样一个坐标相同的点，为说明点所在的投影带，在y坐标前再冠之以投影带的带号，这种在y坐标值上加了500km和带号后的横坐标称为通用坐标，亦即国家统一坐标。例如，有一点通用坐标y = 19 123 456.789m，该点位在19带内，其相对于中央子午线而言的横坐标则是：首先去掉带号，再减去500000m，最后得自然坐标y =−376 543.211m。

例1 某点在中央子午线的经度为117°的6°投影带内，且位于中央子午线以西1006.45m，求该点横坐标的自然值和通用值。

解：(1)该6°带的中央子午线的经度为117°，则该带的带号为

$$N = (117 + 3) \div 6 = 20 \text{带}$$

(2)该点位于中央子午线以西1006.45m，所以该点横坐标的自然值为−10046.45m。

(3)依据 通用值 = [带号] + 500km + 自然值 ，该点的横坐标通用值为20 498 993.55。

例2 已知某点的坐标为(3 325 748.046，37 581 245.498)。求：是几度投影带？投影带的带号及中央子午线的经度是多少？横坐标的自然值是多少？

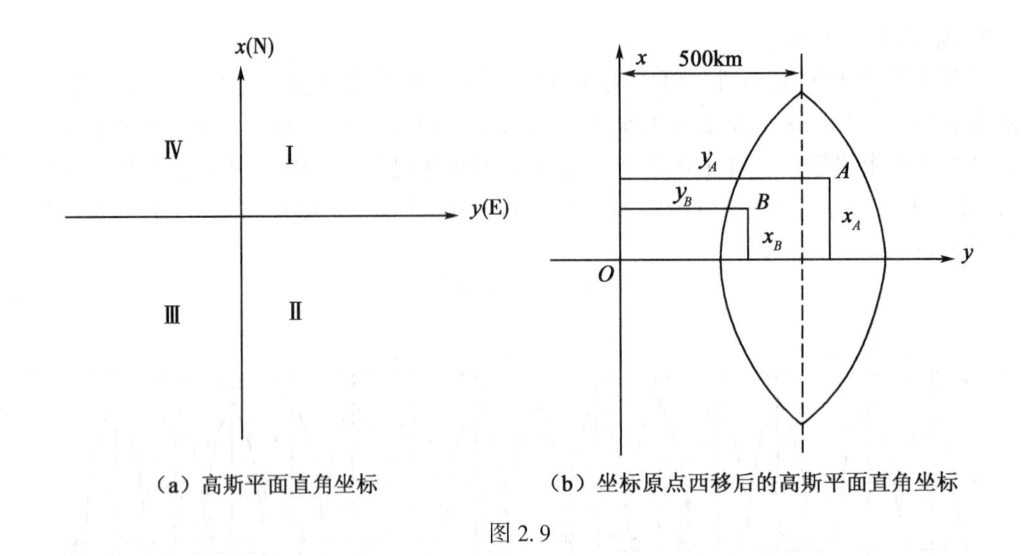

（a）高斯平面直角坐标

（b）坐标原点西移后的高斯平面直角坐标

图 2.9

解：(1)因为横坐标的带号为 37，所以是 3°投影带。依据 $L_3=N_3\times3°$可知：

中央子午线的经度为　$L_3 = 3 \times 37 = 111$

(2)横坐标的自然值=581 245.498 −500 000=81 245.498

2.2.3　独立平面直角坐标系

在小范围内(一般半径不大于 10km 的范围内)，把局部地球表面上的点，以正射投影的原理投影到水平面上，在水平面上假定一个直角坐标系，用直角坐标描述点的平面位置。

独立平面直角坐标建立方法，一般是在测区中选一点为坐标原点，以通过原点的真南北方向(子午线方向)为纵坐标 x 轴方向，以通过原点的东西方向(垂直于子午线方向)为横坐标 y 轴方向。为了便于直接引用数学中的有关公式，以右上角为第Ⅰ象限，顺时针排列依次为Ⅱ、Ⅲ、Ⅳ象限。为了避免测区内出现负坐标值，坐标原点选在测区的西南角。直角坐标系建立以后，地面上各点的位置都可以用坐标(x，y)表示。即地面点可用坐标反映在图纸上，图上的点也可用坐标准确的反映在地面上。独立平面坐标施测完毕以后，尽量与国家坐标系连测，以便测量成果通用。

2.3　高程系统

2.3.1　高程

测量工作中，为了确定地面点的空间位置，除了要知道它的平面位置外，还要确定它的高程。地面点到大地水准面的铅垂距离，称为该点的绝对高程，简称高程(或海拔)，用 H 表示，如图 2.10 所示。地面点 A、B 点的绝对高程分别为 H_A 、H_B 。海水受潮汐和风浪的影响，是个动态曲面，我国在青岛设立验潮站，长期观测和记录黄海海水面的高低变化，取其平均值作为大地水准面的位置(其高程为零)，作为我国计算高程的基准面，并在青岛建立了水准原点。目前我国采用的“1985 国家高程基准”，青岛水准原点高程为72. 2604m，全国各地的高程都以它为基准进行测算。

当个别地区采用绝对高程有困难时，可采用假定高程系统，即以任意水准面作为起算高程的基准面。地面点到任一水准面的铅垂距离称为该点的相对高程或假定高程。如图2. 10 中的 H'_A 、H'_B 。

2. 3. 2 高差

地面上两点间的高程之差称为高差，用 h 表示。高差有方向而且有正负之分，如图2. 10 所示，A，B 两点的高差为：

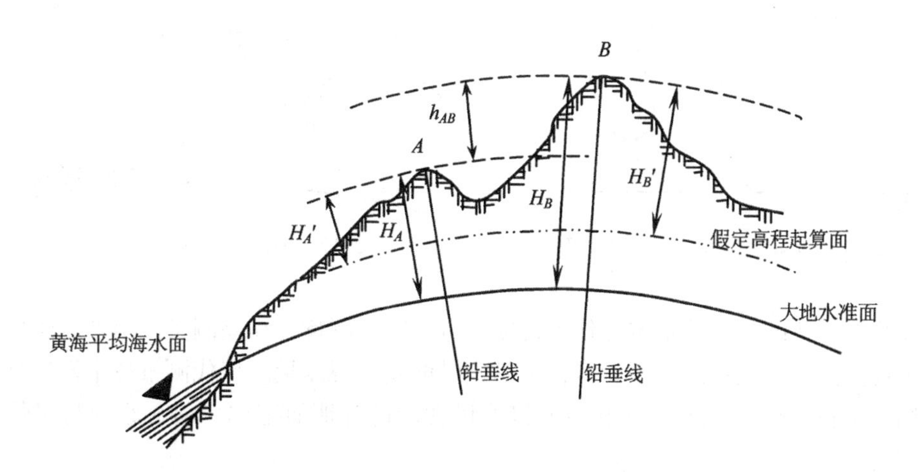

图 2. 10 高程和高差

$$h_{AB} = H_B - H_A = H'_B - H'_A \tag{2-4}$$

由此可见，两点间的高差与高程起算面无关。当 h_{AB} 为正时，B 点高于 A 点；当 h_{AB} 为负时，B 点低于 A 点。B、A 两点的高差为：

$$h_{BA} = H_A - H_B = H'_A - H'_B$$

由此可见，A、B 两点的高差与 B、A 两点的高差绝对值相等，符号相反，即 $h_{AB} = -h_{BA}$。

2. 4 地面点位的确定

2. 4. 1 测量工作的基本内容

地球表面高低起伏，其外形是相当复杂的。测绘工作的基本任务是，用测绘技术手段确定地面点的位置，即地面点定位。地面点定位过程有测绘和测设两个方面。测绘是利用测量手段测定地面点的空间位置，并以图形、数据等信息表示出来的过程；测设是利用测量手段把设计拟定的点位标定到地面上的过程(工程测量学中讲述)。实际测量工作中，一般不能直接测出地面点的坐标和高程。通常是求得待定点与已测出坐标和高程的已知点之间的几何位置关系，然后再推算出待定点的坐标和高程。

如图 2.11 所示，在 $\triangle MNP$ 中，设 M、N 点坐标已知，P 点为待定点，通过测量 MN 的坐标方位角 α 或边长 D 即可解算出 P 点的位置。

如图 2.12 所示，A 点的高程已知，B 点为待定点。欲求 B 点的高程，则要测量出 A、B 点间高差 h_{AB}，则可推算出 B 点高程。

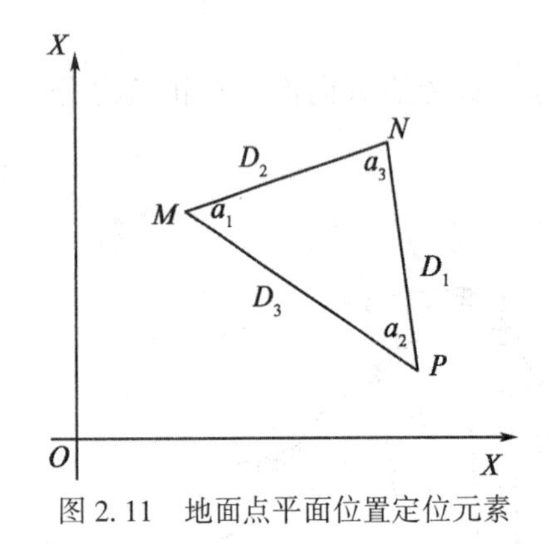

图 2.11　地面点平面位置定位元素

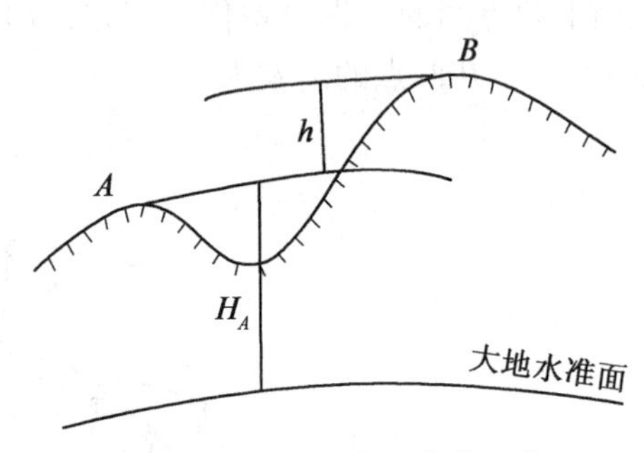

图 2.12　地面点高程定位元素

由此可见，传统测量的基本工作是角度测量、距离测量和高差测量。角度、距离和高差是确定地面点相对关系的基本元素，也是测量的基本观测量。现代测量技术发展水平很快，空间定位技术只要 GPS 卫星和地面接收机就能进行地面定位，GPS 原理与定位在后续课中讲述。

2.4.2　测量工作的基本原则

地表形态和地面物体的形状是由许多特征点决定的。在进行地形测量时，就需要测定(或测设)许多特征点(也称碎部点)的平面位置和高程，再绘制成图。如果从一个特征点开始逐点进行施测，虽然可得到待测各点的位置坐标，但由于测量工作中存在不可避免的误差，会导致前一点的测量误差传递到下一点，使误差积累起来，最后可能使点位误差达到不可容许的程度。因此，测量工作必须按照一定的原则进行。在实际测量工作中，应遵循以下三个原则：

1. 整体原则

即“从整体到局部”的原则。任何测绘工作都必须先总体布置，然后分期、分区、分项实施，任何局部的测量过程必须服从全局的定位要求。

2. 控制原则

即“先控制后碎部”的原则。也就是先在测区内选择一些有控制意义的点(称为控制点)，把它们的平面位置和高程精确地测定出来，然后再根据这些控制点，测定出附近碎部点的位置。这种测量方法可以减少误差积累，而且可以同时在几个控制点上进行测量，加快工作进度。

3. 检核原则

即“步步检核”的原则。测量工作必须重视检核，防止发生错误，避免错误的结果对后续测量工作产生影响。

2.4.3 水准面曲率对观测量的影响

水准面是一个曲面，实际测量工作中，当测区范围较小时，可以把水准面看做水平面，以简化测量计算的复杂程度。理解水平面代替水准面后，对距离、角度和高差的影响，以便实际工作中正确应用。

1. 对距离的影响

如图 2.13 所示，地面上 A、B 两点在大地水准面上的投影点是 a 、b ，用过 a 点的水平面代替大地水准面，则 B 点在水平面上的投影为 b' 。

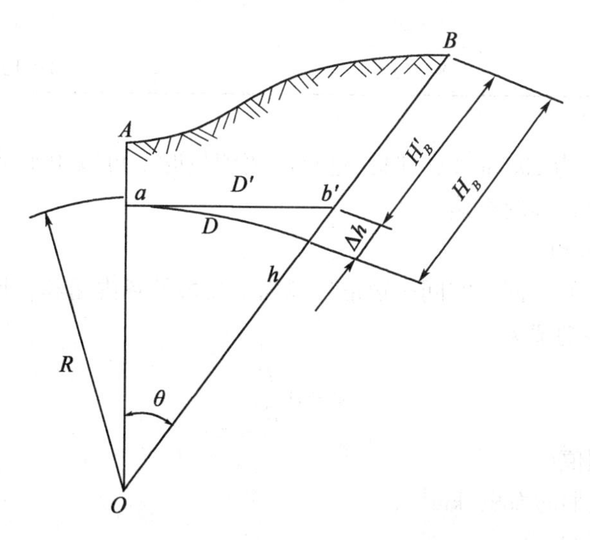

图 2.13　用水平面代替水准面对距离和高程的影响

设 ab 的弧长为 D , ab' 的长度为 D' ，球面半径为 R，D 所对圆心角为 θ，则以水平长度 D' 代替弧长 D 所产生的误差 ΔD 为：

$$\Delta D = D' - D = R\tan\theta - R\theta = R(\tan\theta - \theta)$$

将 $\tan\theta$ 用级数展开为：

$$\tan\theta = \theta + \frac{1}{3}\theta^3 + \frac{5}{12}\theta^5 + \cdots$$

因为 θ 角很小，所以只取前两项代入上式得：

$$\Delta D = R\left(\theta + \frac{1}{3}\theta^3 - \theta\right) = \frac{1}{3}R\theta^3 \tag{2-5}$$

又因 $\theta = \dfrac{D}{R}$ ，则

$$\Delta D = \frac{D^3}{3R^2} \tag{2-6}$$

$$\frac{\Delta D}{D} = \frac{D^2}{3R^2} \tag{2-7}$$

取地球半径 $R = 6371\text{km}$，并以不同的距离 D 值代入式(2-6)和式(2-7)，则可求出距离误差 ΔD 和相对误差 $\Delta D/D$ ，如表2.1所示。

表2.1 **水平面代替水准面的距离误差和相对误差**

距离 D (km)	距离误差 ΔD (mm)	相对误差 $\Delta D/D$
10	8	1 : 1 220 000
20	128	1 : 200 000
50	1 026	1 : 49 000
100	8 212	1 : 12 000

结论：当面积 P 为 100km^2 以内时，进行距离测量时，可以用水平面代替水准面，而不必考虑地球曲率对距离的影响。

2. 对水平角的影响

从球面三角学可知，同一空间多边形在球面上投影的各内角和，比在平面上投影的各内角和大一个球面角超值 ε 。

$$\varepsilon = \rho \frac{P}{R^2} \tag{2-8}$$

式中：ε 为球面角超值(″)；

p 为球面多边形的面积(km^2)；

R 为地球半径(km)；

ρ 为1弧度的秒值，$\rho = 206265''$。

以不同的面 积 P 代入式(2-8)，可求出球面角超值，如表2.2所示。

表2.2 **水平面代替水准面的水平角误差**

球面多边形面积 $P/(\text{km}^2)$	球面角超值 ε(″)
10	0.05
50	0.25
100	0.51
300	1.52

结论：当面积 P 为 100km^2 时，进行水平角测量时，可以用水平面代替水准面，而不必考虑地球曲率对距离的影响。

3. 对高程的影响

如图 2-13 所示，地面点 B 的绝对高程为 H_B，用水平面代替水准面后，B 点的高程为 H'_B，H_B 与 H'_B的差值，即为水平面代替水准面产生的高程误差，用 Δh 表示，则

$$(R+\Delta h)^2 = R^2 + D'^2$$

$$\Delta h = \frac{D'^2}{2R+\Delta h}$$

上式中，可以用 D 代替 D'，相对于 $2R$ 很小，可略去不计，则

$$\Delta h = \frac{D^2}{2R} \tag{2-9}$$

以不同的距离 D 值代入式(2-9)，可求出相应的高程误差 Δh ，如表 2.3 所示。

表 2.3　**水平面代替水准面的高程误差**

距离 D/(km)	0.1	0.2	0.3	0.4	0.5	1	2	5	10
Δh/(mm)	0.8	3	7	13	20	78	314	1 962	7 848

结论：用水平面代替水准面，对高程的影响是很大的，因此，在进行高程测量时，即使距离很短，也应顾及地球曲率对高程的影响。

2.5 测绘中常用的单位

1. 长度单位

自 1959 年起，我国规定计量制度统一采用国际单位制。计量制度的改变，需要有一定的适应过程，所以在一定时期内，许可使用我国原有惯用的计量单位，叫做市制，并规定了市制与国际单位制之间的关系。

国际(IS)单位制中，常用的长度单位的名称和符号如下：

基本单位为米(m)，除此之外还有千米(km)、分米(dm)、厘米(cm)、毫米(mm)、微米(μm)、纳米(nm)。其关系如下：

1m=10dm=100cm=1000mm=1000000μm=1000000000nm

长度的市制单位有：里、丈、尺、寸，其间关系为：

1 里=150 丈=1500 尺=15000 寸

1m=3 尺

长度的市制单位规定用到 1990 年止。

2. 面积单位

面积单位是 m^2，大面积则用公顷或 km^2表示，在农业上常用市亩作为面积单位。

1 公顷=10 000m^2=15 市亩，1km^2=100 公顷=1 500 市亩，1 市亩=666.67m^2

3. 体积单位

体积单位为 m^3，在工程上简称“立方”或“方”。

4. 角度单位

测量上常用的角度单位有度分秒制、弧度制和梯度制三种。

(1)度分秒制　1圆周角=360°，1°=60′，1′=60″。

(2)弧度制　等于半径长的圆弧所对的圆心角叫做1弧度的角，用ρ表示。用弧度作单位来度量角的制度叫做弧度制。

(3)梯度制　1圆周角等于400gon。

本章小结

本章着重介绍了地球的形状和大小、地面点位的确定、测量坐标系(地理坐标、高斯平面直角坐标、假定平面直角坐标)、地面点的高程、测量工作基本内容和原则、用水平面代替水准面的限度、测量上常用的度量单位。

通过本章学习，主要掌握测量工作的基准面、基准线，大地坐标系、高斯-克吕格坐标系，地面点的高程，测量工作基本内容和原则等。

习题和思考题

1. 何谓铅垂线？何谓大地水准面？它们在测量中的作用是什么？
2. 如何确定点的位置？
3. 测量学中的平面直角坐标系与数学中的平面直角坐标系有何不同？
4. 何谓水平面？用水平面代替水准面对水平距离、水平角和高程分别有何影响？
5. 何谓绝对高程？何谓相对高程？何谓高差？
6. 测量的基本工作是什么？
7. 测量工作的基本原则是什么？
8. 设有500m长、250m宽的矩形场地，其面积有多少公顷？合多少市亩？
9. 已知某点P的高斯平面直角坐标为$x_P=2\ 050\ 442.5\text{m}$，$y_P=18\ 523\ 775.2\text{m}$，则该点位于6度带的第几带内？位于该6度带中央子午线的东侧还是西侧？
10. 实际测量工作中依据的基准面和基准线分别是什么？

第3章 角 度 测 量

【**教学目标**】角度测量是确定地面点位置的基本测量工作之一，包括水平角测量和竖直角测量的基本原理。角度测量的仪器是经纬仪，熟练掌握经纬仪的操作方法与水平角和竖直角的观测和计算。掌握经纬仪的检验和校正方法，了解角度测量误差产生的原因和减弱措施。了解水平角和竖直角的基本概念，理解水平角和竖直角的测量原理。

3.1 角度测量原理

在测量工作中，为了确定地面点的平面位置和高程，需要测量两种不同意义的角度，即水平角和竖直角。本节主要学习水平角和竖直角的概念和它们的测量原理。

3.1.1 水平角

由一点到两个目标的方向线垂直投影在水平面上所成的角，称为水平角。如图3.1所示，由地面点 O 到 A、B 两个目标的方向线 OA 和 OB，在水平面上的投影为 $O'A'$ 和 $O'B'$，其夹角 β 即为水平角，它等于通过 OA 和 OB 的两个竖直面之间所夹的二面角。二面角的棱线 OO' 是一条铅垂线。垂直于 OO' 的任一水平面（如过 A 点的水平面 V）与两竖直面的交线均可用来量度水平角 β。若在任一点 O'' 水平地放置一个刻度盘，使度盘中心位于 OO' 铅垂线，再用一个既能在竖直面内转动又能绕铅垂线水平转动的望远镜去照准目标 A 和 B，则可将直线 OA 和 OB 投影到度盘上，截得相应的读数 a 和 b，如果度盘刻画的注记形式是按顺时针方向由0°递增到360°，则 OA 和 OB 两方向线间的水平角即为：$\beta = b - a$。

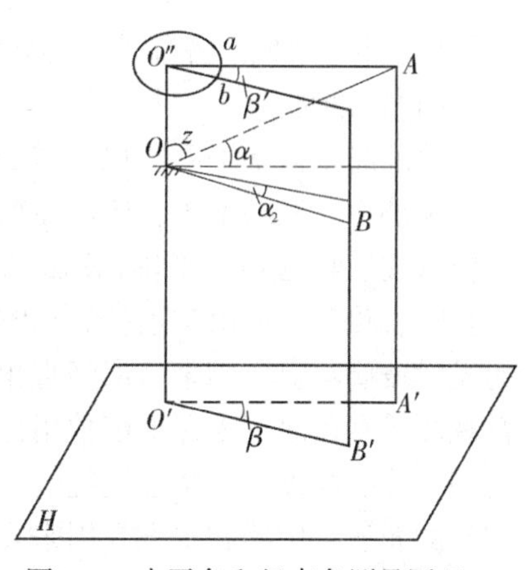

图3.1 水平角和竖直角测量原理

3.1.2 竖直角

在竖直面内，视线与水平线的夹角，称为竖直角，以 α 表示，如图3.1所示。当视线仰倾时，α 取正值；视线俯倾时，α 取负值；视线水平时，$\alpha = 0°$。不难理解竖直角的取值范围为0° ~ ±90°。

视线与铅垂线天顶方向之间的夹角，称为天顶距，如图3.1中的 Z 所示。天顶距的取值范围为0° ~ 180°。

竖直角 α 和天顶距 Z 之间的关系式为：

$$\alpha = 90° - Z \tag{3-1}$$

竖直角和天顶距只需测得其中一个即可，测量工作中一般观测竖直角。为了测得竖直角，必须安置一个竖直度盘，分别以水平线和望远镜照准目标时的方向线分别在竖盘上读得读数，两读数之差即为观测的竖直角。

3.2 角度测量仪器的使用

角度测量仪器主要为经纬仪，本节学习 DJ_6 光学经纬仪类型、构造和使用问题的实践性知识。主要是为了使学生对各种常用光学经纬仪有感官认识，了解 DJ_6 光学经纬仪的构造和使用特点，掌握经纬仪的操作步骤和操作方法。

3.2.1 DJ_6 光学经纬仪及使用

1. 基本构造

工程上常用的光学经纬仪有 DJ_2 和 DJ_6 等几种类型。D、J 分别为“大地测量”和“经纬仪”汉语拼音的第一个字母；数字 2、6 等表示该类仪器一测回方向值的精度（秒数）。图 3.2 所示是南京华东光学仪器厂生产的 DJ_6 型光学经纬仪，它由照准部、水平度盘和基座 3 个主要部分组成。各部件名称如图 3.2 所注。

（1）照准部。

照准部是指水平度盘以上能绕竖轴旋转的部分，包括望远镜、竖直度盘、光学对中器、水准管、光路系统、读数显微镜等，都安装在底部带竖轴（内轴）的 U 形支架上。其中望远镜、竖盘和水平轴（横轴）固连一体，组装于支架上。望远镜绕横轴上下旋转时，竖盘随着转动，并由望远镜制动螺旋和微动螺旋控制。竖盘是一个圆周上刻有度数分划线的光学玻璃圆盘，用来量度竖直角。紧挨竖盘有一个指标水准管和指标水准管微动螺旋，在观测竖直角时用来保证读数指标的正确位置。望远镜旁有一个读数显微镜，用来读取竖盘和水平度盘读数。望远镜绕竖轴左右转动时，由水平制动螺旋和水平微动螺旋控制。照准部的光学对中器和水准管用来安置仪器，以使水平度盘中心位于测站铅垂线上并使度盘平面处于水平位置。

（2）水平度盘。

水平度盘是由光学玻璃制成的刻有度数分划线的圆盘，按顺时针方向由 0°注记至 360°，用以量度水平角。水平度盘有一个空心轴，空心轴插入度盘的外轴中，外轴再插入基座的套轴内。在空心轴容纳内轴的插口上有许多细小滚珠，以保证照准部能灵活转动而不致影响水平度盘。水平度盘本身可以根据测角需要，用度盘变换手轮改变读数位置。

（3）基座。

基座起支撑仪器上部以及使仪器与三脚架连接的作用，主要由轴座、脚螺旋和底板组成。仪器装到三脚架上时，须将三脚架头上的中心连接螺旋旋入基座底板，使之固紧。

基座脚螺旋用来整平仪器。但对于采用光学对中器的经纬仪来说，脚螺旋整平作用范围很小，主要用它将基座平面整成与三脚架架头大致平行。

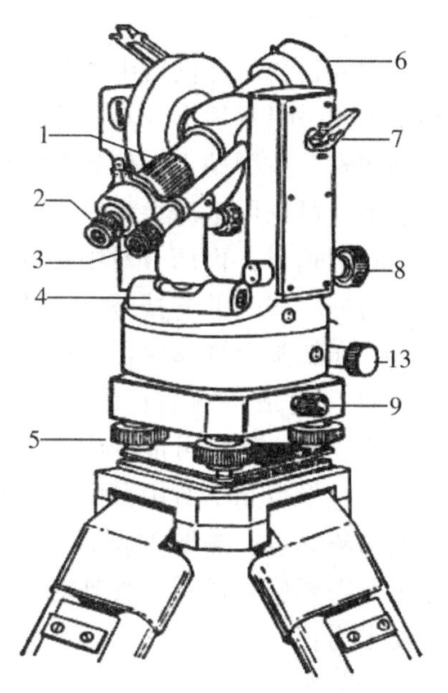

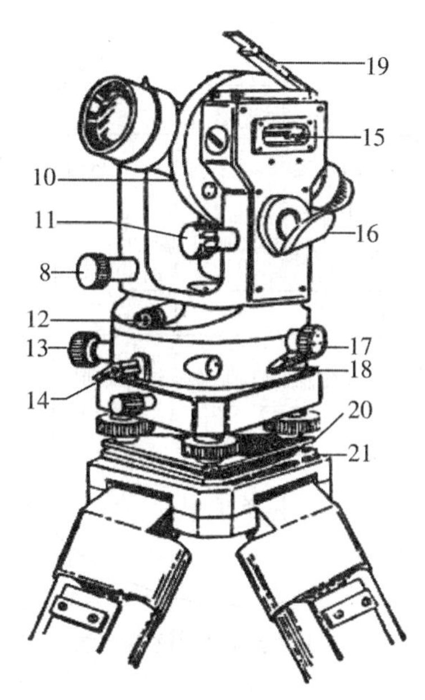

1—对光螺旋；2—目镜；3—读数显微镜；4—照准部水准管；5—脚螺旋；6—望远镜物镜；7—望远镜制动螺旋；8—望远镜微动螺旋；9—中心锁紧螺旋；10—竖直度盘；11—竖盘指标水准管微动螺旋；12—光学对中器目镜；13—水平微动螺旋；14—水平制动螺旋；15—竖盘指标水准管；16—反光镜；17—度盘变换手轮；18—保险手柄；19—竖盘指标水准管反光镜；20—托板；21—底板

图 3.2　华光 DJ_6 光学经纬仪

2. 测微装置与读数方法

DJ_6型经纬仪水平度盘和竖盘的直径都很小，度盘分划值一般只刻至1°或30′，小于度盘最小分划的读数必须借助光学测微装置读取。DJ_6型光学经纬仪目前最常用的装置是分微尺。下面介绍分微尺的读数方法。

在光学光路中装一条格尺，在视场中格尺的长度等于度盘最小分划的长度。尺的零分划就是读数的指标线。度盘上相差1°的两条分划线之间的影像宽度恰好等于分微尺上60小格的宽度，所以分微尺上一小格就代表1′估读0.1格即为6″。分微尺的注记由0~60，每10格标注一下，简略的注记成由0~6。分微尺零线所指的度盘影像位置，就是应该读数的位置；实际读数时，只需要注意哪根度盘分划线位于0与6之间，读取这根分划线的度数和它所指的分微尺上的读数即得应有的读数。如图3.3所示，水平度盘读数为215°07.5′=215°07′30″；竖直度盘为78°48.3′=78°48′18″。

在读数显微镜内看到的水平度盘和竖盘影像一般注有汉字加以区别，也有的以注“*H*”或“-”表示水平度盘，注“V”或“⊥”符号表示竖盘。

3. 经纬仪的使用

经纬仪的使用包括对中、整平、调焦和照准、读数及置数等基本操作。现将操作方法介绍如下：

(1)对中。

对中的目的是使仪器中心与测站点标志中心位于同一铅垂线上。具体作法是：首先将三脚架安置在测站上，使架头大致水平且高度适中。可先用垂球大致对中，概略整平仪器后取下垂球，再调节对中器的目镜，松开仪器与三脚架间的连接螺旋，两手扶住仪器基座，在架头上平移仪器，使分划板上小圆圈中心与测站点重合，固定中心连接螺旋。平移仪器，整平可能受到影响，需要重新整平，整平后光学对中器的分划圆中心可能会偏离测站点，需要重新对中。因此，这两项工作需要反复进行，直到对中和整平都满足要求为止。

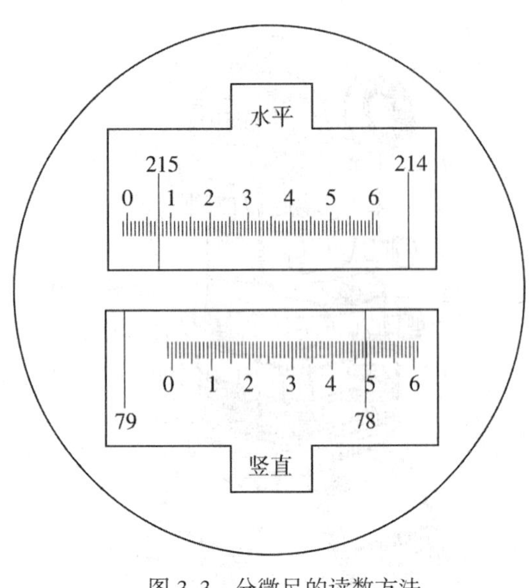

图 3.3 分微尺的读数方法

(2)整平。

整平的目的是使仪器竖轴竖直和水平度盘处于水平位置。

如图 3.4(a)所示，整平时，先转动仪器的照准部，使照准部水准管平行于任意一对脚螺旋的连线，然后用两手同时以相反方向转动该两脚螺旋，使水准管气泡居中，注意气泡移动方向与左手大拇指移动方向一致；再将照准部转动 90°，如图 3.4(b)所示，使水准管垂直于原两脚螺旋的连线，转动另一个脚螺旋，使水准管气泡居中。如此重复进行，直到在这两个方向气泡都居中为止。居中误差一般不得大于一格。

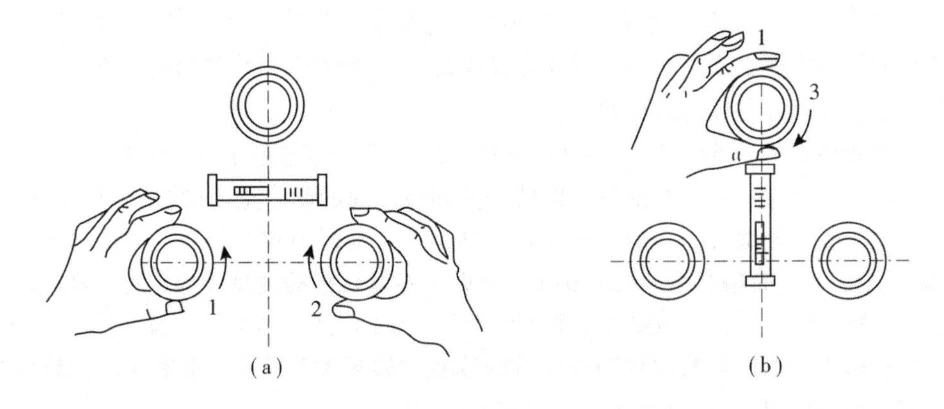

图 3.4 用脚螺旋整平方法

(3)调焦和照准

照准就是使望远镜十字丝交点精确照准目标。照准前先松开望远镜制动螺旋与照准部制动螺旋，将望远镜朝向天空或明亮背景，进行目镜对光，使十字丝清晰；然后利用望远镜上的照门和准星粗略照准目标，使在望远镜内能够看到物像，再拧紧照准部及望远镜制动螺旋；转动物镜对光螺旋，使目标清晰，并消除视差；转动照准部和望远镜微动螺旋，精确照准目标：测水平角时，应使十字丝竖丝精确地照准目标，并尽量照准目标的底部，如图 3.5 所示；测竖直角时，应使十字丝的横丝(中丝)精确照准目标，如图 3.6 所示。

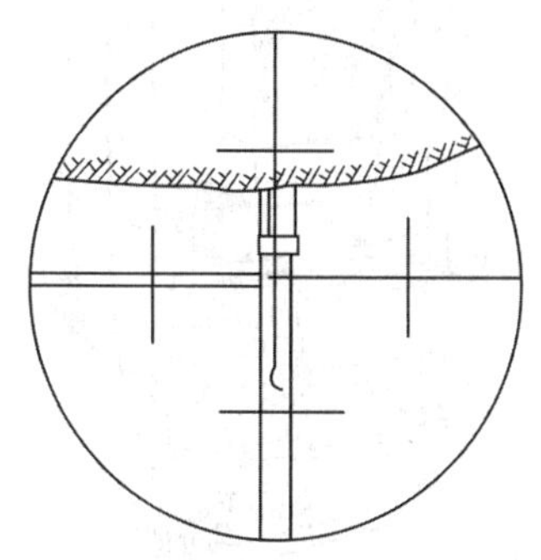

图 3.5　水平角观测照准方法

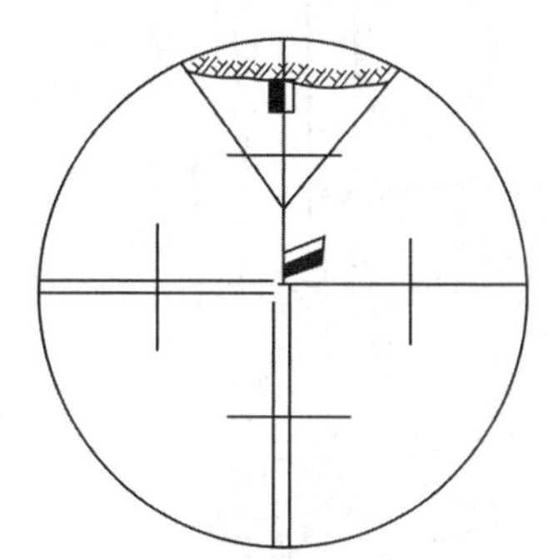

图 3.6　竖直角观测照准方法

(4)读数。

调节反光镜及读数显微镜目镜，使度盘与测微尺影像清晰，亮度适中，然后按前述的读数方法读数。

(5)置数。

置数是指照准某一方向的目标后，使水平度盘的读数等于给定或需要的值。在观测水平角时，常使起始方向的水平度盘读数为零或其他数值，如果使其为零时，就称为置零或对零。置数方法在角度测量和施工放样中应用广泛。

由于度盘变换方式的不同，置数方法也不相同。对于采用度盘变换手轮的仪器，应先照准目标，然后打开变换手轮护盖，转动变换手轮进行置数，最后关闭护盖。对于采用复测板手进行度盘离合的仪器，应先置好数，再去照准目标。例如，要使照准目标时的水平度盘读数置为 90°01′30″，应先松开离合器(即将复测板手向上板到位)和水平度盘制动螺旋，一边转动照准部，一边观察水平度盘读数，当读数接近 90°时，固紧水平制动螺旋，利用水平微动螺旋使度盘的读数为 90°01′30″，然后扣紧离合器(即复测板手向下板到位)，松开水平制动螺旋，旋转照准部照准目标，照准后再松开离合器即可。

3.2.2　全站仪及使用

全站型电子速测仪(简称全站仪)是集测角、测距、自动记录于一体的仪器。由光电测距仪、电子经纬仪、数据自动记录装置三大部分组成。

下面以南方 NTS-350 全站仪为例介绍全站型电子速测仪的结构和使用方法：

1. 南方 NTS-350 全站仪的结构

南方 NTS-350 系列全站仪的测距精度为 3mm+2mm/km×D(D 为测距边长，以 km 为单位)，测角精度根据系列型号的不同分为±2″、±5″。南方 NTS-350 系列全站仪的基本构造如图 3.7 所示。

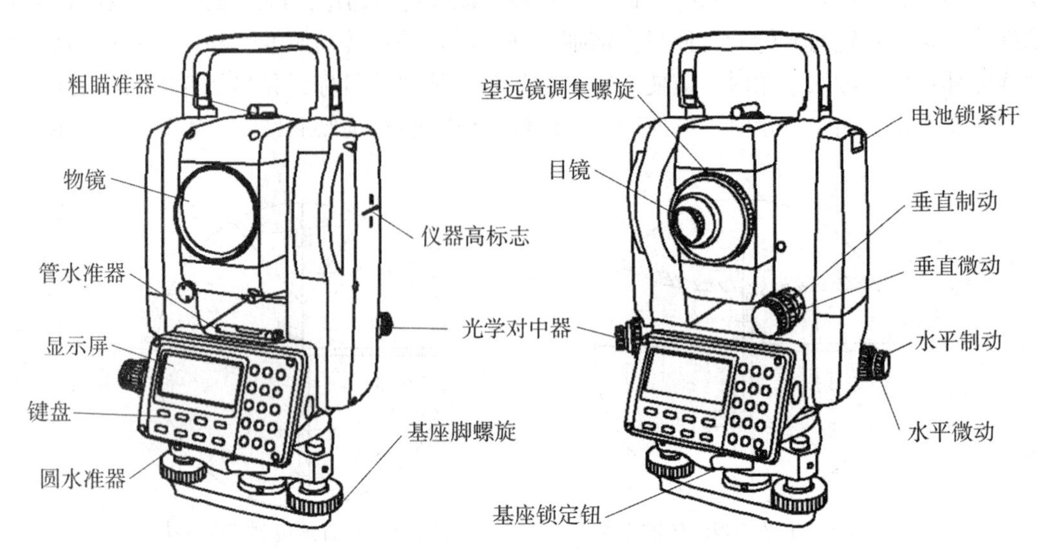

图 3.7　南方 NTS-350 全站仪

南方 NTS-350 系列全站仪除能进行测量角度和距离外，还能进行高程测量、坐标测量，坐标放样以及对边测量、悬高测量、偏心测量、面积测量等。测量数据可存储到仪器的内存中，能存储 8000 个点的坐标数据，或者存储 3000 个点的坐标数据和 3000 个点的测量数据(原始数据)。所存数据能进行编辑、查阅和删除等操作，能方便地与计算机相互传输数据。南方 NTS-350 系列全站仪的竖直角采用电子自动补偿装置，可自动测量竖直角。

2. *反光棱镜与觇牌*

与全站仪配套使用的反光棱镜与觇牌如图 3.8 所示，由于全站仪的望远镜视准轴与测距发射接收光轴是同轴的，故反光棱镜中心与觇牌中心一致。对中杆棱镜组的对中杆与两条铝脚架一起构成简便的三脚架系统，操作灵活方便，在低等级控制测量和施工放线测量中应用广泛。在精度要求不很高时，还可拆去其两条铝脚架，单独使用一根对中杆，携带和使用更加方便。

(1)棱镜组的安置。

如图 3.8(a)所示，将基座安放到三脚架上，利用基座上的光学对中器和基座螺旋进行对中整平，具体方法与光学经纬仪相同。将反光棱镜和觇牌组装在一起，安放到基座上，再将反光面朝向全站仪，如果需要观测高程，则用小钢尺量取棱镜高度，即地面标志到棱镜或觇牌中心的高度。

(2)对中杆棱镜组的安置。

如图 3.8(b)所示，使用对中杆棱镜组时，将对中杆的下尖对准地面测量标志，两条架腿张开合适的角度并踏稳，双手分别握紧两条架腿上的握式锁紧装置，伸缩架腿长度，使圆气泡居中，便完成对中整平工作。对中杆的高度是可伸缩的，在接头处有杆高刻画标

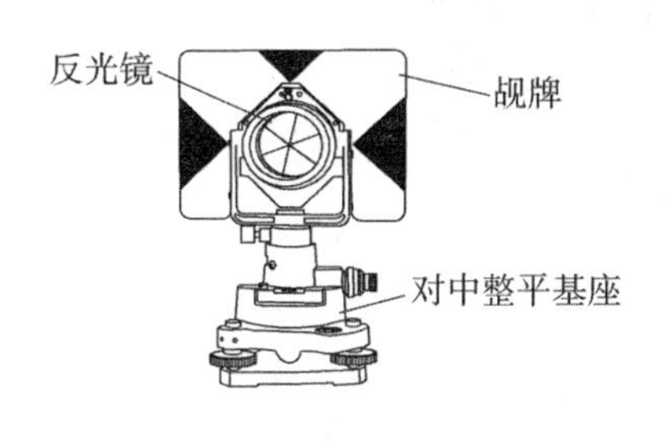

(a)单棱镜组

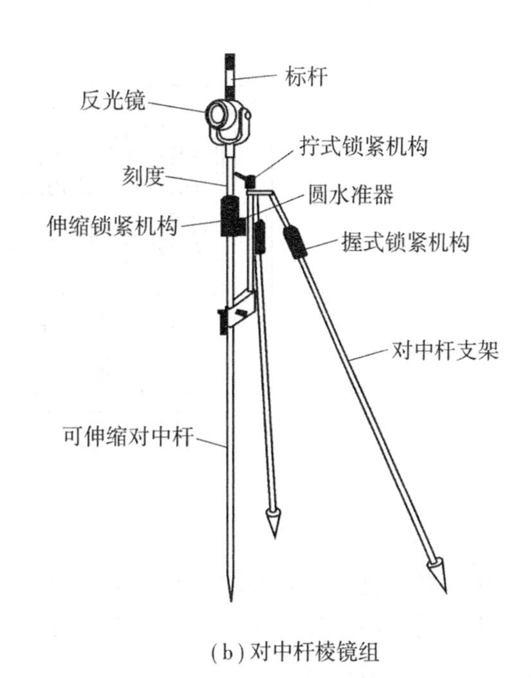

(b)对中杆棱镜组

图 3.8　全站仪反光棱镜组

志，可根据需要调节棱镜的高度，刻画读数即为棱镜高度。

3. 南方 NTS350 全站仪的使用

(1)安置仪器。

将全站仪安置在测站上，对中整平，方法与经纬仪相同，注意全站仪脚架的中心螺旋与经纬仪脚架不同，两种脚架不能混用。安置反光镜于另一点上，经对中整平后，将反光镜朝向全站仪。

(2)开机。

按面板上的 POWER 键打开电源，按 F1(↓)或 F2(↑)键调节屏幕文字的对比度，使其清晰易读；上下转动一下望远镜，完成仪器的初始化，此时仪器一般处于测角状态。面板见图 3.9，有关键盘符号的名称与功能如下：

ANG(▲)——角度测量键(上移键)，进入角度测量模式(上移光标)；

◢(▼)——距离测量键(下移键)，进入距离测量模式(下移光标)；

[⊵](◀)——坐标测量键(左移键)，进入坐标测量模式(左移光标)；

MENU(▶)——菜单键(右移键)，进入菜单模式(右移光标)，可进行各种程序测量、数据采集、放样和存储管理等；

ESC 退出键——返回上一级状态或返回测量模式；

★星键——进入参数设置状态；

POWER 电源开关键——短按开机，长按关机；

F1~F4 功能键——对应于显示屏最下方一排所示信息的功能，具体功能随不同测量

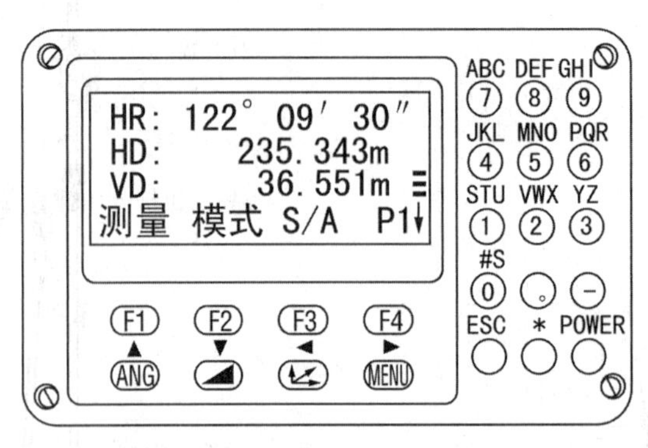

图 3.9　南方 NTS-350 全站仪面板

状态而不同；

0~9 数字键——输入数字和字母、小数点、负号；

开机时要注意观察显示窗右下方的电池信息，判断是否有足够的电池电量并采取相应的措施，电池信息意义如下：

☰——电量充足，可操作使用。

☰——刚出现此信息时，电池尚可使用 1 小时左右；若不掌握已消耗的时间，则应准备好备用的电池。

▬——电量已经不多，尽快结束操作，更换电池并充电。

▬——闪烁到消失，从闪烁到缺电关机大约可持续几分钟，电池已无电，应立即更换电池。

(3)温度、气压和棱镜常数设置

全站仪测量时发射红外光的光速随大气的温度和压力而改变，进行温度和气压设置，是通过输入测量时测站周围的温度和气压，由仪器自动对测距结果实施大气改正。棱镜常数是指仪器红外光经过棱镜反射回来时，在棱镜处多走了一段距离，这个距离对同一型号的棱镜来说是个固定的，例如南方全站仪配套的棱镜为 30mm，测距结果应加上-30mm，才能抵消其影响，-30mm 即为棱镜常数，在测距时输入全站仪，由仪器自动进行改正，显示正确的距离值。

预先测得测站周围的温度和气压。例：温度+25℃，气压 1017.5hPa。按◢键进入测距状态，按 F3 键执行[S/A]功能，进入温度、气压和棱镜常数设置状态，再按 F3 键执行[T-P]功能，先进入温度、气压设置状态，依次输入温度 25.0 和气压 1017.5，按 F4 回车确认，见图 3.10(a)。按 ESC 键退回到温度、气压和棱镜常数设置状态，按 F1 键执行[棱镜]功能，进入棱镜常数设置状态，输入棱镜常数(-30)，按 F4 回车确认，见图 3.10(b)。

(4)距离测量。

照准棱镜中心，按◢键，距离测量开始，1~2 秒钟后在屏幕上显示水平距离 HD，

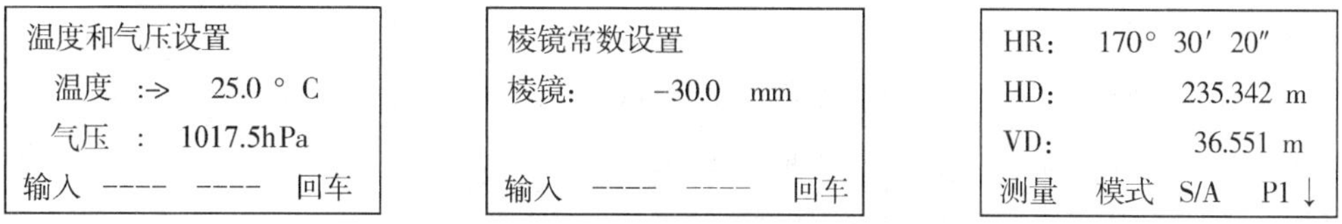

温度和气压设置
温度 :-> 25.0 ° C
气压 : 1017.5hPa
输入 ---- ---- 回车

(a)

棱镜常数设置
棱镜: -30.0 mm

输入 ---- ---- 回车

(b)

HR: 170° 30′ 20″
HD: 235.342 m
VD: 36.551 m
测量 模式 S/A P1↓

(c)

图 3.10 温度、气压、棱镜常数设置和测距屏幕

例如“HD：235.343m”，同时屏幕上还显示全站仪中心与棱镜中心之间的高差 VD，例如“VD：36.551m”，见图 3.10(c)。如果需要显示斜距，则按◢键，屏幕上便显示斜距 SD，例如“SD：241.551”。

测距结束后，如需要再次测距，按 F1 键执行[测量]即可。如果仪器连续地反复测距，说明仪器当时处于“连续测量”模式，可按 F1 键，使测量模式由“连续测量”转为“N 次测量”，当光电测距正在工作时，再按 F1 键，测量模式又由“N 次测量”转为“连续测量”。

仪器在测距模式下，即使还没有完全瞄准棱镜中心，只要有回光信号，便会进行测距，因此一般先按 ANG 键进入角度测量状态，瞄准棱镜中心后，再按◢键测距。表 3.1 列出了 F1～F4 功能键的说明。

表 3.1 **南方 NTS-350 距离测量各功能键说明**

页数	软件	显示符号	功能
第 1 页(P1)	F1	测量	启动距离测量
	F2	模式	设置距离测量模式：精测/跟踪/…
	F3	S/A	温度、气压、棱镜常数等设置
	F4	P1↓	显示第 2 页软件功能
第 2 页(P2)	F1	偏心	偏心测量模式
	F2	放样	距离放样模式
	F3	m/f/i	距离单位设置：米/英尺/英寸
	F4	P2↓	显示第 1 页软件功能

(5)角度测量。

角度测量是全站仪的基本功能之一，开机一般默认进入测量角状态，南方 NTS350 也可按 ANG 键进入测角状态，屏幕上的“V”为竖直角读数，“HR”(度盘顺时针增大)或“HL”(度盘逆时针增大)为水平度盘读数，水平角置零等操作按表 3.2 所示 F1～F4 功能键完成。

表 3.2　　**南方 NTS-350 角度测量功能键的功能**

页数	软件	显示符号	功能
第 1 页 (P1)	F1	置零	水平角置为 0°00′00″
	F2	锁定	水平角读数锁定
	F3	置盘	通过键盘输入数字设置水平角
	F4	P1↓	显示第 2 页软件功能
第 2 页 (P2)	F1	倾斜	设置倾斜改正的开和关
	F2	…	……………………
	F3	V%	垂直角与百分度的转换
	F4	P2↓	显示第 3 页软件功能
第 3 页 (P3)	F1	H—蜂鸣	转至水平角 0°90°180°270°的蜂鸣设置
	F2	R/L	水平角右/左计数转换
	F3	竖角	垂直角(高度角/天顶距)的转换
	F4	P3↓	显示第 1 页软件功能

3.3　水平角测量方法与技术

普通测量中常用的水平角观测方法有测回法和方向观测法两种。测回法测量两个目标方向之间的水平角，方向观测法测量多于两个目标方向之间的水平角。

进行水平角观测，通常都要用盘左和盘右各观测一次。所谓盘左，就是观测者对着望远镜的目镜时，竖盘位于望远镜的左边，又称为正镜；盘右是观测者对着目镜时，竖盘位于望远镜的右边，又称为倒镜。将正、倒镜的观测结果取平均值，可以抵消部分仪器误差的影响，提高成果质量。如果只用盘左(正镜)或者盘右(倒镜)观测一次，称为半个测回或半测回；如果用盘左、盘右(正、倒镜)各观测一次，称为一个测回或一测回。

3.3.1　测回法

1. 测回法的观测程序

以正、倒镜分别观测两个方向之间水平角的方法，称为测回法。这种测角方法只适用于观测两个方向之间的单个角度。如图 3.11 所示，设要观测 ∠*AOB* 的角值，先将经纬仪安置在角的顶点 *O* 上，进行对中、整平，并在 *A*、*B* 两点树立标杆或测钎作为照准标志，然后即可进行测角。一测回的操作程序如下：

①盘左位置，照准左边目标 *A*，对水平度盘置数，略大于0°，将读数 $a_{左}$ 记入手簿表 3.3 中。

②顺时针方向旋转照准部，照准右边目标 *B*，读取水平度盘读数 $b_{左}$，记入手簿表 3.3 中。

由此算得上半测回的角值：$\beta_{左}=b_{左}-a_{左}$。

图 3.11　测回法

③盘右位置，先照准右边目标 B，读取水平度盘读数 $b_{右}$，记入手簿表 3.3 中。

④逆时针方向转动照准部，照准左边目标 A，读取水平度盘读数 $a_{右}$，记入手簿表 3.3 中。

由此算得下半测回的角值：$\beta_{右}=b_{右}-a_{右}$。

2. 测回法记录、计算

对于 DJ_6 经纬仪，上、下两个半测回所测的水平角之差不应超过±36″。符合规定要求时，取其平均值作为一测回的观测结果。

为了提高测角精度，同时为削弱度盘分划误差的影响，对角度往往需要观测几个测回，各测回的观测方法相同，但起始方向(如图 3.11 中的 A 方向)置数不同。设需要观测的测回数为 n，则各测回起始方向的置数应按 180°/n 递增。但应注意，不论观测多少个测回，第一测回的置数均应当为 0°。各测回观测角值互差不应超过±24″，符合要求时，取各测回平均值作为最后结果。

表 3.3　　　　测回法观测手簿　　　　测站：O

测回	竖盘位置	目标	水平度盘读数 (° ′ ″)	半测回角值 (° ′ ″)	一测回角值 (° ′ ″)	各测回平均值 (° ′ ″)	备注
第一测回	左	A	0 02 30	95 18 18	95 18 24	95 18 20	
		B	95 20 48				
	右	A	180 02 42	95 18 30			
		B	275 21 12				
第二测回	左	A	90 03 06	95 18 30	95 18 15		
		B	185 21 36				
	右	A	270 02 54	95 18 00			
		B	5 20 54				

3.3.2　方向观测法

此法适用于在一个测站上，当观测多个角度，即

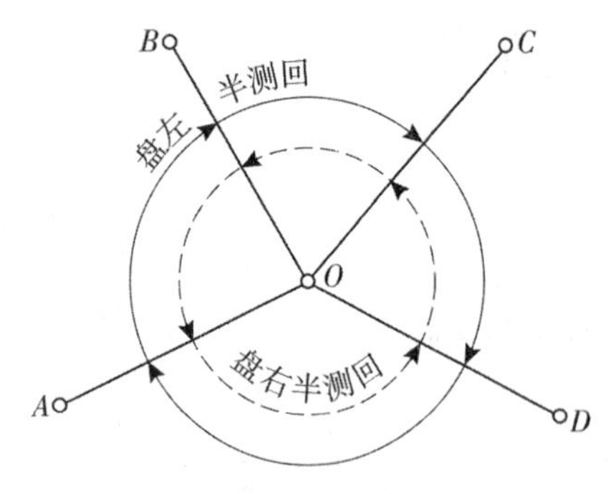

图 3.12　方向观测法测水平角

观测方向多于三个以上时采用。如图 3.12 所示，O 为测站点，A，B，C，D 为四个目标点，欲测定 O 点到各目标、方向之间的水平角，其观测步骤如下：

①将经纬仪安置于测站点 O，对中、整平。

②用盘左位置选定一距离适中，目标明显成象清晰的 C 作为起始方向(零方向)，将水平度盘读数配置为略大于 0°，在精确瞄准后读取读数。松开水平制动螺旋，顺时针方向依次照准 D、A、B 三个目标点，并读数，最后再次瞄准起始点 C，称为归零，并读数。以上为上半测回。两次瞄准 C 点的读数之差称为"归零差"。对于不同精度等级的仪器，限差要求不同，如表 3.4 所示。

表 3.4　　**方向观测法的各项限差**

经纬仪型号	半测回归零差(秒)	一测回内 2c 互差(秒)	同一方向值各测回互差(秒)
DJ_2	8	13	9
DJ_6	18	60	24

③用盘右位置瞄准起始目标 C，并读数。然后按逆时针方向依次照准 B、A、D、C 各目标，并读数。以上称为下半测回，其归零差仍应满足规定要求。

上、下半测回合成一个测回，在同一测回内不能第二次改变水平度盘的位置。当精度要求较高，需测多个测回时，各测回间应按 $180°/n$ 变换度盘起始目标的读数。

④观测记录计算，表 3.5 为方向观测法观测手簿，盘左各目标的读数从上往下记录，盘右各目标读数按从下往上的顺序记录。

a. 归零差的计算：对起始目标，每一测回都应计算"归零差"Δ，并计入表格。一旦"归零差"超限，应及时进行重测。

b. 两倍视准误差 $2C$ 的计算：

$$2C = \text{盘左读数} - (\text{盘右读数} \pm 180°) \tag{3-2}$$

上式中，盘右读数大于 180°时用减 180°，如盘右读数小于 180°时用加 180°。各目标的 $2C$ 值分别列入表 3.5 第 6 栏。对于同一台仪器，在同一测回内，各方向的 $2C$ 值应为一个稳定数，若有变化，其变化值不应超过表 3.4 规定的范围。

c. 各方向平均读数的计算：

$$\text{平均读数} = \frac{\text{盘左读数} + (\text{盘右读数} \pm 180°)}{2} \tag{3-3}$$

计算时，以盘左读数为准，将盘右读数加或减 180°后和盘左读数取平均，其结果列入表 3.5 中第 7 栏。

d. 归零后方向值的计算：将各方向的平均读数分别减去起始目标的平均读数，即得归零后的方向值。表 3.5 中 C 目标的平均读数为

$$\frac{0°00'39''+0°00'30''}{2}=0°00'34''$$

各方向归零方向值列入第 8 栏。

e. 各测回值归零后平均方向值的计算：当一个测站观测两个或两个以上测回时，应检查同一方向各测回的方向值互差。互差要求见表 3.4。当检查结果符合要求，取各测回同一方向归零后的方向值的平均值作为最后结果，列入表 3.5 第 9 栏。

f. 水平角的计算：两方向的方向值之差，即为其所夹的水平角，计算结果列入表 3.5 第 10 栏。

当需要观测的方向为三个时，也可以不做归零观测，其他均与三个以上方向的观测方法相同。

方向观测法有三项限差要求，如表 3.4 所示，若任何一项限差超限，则应重测。

表 3.5　**方向观测法观测手簿**

观测日期__________　天气状况__________　工程名称__________

仪器型号__________　观测者__________　记录者__________

测回	测站	目标	水平度盘读数		2C	平均读数	一测回归零方向值	各测回平均方向值	角值
			盘左	盘右					
			° ′ ″	° ′ ″	″	° ′ ″	° ′ ″	° ′ ″	° ′ ″
1	2	3	4	5	6	7	8	9	10
						(0 00 34)			
第一测回	O	C	0 00 54	180 00 24	+30	0 00 39	0 00 00	0 00 00	
		D	79 27 48	259 27 30	+18	79 27 39	79 27 05	79 26 59	79 26 55
		A	142 31 18	322 31 00	+18	142 31 09	142 30 35	142 30 29	63 03 30
		B	288 46 30	108 46 06	+24	288 46 18	288 45 44	288 45 47	146 15 18
		C	0 00 42	180 00 18	+24	0 00 30			71 14 13
		Δ	−12	−6					
第二测回	O					(90 00 52)			
		C	90 01 06	270 00 48	+18	90 00 57	0 00 00		
		D	169 27 54	349 27 36	+18	169 27 45	79 26 53		
		A	232 31 30	42 31 00	+30	232 31 15	142 30 23		
		B	18 46 48	198 46 36	+12	18 46 42	288 45 50		
		C	90 01 00	270 00 36	+24	90 00 48			
		Δ	−6	−12					

3.4 竖直角测量方法与技术

竖直角是用经纬仪的竖直度盘来量度的，即当望远镜照准目标时的方向线以及水平线分别在竖直度盘上读得读数，两读数之差即为观测的竖直角。

3.4.1 竖直角计算公式

竖直角的计算公式可以按下述方法确定：将望远镜放在大致水平的位置，观察视线水平时的读数(90°或90°的整倍数)，然后逐渐仰起望远镜，观测竖盘读数是增加还是减少。若读数增加，则竖直角的计算公式为：

$$\alpha=\text{瞄准目标时的读数}-\text{视线水平时的读数}$$

若读数减少，则

$$\alpha=\text{视线水平时的读数}-\text{瞄准目标时的读数}$$

图3.13为常用的DJ_6型光学经纬仪的竖盘注记形式。设盘左时照准目标的读数为L，盘右时照准目标的读数为R。由图中可知，盘左位置，视线水平时竖盘读数为90°，当望远镜逐渐仰起时，读数逐渐减少；盘右位置，视线水平时竖盘读数为270°，当望远镜逐

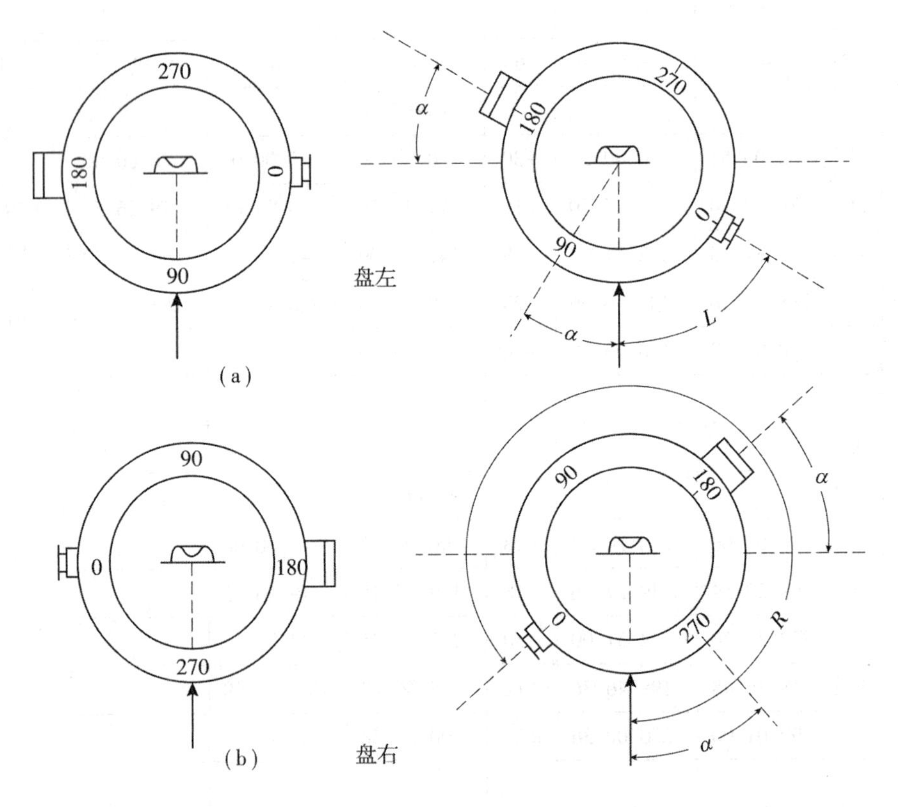

图3.13 DJ_6光学经纬仪竖盘注记形式

渐仰起时，读数逐渐增加。于是竖直角计算公式可写成

盘左　$\alpha_L = 90° - L$　(3-4)

盘右　$\alpha_R = R - 270°$　(3-5)

平均竖角值为

$$\alpha = \frac{1}{2}(\alpha_{左} + \alpha_{右}) = \frac{1}{2}(R - L - 180°) \tag{3-6}$$

3.4.2 竖直角观测方法

在测站上安置经纬仪，首先进行对中整平，然后进行竖直角观测。一个测回的观测程序如下：

①以正镜(盘左)中丝照准目标，读数、记录，即为上半测回。

②以倒镜(盘右)中丝照准目标，读数、记录，即为下半测回。

竖直角观测手簿如表3.6所示。观测完毕后，先根据预先确定的竖直角计算公式计算出盘左、盘右半测回竖直角值，记入表中相应栏目中。表3.6中所用竖直角的计算公式分别为(3-4)、(3-5)及(3-6)式。

表3.6　竖直角观测手簿

测站	目标	竖盘位置	竖盘读数	半测回竖直角	指标差	一测回竖直角	备注
1	2	3	4	5	6	7	8
O	B	左	94°　33′　24″	−4°　33′　24″	−18″	−4°　33′　42″	
		右	265°　26′　00″	−4°　34′　00″			
O	A	左	81°　34′　00″	+8°　26′　00″	−6″	+8°　25′　54″	
		右	278°　25′　48″	+8°　25′　48″			

和水平角观测相类似，为了提高观测结果的精度，竖直角也可以作多个测回的观测。对于DJ_6级经纬仪，同一方向各个测回观测的竖直角值之差不应超过±24″。

3.4.3 竖盘指标差

在竖直角的计算中，认为当视准轴水平、竖盘指标水准管气泡居中时，竖盘读数是个定值，即90°的整倍数。但实际上这个条件往往不能满足，竖盘指标不是指在90°或270°上，它与90°或270°的差值x角，即为竖盘指标差(竖盘指标偏离正确位置的差值称为竖盘指标差)。

图3.14(a)、(b)为盘左位置，由于存在指标差，当望远镜照准目标时，读数大了一个x值，正确的竖直角为：

$$\alpha = 90° - (L - x) = \alpha_{左} + x \tag{3-7}$$

同样，图3.14(c)为盘右位置。在盘右位置用望远镜照准同一目标，读数仍然大了一

个 x 值，则正确的竖直角值为：

$$\alpha = (R - x) - 270° = \alpha_{右} - x \tag{3-8}$$

式(3-7)和式(3-8)相加，并除以2，得

$$\alpha = \frac{1}{2}(R - L - 180°) = \frac{1}{2}(\alpha_{左} + \alpha_{右}) \tag{3-9}$$

此可知，在测量竖直角时，用盘左、盘右观测取平均值的办法可以消除竖盘指标差的影响。

将式(3-7)和式(3-8)相减得

$$x = \frac{1}{2}[(L + R) - 360°] \tag{3-10}$$

式(3-10)为竖盘指标差的计算公式。

竖直角观测中，同一仪器观测各个方向的指标差应当相等，若不等则由于照准、整平和读数存在误差所致。其中最大指标差和最小指标差之差称为指标差的变动范围，对于 DJ_6 级仪器，应不超过±24″。

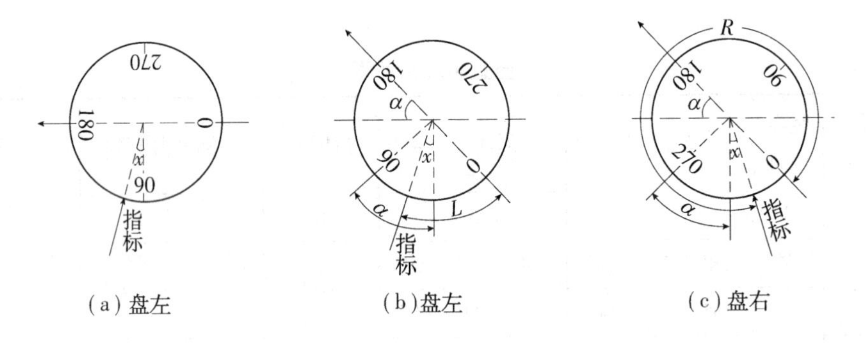

(a) 盘左　(b)盘左　(c) 盘右

图 3.14　竖盘指标差示意图

3.5　角度测量误差与预防

角度测量的误差来源于仪器误差、观测误差以及外界条件的影响三个方面。

3.5.1　仪器误差

仪器误差主要包括两个方面。一是仪器制造和加工不完善引起的误差，如度盘分划不均匀、水平度盘偏心等；二是仪器检校不完善引起的误差，如视准轴不垂直于水平轴、水平轴不垂直于竖轴、照准部水准管轴不垂直于竖轴等。这些误差可以用适当的观测方法来加以消除或减弱。例如采用盘左和盘右两个盘位观测取平均值的方法，可以消除视准轴不垂直于水平轴，水平轴不垂直于竖轴以及水平度盘偏心等误差的影响等；采用变换度盘位置观测取平均值的方法可减弱水平度盘刻画不均匀误差的影响等。仪器竖轴倾斜引起的误差，无法用观测方法来消除，因此，在视线倾斜过大的地区观测水平角，要特别注意仪器

的整平。

3.5.2 观测误差

1. 对中误差

如图3.15所示，O为测站点，O'为仪器中心，仪器对中误差对水平角的影响，与测站点的偏心距e、边长D，以及观测方向与偏心方向的夹角θ有关。观测的角值β'与正确的角值β之间的关系为：

$$\beta=\beta'+(\delta_l+\delta_2)$$

因δ_l和δ_2很小，故

$$\delta_1=\frac{\rho''}{D_1}\cdot e\cdot \sin\theta$$

$$\delta_2=\frac{\rho}{D_2}\cdot e\cdot \sin(\beta'-\theta)$$

故仪器对中误差对水平角的影响为：

$$\delta=\delta_l+\delta_2=\rho''\cdot e\left(\frac{\sin\theta}{D_1}+\frac{\sin(\beta'-\theta)}{D_2}\right) \tag{3-11}$$

当$\beta'=180°$，$\theta=90°$时，δ最大。设$D_1=D_2=100\text{m}$，$e=3\text{mm}$，代入上式得：$\delta=12.4''$。

由(3-11)式可见，仪器对中误差对水平角的影响与偏心距成正比，与测站点到目标的距离D成反比，e愈大，距离愈短，误差δ也愈大。因此，当角边较短，观测角β接近于180°时，应特别注意仪器的对中。

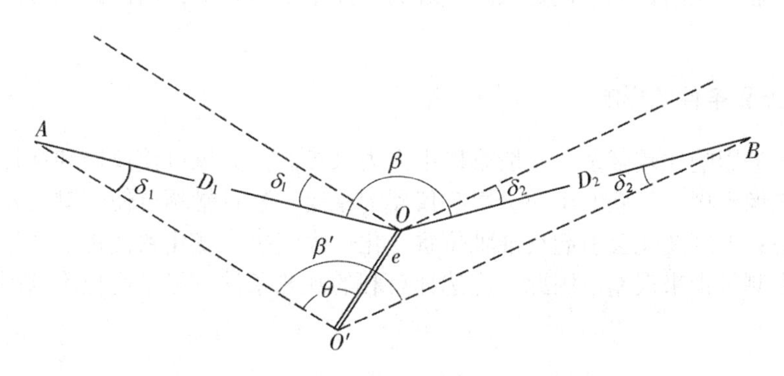

图3.15 对中误差对水平角观测的影响

2. 整平误差

整平误差引起的竖轴倾斜误差，在同一测站竖轴倾斜的方向不变，它对水平角观测的影响与观测目标的倾角有关，倾角越大，影响也越大。竖轴倾斜误差不能通过盘左、盘右的观测方法加以消除。因此，必须注意仪器照准部水准管轴与竖轴垂直的检校，在观测中注意整平，尤其在山丘区观测水平角更应注意这一点。一般规定，在观测过程中，水准管气泡偏离中央不应超过一格。

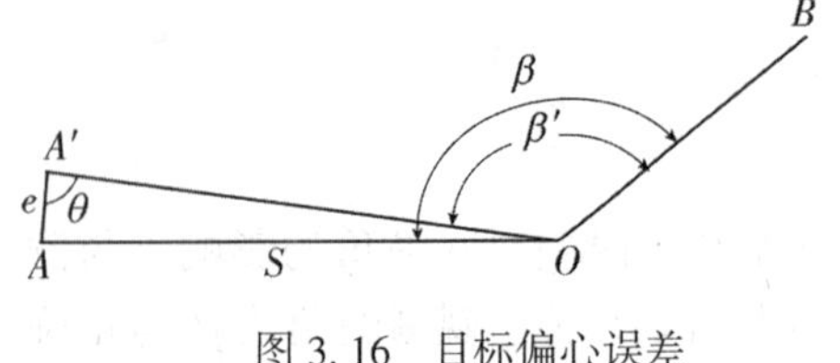

图 3.16 目标偏心误差

3. 目标偏心误差

如图 3.16 所示，O 为测站点，A、B 为目标点。若立在 A 点的标杆是倾斜的，在水平角观测中，因瞄准标杆的顶部，则投影位置由 A 偏离至 A'，产生偏心距 e，引起的角度误差为：

$$\Delta\beta = \beta - \beta' = \frac{e\rho''}{S}\sin\theta \tag{3-12}$$

由式(3-12)可知，$\Delta\beta$ 与偏心距 e 成正比，与距离 S 成反比。偏心距的方向直接影响 $\Delta\beta$ 的大小，当 $\theta=90°$时，$\Delta\beta$ 最大。

4. 照准误差

望远镜照准误差一般用下式计算：

$$m_v = \pm \frac{60''}{V} \tag{3-13}$$

式中：V——望远镜的放大率。

照准误差除取决于望远镜的放大率以外，还与人眼的分辨能力，目标的形状、大小、颜色、亮度和清晰度等有关。因此，在水平角观测时，除适当选择经纬仪外，还应尽量选择适宜的标志、有利的气候条件和观测时间，以削弱照准误差的影响。

5. 读数误差

读数误差与读数设备、照明情况和观测者的经验有关，其中主要取决于读数设备。一般认为，对 DJ_6经纬仪最大估读误差不超过±6″，对 DJ_2经纬仪一般不超过±1″。但如果照明情况不佳，显微镜的目镜未调好焦距或观测者技术不够熟练，估读误差可能大大超过上述数值。

3.5.3 外界条件的影响

外界环境的影响比较复杂，一般难以由人力来控制。大风可使仪器和标杆不稳定；雾气会使目标成像模糊；松软的土质会影响仪器的稳定；烈日暴晒可使三脚架发生扭转，影响仪器的整平；温度变化会引起视准轴位置变化；大气折光变化致使视线产生偏折等。这些都会给角度测量带来误差。因此，应选择有利的观测条件，尽量避免不利因素对角度测量的影响。

3.6 角度测量仪器的常规检验与校正

在角度测量中，要求经纬仪整平后，望远镜上下转动时视准轴应在同一个竖直面内。如图 3.17 所示，要达到上述要求，经纬仪各轴线之间必须满足下列几何条件：

①照准部水准管轴应垂直于仪器竖轴($LL \perp VV$)；

②视准轴应垂直于水平轴($CC \perp HH$)；

③水平轴应垂直于竖轴($HH \perp VV$)。

此外，为了测得正确的水平角和竖直角值，要求十字丝竖丝垂直于水平轴，竖盘指标处于正确位置。

3.6.1 照准部水准管轴垂直于竖轴的检验与校正

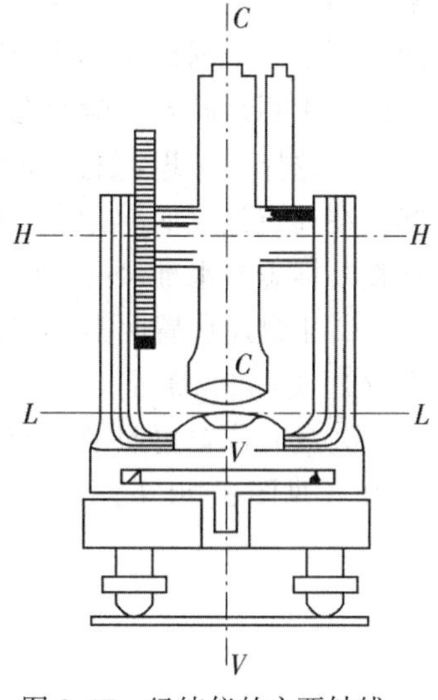

图 3.17 经纬仪的主要轴线

1. 检验

先将仪器大致整平，转动照准部，使其水准管平行于任意两只脚螺旋的连线。相对转动这两只脚螺旋使水准管气泡居中。然后将照准部转动 180°，如水准管气泡仍居中，说明水准管轴与竖轴垂直，若气泡不再居中，则说明水准管轴与竖轴不垂直，需要校正。

2. 校正

校正针拨动水准管一端的校正螺丝使气泡向中央退回偏离格数的一半，这时水准管轴与竖轴垂直。然后相对转动这两只脚螺旋，使水准管气泡居中，这时水准管轴水平，竖轴处于竖直位置。此项检验校正要反复进行，直到气泡偏离零点不大于半格为止。

3.6.2 十字丝纵丝垂直于水平轴的检验与校正

1. 检验

整平仪器，用十字丝交点精确照准大约与仪器同高的明显目标点 A，如图 3.18 所示，然后制动照准部与望远镜，转动望远镜微动螺旋，使望远镜绕水平轴上、下微动，若目标点不离开纵丝，如图 3.18(a)所示，则说明条件满足。否则需要校正，如图 3.18(b)所示。

2. 校正

旋下十字丝目镜分划板护盖，松开与目镜筒相连的四个压环螺丝，如图 3.19 所示，转动目镜筒，使目标点 A 落在十字丝纵丝上为止。校正好后，将压环螺丝拧紧，旋上护盖。

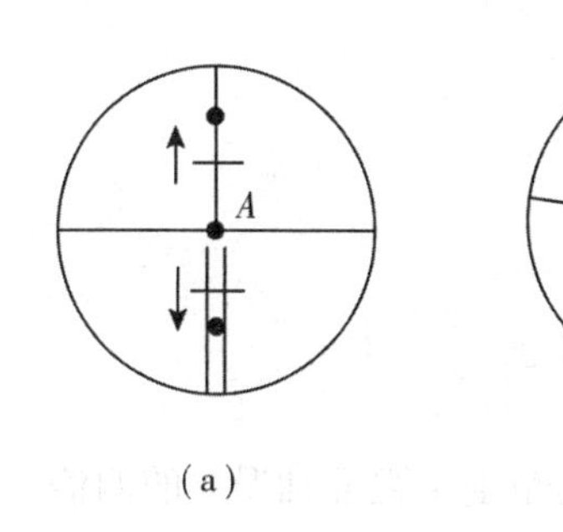

图 3.18 十字丝纵丝检验

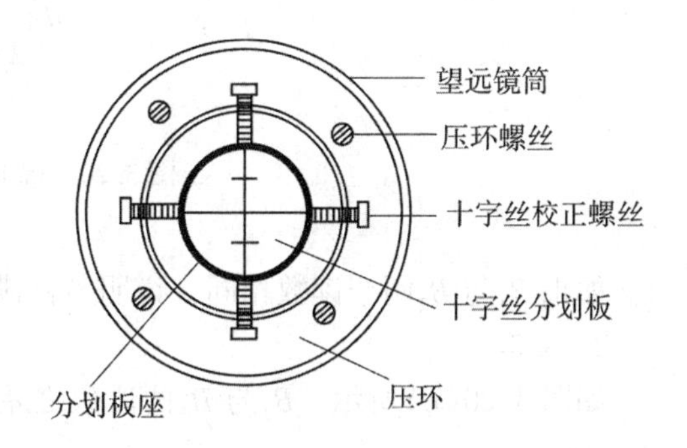

图 3.19 目镜座固定螺丝和十字丝校正螺丝

3.6.3 视准轴垂直于水平轴的检验和校正

1. 检验

视准轴不垂直于水平轴所偏离的角值 C 称为视准轴误差。C 角是由于十字丝交点位置不正确而产生的。具有视准轴误差的望远镜绕水平轴旋转时，视准轴所形成的轨迹不是平面，而是一个圆锥面。这样观测同一竖直面内不同高度的点，水平度盘的读数将不相同，从而产生测角误差。检验方法如下：

①选择一平坦场地，如图 3.20 所示，在 A、B 两点(相距约 100m)的中点 O 安置仪器，在 A 点设立照准标志，在 B 点横放一根水准尺或毫米分划尺，使其尽可能与视线 OB 垂直。标志与水准尺的高度大致与仪器同高。

②于盘左位置照准 A 点，固定照准部，然后纵转望远镜成盘右位置，在 B 尺上读数，得 B_1，见图 3.20(a)。

③盘右位置再照准 A 点，固定照准部，纵转望远镜成盘左位置，再在 B 尺上读数，得 B_2。见图 3.20(b)。

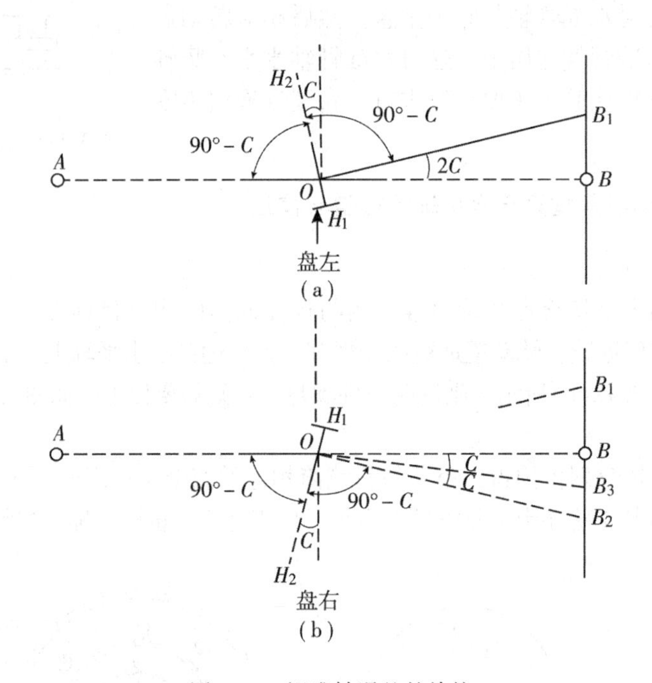

图 3.20 视准轴误差的检校

如果 B_1 与 B_2 两个读数相同，说明条件满足，否则，需要校正。

2. 校正

如图 3.20(b)所示，B_1 与 B_2 两读数之差至仪器中心所夹的角度是视准轴误差的四倍，即 $\angle B_1OB_2=4c$。在尺上定出 B_3 点，使 $B_2B_3=\dfrac{1}{4}B_1B_2$；此时，$OB_3$ 垂直于仪器的水平轴方向。用校正针拨动十字丝环左、右两个校正螺丝平移十字丝分划板，至十字丝交点与 B_3 点重合为止。

3.6.4 水平轴垂直于仪器竖轴的检验

若水平轴不垂直于仪器竖轴，则仪器整平后竖轴虽已竖直，水平轴并不水平，因此，视准轴绕倾斜的水平轴旋转所形成的轨迹是一个倾斜面。当照准同一竖直面内高度不同的目标点时，水平度盘的读数亦不相同，同样产生测角误差。检验方法如下：

如图 3.21 所示，在离墙壁约 20~30m 处安置经纬仪，盘左位置用十字丝交点照准墙上高处一点 P(倾角约 30°)，固定照准部，放平望远镜在墙上标定一点 A；再用盘右位置同样照准 P 点，再放平望远镜，在墙上标出另一点 B。若 A、B 两点重合，说明水平轴是水平的，水平轴垂直于竖轴；若 A、B 两点不重合，则水平轴倾斜，需要校正。

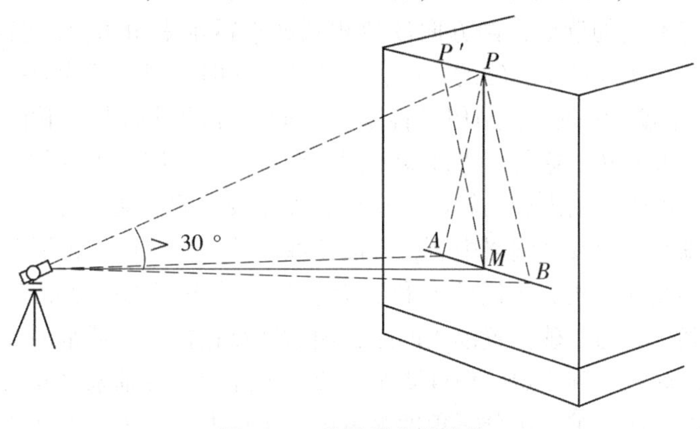

图 3.21　横轴误差的检校

此项校正难度较大，通常由专业仪器检修人员进行。一般来讲，仪器在制造时此项条件是保证的，故通常情况下毋需检校。

3.6.5　指标差的检验与校正

1. 检验

整平仪器，用盘左、盘右观测同一目标，使竖盘指标水准管气泡居中，分别读取竖盘读数 L 和 R，计算竖盘指标差 x，若 x 值超过 1′时，应进行校正。

2. 校正

先计算出盘右(或盘左)时的竖盘正确读数 $R_0=R-x$(或 $L_0=L-x$)。仪器仍保持照准原目标，然后转动竖盘指标水准管微动螺旋，使指标对准正确读数 R_0(或 L_0)，此时指标水准管气泡不再居中，用校正针拨动水准管一端的上、下校正螺丝，使气泡居中。

此项检校亦应反复进行，直至指标差小于规定的限差为止。

本 章 小 结

本章主要介绍了角度测量的原理和经纬仪的构造和使用，测量角度常见的误差类型和削弱办法，经纬仪的检验和校正。

角度测量是测量的三项工作之一。经纬仪和全站仪是测量水平角和竖直角的仪器。水平角测量用于确定地面点的平面位置，竖直角测量用于确定两点间的高差或将倾斜距离转换成水平距离。

学习本章应弄清以下各主要问题：一是经纬仪测水平角的原理、构造及其使用；二是水平角测量；三是竖直角测量。

常用的水平角观测方法有测回法(适用于两个方向间角度)及全圆测回法(用于三个以上方向)。这里主要介绍了测回法。竖直角是在同一个竖直面内视线方向与水平线的夹角，学习时与水平角测量对照学习。测量竖直角与测量水平角不同，在测量水平角时，当望远镜随照准部在水平方向转动时，水平度盘是固定不动的，而指标线随照准部转动，因而不同的方向就有不同的读数，两方向读数相减就求得水平角角值。然而在测量竖直角时，由于竖盘装置在望远镜旋转轴的一侧，当仪器整平时，竖盘就代表一个竖直面，竖盘上刻有分划(和水平度盘一样)，当望远镜瞄准不同高度的目标上、下移动时，望远镜的旋转轴带动竖盘一齐旋转，这与水平度盘不同，而指标线是固定不变的，它与竖盘水准管相连，通过竖盘水准管微动螺旋的转动，指标可以作较小的移动。所以观测时，必须转动竖盘水准管微动螺旋，使其气泡居中后，方能读取读数。竖盘的注记形式不同，因此计算竖直角的公式也不相同。我们所说的 L 和 R 是在指标位置正确的情况下。一般说来，指标位置不一定正确，它与正确位置读数的差，叫做竖盘指标差，通常用 X 表示。

为了保证角度观测达到一定的精度要求，要了解经纬仪各轴系之间的关系，要弄懂经纬仪检验和校正的方法。进一步分析角度测量中产生误差的原因、消除或减弱的方法，例如我们采用盘左和盘右观测取平均数的方法，可消除照准部偏心误差、视准轴不垂直于横轴、横轴不垂直于竖轴的残余误差。但竖轴倾斜误差不能采用此法消除。竖直角观测时采用此法可消除指标差的影响。又如在短边上的端点观测角度时要特别注意对中，照准目标时要尽量瞄准目标的底部，因为它们对测角的影响与距离成正比。为了消除度盘的刻画误差，需要配置度盘的位置，每测回变换按度进行配置。

在测量过程中，我们随时都要有限差的观念，用测回法测角时要注意规范中所规定的上、下半测回的角值差，各测回间以角度之差来衡量。

习题和思考题

1. 什么叫水平角？经纬仪为什么能测出水平角？

2. 仪器对中和整平的目的是什么？试述光学经纬仪对中、整平和照准的操作步骤。

3. 经纬仪由哪几部分组成？说明各部分的功能。

4. 光学经纬仪如何进行读数？

5. 试述测回法测角的操作步骤。

6. 完成表 3.7 中测回法观测水平角的计算。

7. 观测水平角时，什么情况下采用测回法？什么情况下采用方向观测法？

8. 观测水平角时，为何有时要测几个测回？若要测四个测回，各测回起始方向的读数应置为多少？

9. 观测水平角时产生误差的主要原因有哪些？为提高测角精度，测角时要注意哪些事项？

10. 什么叫竖直角？观测竖直角时，在读数前为什么要使竖盘指标水准管气泡居中？

表 3.7　　　　　　　　　　**测回法观测手簿**　　　　　　　　**测站：O**

测回	竖盘位置	目标	水平度盘读数 (° ′ ″)	半测回角值 (° ′ ″)	一测回角值 (° ′ ″)	各测回平均值 (° ′ ″)	备注
第一测回	左	1	0 00 06				
		2	78 48 54				
	右	1	180 00 36				
		2	258 49 06				
第二测回	左	1	90 00 12				
		2	168 49 06				
	右	1	270 00 30				
		2	348 49 12				

11. 为什么测水平角时要在两个方向上读数，而测竖直角时只要在一个方向上读数？

12. 计算水平角时，如果被减数不够减时，为什么可以再加 360°？

13. 什么是竖盘指标差？怎样用竖盘指标差来衡量垂直角观测成果是否合格？

14. 完成表 3.8 中竖直角观测的计算。

表 3.8　　　　　　　　　　**直角观测记录**

测站	目标	竖直位置	竖直读数 (° ′ ″)	半测回竖直角 (° ′ ″)	指标差 (° ′ ″)	一测回竖直角 (° ′ ″)	备注
O	1	左	72 18 18				
		右	287 42 00				
	2	左	96 32 48				
		右	263 27 30				

15. 用盘左、盘右读数取平均值的方法，能消除哪些仪器误差对水平角的影响？能否消除仪器竖轴倾斜引起的测角误差？

16. 怎样确定竖直角的计算公式？

17. 如图 3.22 所示，因仪器对中误差使仪器中心 O' 偏离测站标志中心 O，试根据图中给出的数据，计算由于对中误差引起的水平角测量误差。

18. 在图 3.23 中，B 为测站点，A、C 为照准点。在观测水平角 $\angle ABC$ 时，照准 C 点标杆顶部，由于标杆倾斜，在 BC 的垂直方向上杆顶偏离 C 点的距离为 20mm。若 BC 长为 100m，问目标偏心引起的水平角误差有多大？

19. 经纬仪有哪些主要轴线？各轴线之间应满足什么条件？为什么要满足这些条件？这些条件如不满足，如何进行检验与校正？

20. 检验视准轴垂直于水平轴时，为什么选定的目标应尽量与仪器同高？检验水平轴垂直于竖轴时，为什么目标点要选得高些，而在墙上投点时又要把望远镜放平？

21. 怎样进行竖盘指标差的检验与校正？

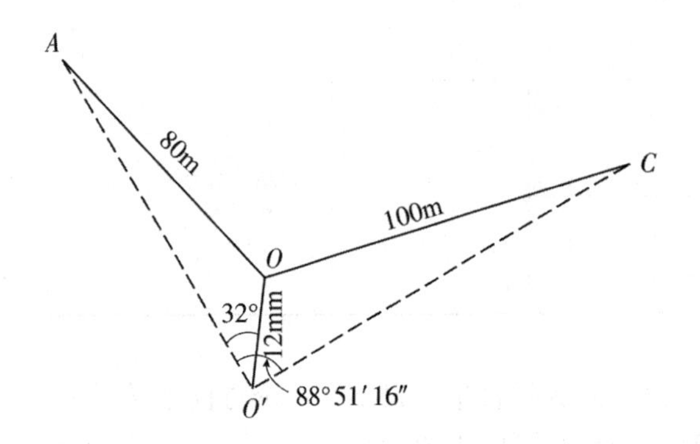

图 3. 22　水平角观测照准方法

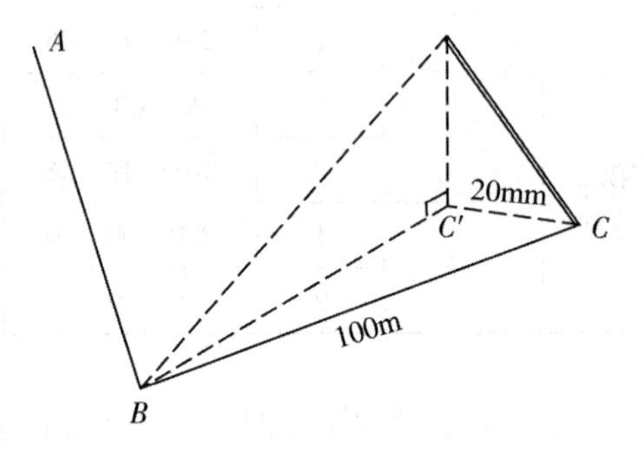

图 3. 23　竖直角观测照准方法

第4章　距离测量

【教学目标】 通过本章的学习，要了解距离测量的目的、电磁波测距的原理和直线定向方法；理解三个标准方向及其对应的三种方位角；掌握钢尺量距的方法、钢尺检定的方法、视距测量方法和坐标正、反算的计算方法等。

距离是指地面上两点沿铅垂线方向在大地水准面上投影后所得到的两点间的弧长。由于大地水准面不规则，所以这个距离测量起来较为困难。但在半径10km的范围内，地球曲率对距离的影响很小，因此可以用水平面代替水准面。那么，地面上两点在水平面上投影后水平距离就称为距离。根据所用仪器、工具和测量方法的不同，可分为钢尺量距、视距测量和电磁波测距等。

4.1　钢尺量距

钢尺量距是利用经检定合格的钢尺直接量测地面上两点之间的距离，又称为距离丈量。它使用的工具简单，又能满足工程建设必须的精度，是工程测量中最常用的距离测量方法。

4.1.1　钢尺量距的工具

1. 钢尺

钢尺，又称钢卷尺，是用薄钢片制成的带状尺，可卷入金属圆盒内，如图4.1所示。常用钢尺的宽度为10~15mm，厚度约0.4mm，长度有20m、30m和50m等几种，卷放在圆形盒内或金属架上。钢尺的基本分划为厘米，在每米及每分米处有数字注记。一般钢尺在起点处一分米内刻有毫米分划；有的钢尺，整个尺长内都刻有毫米分划。

图4.1　钢尺

根据零点位置的不同，钢尺有刻画尺和端点尺两种。刻画尺是指在钢尺的前端有一条刻画线作为钢尺的零分划值，如图 4.2(a)所示；端点尺指钢尺的零点从拉环的外沿开始，如图 4.2(b)所示。

虽然钢尺使用非常广泛，但其自身有一定的优缺点。其优点是抗拉强度高，不易拉伸，量距精度较高，工程测量中常用钢尺量距；缺点是钢尺性脆，易折断，易生锈，使用时要避免扭折、防止受潮。

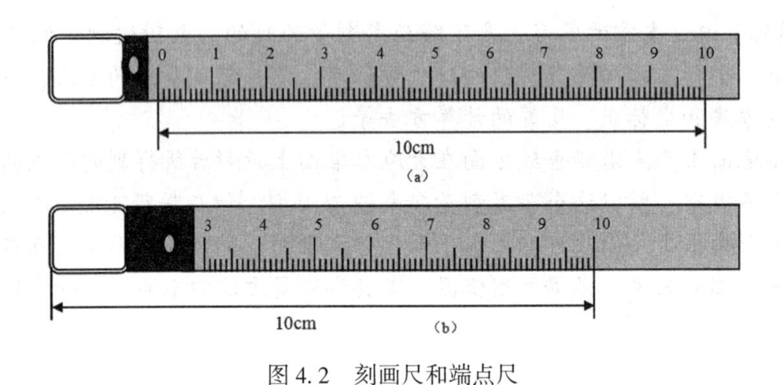

图 4.2　刻画尺和端点尺

2. 其他辅助工具

钢尺量距的其他辅助工具有测钎、标杆、垂球，如图 4.3 所示。精密量距还需用到弹簧秤和温度计。

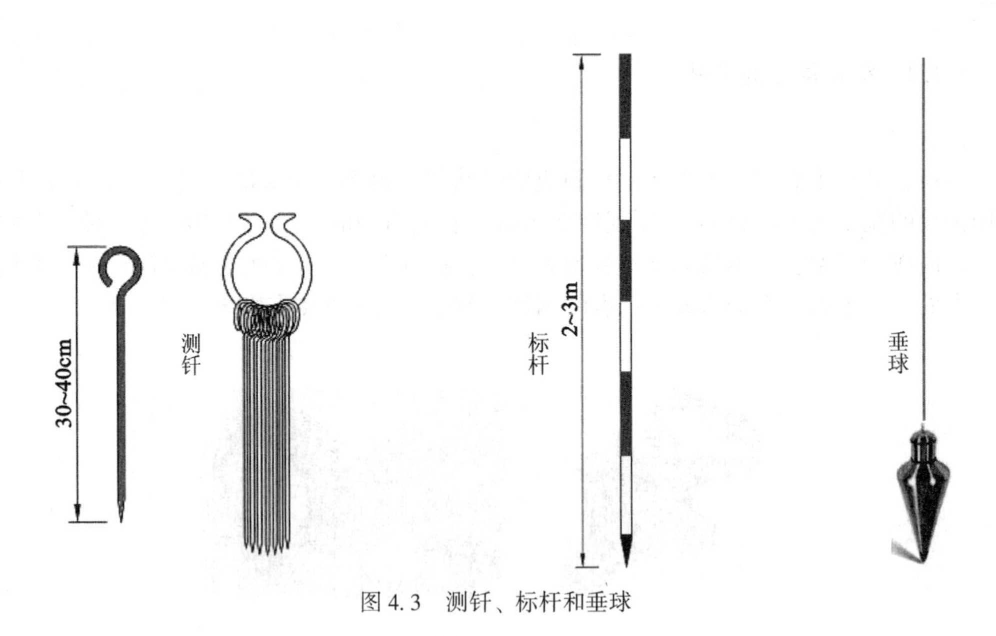

图 4.3　测钎、标杆和垂球

测钎：用于标定所量尺段的起止点，一般用钢筋制成，上部弯成小圆环，下部磨尖，直径 3~6mm，长度 30~40cm。钎上可用油漆涂成红、白相间的色段。通常 6 根或 11 根系成一组。一般在量距的过程中，两个目标点之间的距离会大于钢尺的最大长度，所以我们要分段进行量距，那么每一段我们就用测钎来标定。

标杆：多用木料或铝合金制成，直经约 3cm、全长有 2m、2.5m 及 3m 等几种规格。杆上油漆成红、白相间的 20cm 色段，非常醒目，测杆下端装有尖头铁脚，便于插入地面，作为照准标志。

锤球：锤球用金属制成，上大下尖呈圆锥形，上端中心系一细绳，悬吊后，锤球尖与细绳在同一垂线上。用于在不平坦地面丈量时将钢尺的端点垂直投影到地面。因为用钢尺量距量取的是水平距离，如果地面不平坦，则需抬平钢尺进行丈量，此时可用锤球来投点。

弹簧秤用于对钢尺施加规定的拉力，温度计用于测定钢尺量距时的温度，以便对钢尺丈量的距离施加温度改正，尺夹安装在钢尺末端，以方便持尺员稳定钢尺。弹簧秤、温度计是在精密量距时使用。

4.1.2 一般量距

1. 直线定线

当两个地面点之间的距离较长或地势起伏较大时，为使量距工作方便起见，可分成几段进行丈量。这时，就需要在直线方向上标定若干点，使它们在同一直线上，这项工作称为直线定线，简称定线。一般量距时用目估定线，精密量距时用仪器定线。

目估定线如图 4.4 所示，设两点 A 和 B 为待测的端点。定线时，先在 A、B 两点上竖立测杆，甲立于 A 点测杆后面 1～2m 处，用眼睛自 A 点测杆后面瞄准 B 点测杆。乙持另一测杆沿 BA 方向走到离 B 点大约一尺段长的 1 点附近，按照甲指挥手势左右移动测杆，直到测杆位于 AB 直线上为止，插下测杆(或测钎)，定出 1 点。乙又带着测杆走到 2 点处，同法在 AB 直线上竖立测杆(或测钎)，定出 2 点，依此类推。

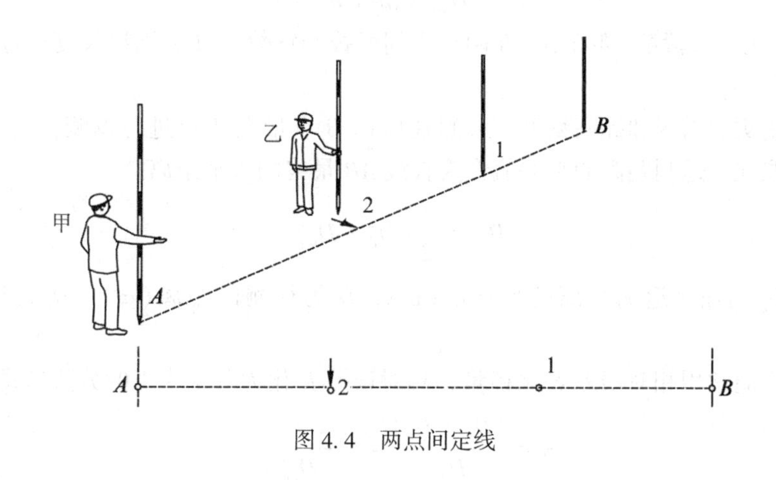

图 4.4　两点间定线

用经纬仪定线的方法是：将经纬仪安置在直线端点 A，对中、整平后，用望远镜纵丝瞄准直线另一端 B 点上标志，制动照准部。望远镜上下转动瞄准标杆，观测者指挥持标杆者左右移动至视线方向上即可。高精度量距时，为了减小视准轴误差的影响，可采用盘左盘右分中法定线。

2. 量距方法

(1)平坦地面距离测量

丈量距离时一般需要三人，前后、尺各一人，记录一人。如图 4.5 所示，后尺手(甲)持钢尺的零端位于 A 点，前尺手(乙)持尺的末端并携带一束测钎，沿 AB 方向前进，至一尺段长处停下，将尺拉平。后尺手以尺的零点对准 A 点，两人同时将钢尺拉紧、拉平、拉稳后，前尺手喊“预备”，后尺手将钢尺零点准确对准 A 点，并喊“好”，前尺手随即将测钎对准钢尺末端刻画竖直插入地面(在坚硬地面处，可用铅笔在地面画线作标记)，得 1 点。这样便完成了第一尺段 $A1$ 的丈量工作。接着后尺手与前尺手共同举尺前进，后尺手走到 1 点时，即喊“停”。同法丈量第二尺段，然后后尺手拔起 1 点上的测钎。如此继续丈量下去，直至最后量出不足一整尺的余长 q。则 A、B 两点间的水平距离为：

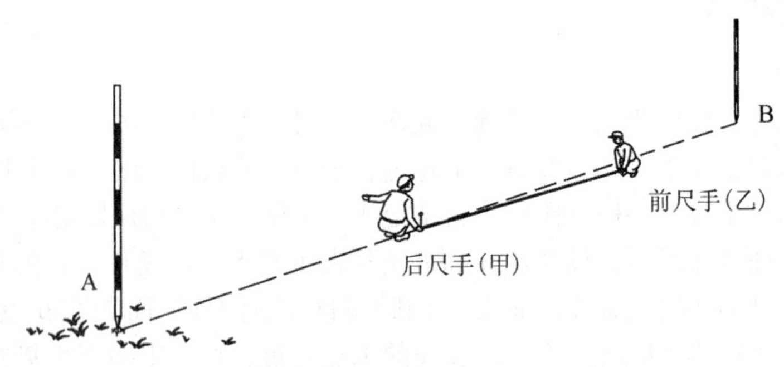

图 4.5　平坦地面量距方法

$$D_{AB} = nl + q \tag{4-1}$$

式中，n 为整尺段数(即在 A、B 两点之间所拔测钎数)，l 为钢尺长度(m)，q 为不足一整尺的余长(m)。

为了防止丈量错误和提高精度，一般还应由 B 点量至 A 点进行返测，返测时应重新进行定线。取往、返测距离的平均值作为直线 AB 最终的水平距离。

$$D_{av} = \frac{1}{2}(D_f + D_b) \tag{4-2}$$

式中，D_{av}为往、返测距离的平均值(m)，D_f为往测的距离(m)，D_b为返测的距离(m)。

量距精度通常用相对误差 K 来衡量，相对误差 K 化为分子为 1 的分数形式。即

$$K = \frac{|D_f - D_b|}{D_{av}} = \frac{1}{\dfrac{D_{av}}{|D_f - D_b|}} \tag{4-3}$$

例 4-1　用 30m 长的钢尺往返丈量 A、B 两点间的水平距离，丈量结果分别为：往测 4 个整尺段，余长为 9.98m；返测 4 个整尺段，余长为 10.02m。计算 A、B 两点间的水平距

离 D_{AB} 及其相对误差 K。

解：两点间的往测水平距离为：$D_{AB}=nl+q=4\times30\text{m}+9.98\text{m}=129.98\text{m}$

两点间的返测水平距离为：$D_{BA}=nl+q=4\times30\text{m}+10.02\text{m}=130.02\text{m}$

两点间的平均水平距离为：

$$D_{av}=\frac{1}{2}(D_{AB}+D_{BA})=\frac{1}{2}(129.98\text{m}+130.02\text{m})=130.00\text{m}$$

相对误差 K 为：

$$K=\frac{|D_{AB}-D_{BA}|}{D_{av}}=\frac{|129.98\text{m}-130.02\text{m}|}{130.00\text{m}}=\frac{1}{3250}$$

相对误差分母越大，则 K 值越小，精度越高；反之，精度越低。在平坦地区，钢尺量距一般方法的相对误差一般不应大于 1/3000；在量距较困难的地区，其相对误差也不应大于 1/1000。

(2)倾斜地面距离测量

①水平量距法。在倾斜地面上量距时，如果地面起伏不大时，可将钢尺拉平进行丈量。如图 4.6 所示，由 A 向 B 进行丈量。后尺手以尺的零点对准地面 A 点，前尺手将钢尺拉在 AB 直线方向上并使钢尺抬高水平，然后用锤球尖端将尺段的末端投影于地面上，再插以插钎，得 1 点。此时钢尺上分划读数即为 A、1 两点间的水平距离。同法继续丈量其余各尺段。

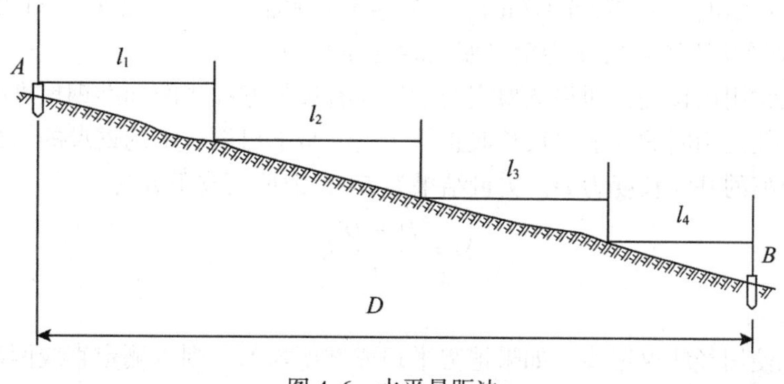

图 4.6　水平量距法

②倾斜量距法。当倾斜地面的坡度比较均匀时，如图 4.7 所示，可以沿倾斜地面丈量出 A、B 两点间的斜距 L_{AB}，测出地面的倾斜角 α，或 A、B 两点的高差 h_{AB}，然后计算 AB 的水平距离 D_{AB}，即

$$D_{AB}=L_{AB}\cos\alpha \tag{4-4}$$

或

$$D_{AB}=\sqrt{L_{AB}^2-h_{AB}^2} \tag{4-5}$$

4.1.3　精密量距

当量距精度要求在于 1/10 000 以上时，要用钢尺精密量距。精密量距前，要对钢尺进行检定。

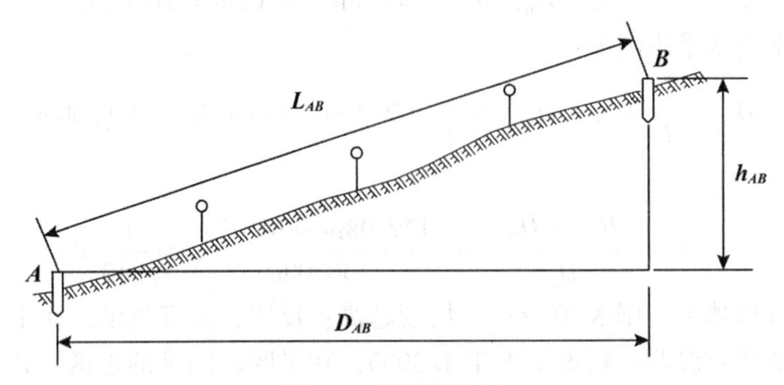

图 4.7　倾斜量距法

1. 钢尺的检定

由于钢尺的材料性质、制造识差等原因，使钢尺的实际长度与名义长度(尺上所标注的长度)不一样。通常在使用前对钢尺进行检定，用钢尺的尺长方程式来表达尺长：

$$l_t = l_0 + \Delta l + \alpha(t - t_0)l_0 \tag{4-6}$$

式中，l_t为钢尺在温度t时的实际长度(m)；l_0为钢尺的名义长度(m)；Δl为尺长改正数，即钢尺在温度t_0时的改正数(m)；α为钢尺的膨胀系数，一般取$\alpha = 1.25\times10^{-5}$m/℃；$t_0$为钢尺检定时的温度(℃)；$t$为钢尺使用时的温度(℃)。

检定钢尺常用比长法，即将欲检定的钢尺与有尺长方程式的标准钢尺进行比较，认为它们的膨胀系数是相同的，求出尺长改正数，进一步求出欲检定的钢尺的尺长方程式。

设丈量距离的基线长度为D，丈量结果为D'，则尺长改正数为

$$\Delta l = \frac{D - D'}{D'}l_0 \tag{4-7}$$

2. 量距方法

量距前先使用经纬仪定线。如果地势平坦或坡度均匀，则可测定直线两端点高差作为倾斜改正的依据。若沿线坡度变化，地面起伏，定线时应注意坡度变化，两标志间的距离要略短于钢尺长度。丈量用弹簧秤对钢尺施加标准拉力，并测定温度。每段要丈量三次，每次丈量应略微变动尺子位置，三次读得长度之差允许值一般不超过2~5mm。如果在限差范围内，取三次的平均值作为最后结果。

(1)尺长改正。

钢尺名义长度l_0一般和实际长度不相等，每量一段都需加入尺长改正。在标准拉力、标准温度下经过检定实际长度为l'，其差值Δl为整尺段的尺长改正，即

$$\Delta l = l' - l_0 \tag{4-8}$$

任一长度l尺长改正公式为：

$$\Delta l_d = \Delta l \times \frac{l}{l_0} \tag{4-9}$$

(2)温度改正。

设钢尺在检定时的温度为t_0℃，丈量时的温度为t℃，钢尺的线膨胀系数α(一般为0.0000125/℃)。则某尺段l的温度改正为：

$$\Delta l_t = \alpha(t - t_0)l \tag{4-10}$$

(3)倾斜改正。

设沿地面量斜距为l，测得高差为h，换成平距d要进行倾斜改正。则倾斜改正数Δl_h为：

$$\Delta l_h = -\frac{h^2}{2l} \tag{4-11}$$

每一尺段改正后的水平距离为：

$$d = l + \Delta l_d + \Delta l_t + \Delta l_h \tag{4-12}$$

4.1.4 钢尺量距的误差分析及注意事项

1. 钢尺量距的误差分析

影响钢尺量距精度的因素很多，下面简要分析产生误差的主要来源和注意事项。

(1)尺长误差。

钢尺的名义长度与实际长度不符，就产生尺长误差，用该钢尺所量距离越长，则误差累积越大。因此，新购的钢尺必须进行检定，以求得尺长改正值。

(2)温度误差。

钢尺丈量的温度与钢尺检定时的温度不同，将产生温度误差。按照钢的线膨胀系数计算，温度每变化1℃，丈量距离为30m时对距离的影响为0.4mm。在一般量距时，丈量温度与标准温度之差不超过±8.5℃时，可不考虑温度误差。但精密量距时，必须进行温度改正。

(3)拉力误差。

钢尺在丈量时的拉力与检定时的拉力不同而产生误差。对于精确的距离丈量，应保持钢尺的拉力是检定时的拉力。

(4)钢尺倾斜和垂曲误差。

量距时钢尺两端不水平或中间下垂成曲线时，都会产生误差。因此丈量时必须注意保持尺子水平，整尺段悬空时，中间应有人托住钢尺，精密量距时须用水准仪测定两端点高差，以便进行高差改正。

(5)定线误差。

由于定线不准确，所量得的距离是一组折线，而产生的误差称为定线误差。在一般量距中，用标杆目估定线能满足要求。但精密量距时需用经纬仪定线。

2. 量距时的注意事项

①丈量时应检验钢尺，看清钢尺的零点位置。

②量距时定线要准确，尺子要水平，拉力要均匀。

③读数时要细心、精确，不要看错、读错。

④丈量工作结束后，要用软布擦干净尺上的泥和水。然后涂上机油，以防生锈。

4.2 视距测量

视距测量是利用望远镜内十字丝分划板上的视距丝在视距尺(或水准尺)上进行读数，根据几何光学和三角学原理，同时测定水平距离和高差的一种方法。普通视距测量的相对精度为1/200~1/300，只能满足地形测量的要求，主要用于地形测量中。

4.2.1 视距测量的原理

1. 视准轴水平时的视距公式

常规测量的望远镜内都有视距丝装置。从视距丝的上、下丝 a_2 和 b_2(见图4.8)发出的光线在竖直面内所夹的角度 Φ 是固定角。该角的两条边在尺上截得一段距离 $a_ib_i=l_i$(称为尺间隔)。由图可以看出，已知固定角 Φ 和尺间隔 l_i 即可推算出两点间的距离(视距) $D_i=\frac{l_i}{2}\cot\phi_i$。因 Φ 保持不变，尺间隔 l_i 将与距离 D_i 成正比例变化。这种测距方法称为定角测距。经纬仪、水准仪和全站仪等都是以此来设计测距的。

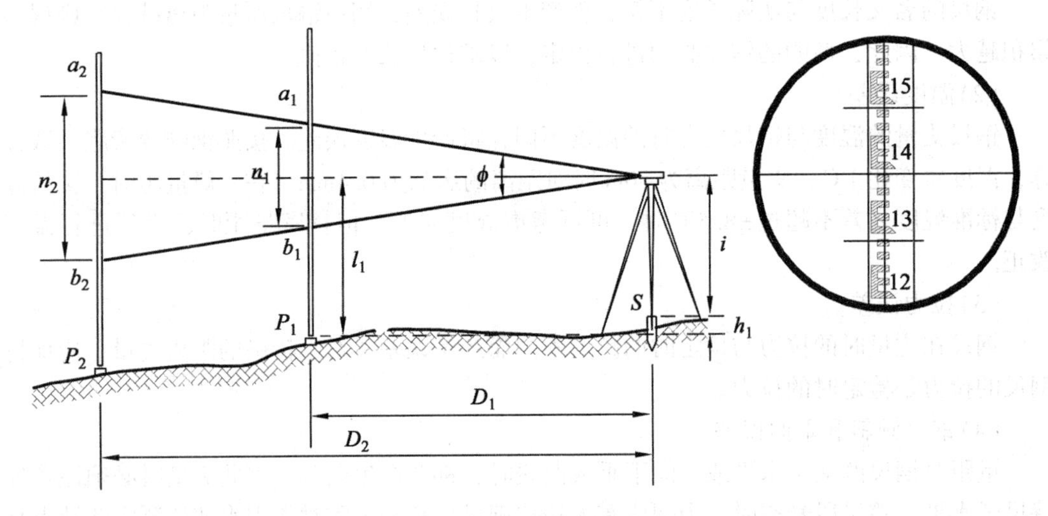

图4.8 视准轴水平时的视距测量

如图4.8所示，尺间隔 $l_i=1.490-1.289=0.201$m。

2. 视准轴倾斜时的视距公式

在地面起伏较大的地区进行视距测量时，必须使视线倾斜才能读取视距间隔。由于视线不垂直于视距尺，故不能直接应用上述公式。

设想将目标尺以中丝读数 l 这一点为中心，转动一个 α 角，使目标尺与视准轴垂直，由图4.9可推算出视线倾斜时的视距测量计算公式

$$D=Kl\cdot\cos^2\alpha \tag{4-13}$$

$$h = \frac{1}{2}Kl\sin 2\alpha + i - v \tag{4-14}$$

式中：K 为视距常数；α 为竖直角；i 为仪器高；v 为中丝读数即目标高。

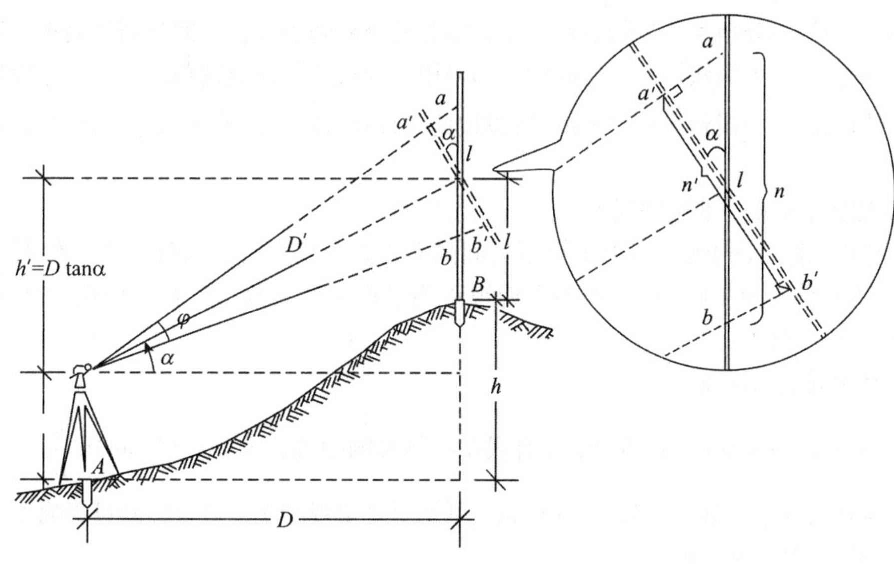

图 4.9　视准轴倾斜时视距测量

4.2.2　视距测量的方法

欲计算地面上两点间的距离和高差，在测站上应观测 i、l、v、α 四个量。所以，视距测量通常按下列基本步骤进行观测和计算。

①在 A 点安置经纬仪，量取仪器高 i，在 B 点竖立水准尺。

②盘左位置，转动照准部瞄准 B 点水准尺，分别读取上、下、中三丝读数，并算出尺间隔 l。

③转动竖盘指标水准管微动螺旋，使竖盘指标水准管气泡居中，读取竖盘读数，并计算垂直角 α。

④根据公式计算出水平距离和高差。

4.2.3　视距测量的误差来源及注意事项

1. 视距测量的误差

影响视距测量精度的因素主要有以下几个方面：

(1)视距丝读数误差。

视距丝读数误差是影响视距测量精度的重要因素，它与尺子最小分划的宽度、距离的远近、望远镜的放大率及成像清晰情况有关。因此读数误差的大小，视具体使用的仪器及作业条件而定。由于距离越远误差越大，所以视距测量中要根据精度的要求限制最远视距。

(2)视距尺分划的误差。

如果视距尺的分划误差是系统性的增大或减小，对视距测量将产生系统性的误差。这个误差在仪器常数检测时将反映在视距常数 K 上。即是否仍能使 $K=100$，只要对 K 加以测定即可得到改正。

如果视距尺的分划误差是偶然性误差，即有的分划间隔大，有的分划间隔小，那么它对视距测量也将产生偶然性的误差影响。如果用水准尺进行普通视距测量，因通常规定水准尺的分划线偶然中误差为±0.5mm，所以按此值计算的距离误差为：$m_d = k(\sqrt{2} \times 0.5) = 0.071\text{m}$。

(3)视距常数 K 不准确的误差。

一般视距常数 $K=100$，但由于视距丝间隔有误差，标尺有系统性误差，仪器检定有误差，会使 K 值不为 100。K 值误差会使视距测量产生系统误差。K 值应在 100±0.1 之内，否则应加以改正。

(4)竖角观测的误差。

由距离公式 $D = kl\cos^2\alpha$ 可知，α 有误差必然影响距离，即 $m_d = k/\sin 2\alpha \dfrac{m_\alpha}{\rho''}$。设 $kl=100\text{m}$，$\alpha=45°$，$m_\alpha=\pm 10''$，则 $m_d \approx \pm 5\text{mm}$。可见竖直角观测误差对视距测量影响不大。

(5)视距尺竖立不直的误差。

如果标尺不能严格竖直，将对视距值产生误差。标尺倾斜误差的影响与竖直角有关，影响不可忽视。观测时可借助标尺上水准器保证标尺竖直。

(6)外界条件的影响。

外界环境的影响主要是大气垂直折光的影响和空气对流的影响。大气垂直折光的影响较小，可用控制视线高度削弱，测量时应尽量使上丝读数大于 1m。同时选择适宜的天气进行观测，可削弱空气对流造成成像不稳甚至跳动的影响。

2. 注意事项

①观测时应抬高视线，使视线距地面在 1m 以上，以减少垂直折光的影响。

②为减少水准尺倾斜误差的影响，在立尺时应将水准尺竖直，尽量采用带有水准器的水准尺。

③水准尺一般应选择整尺，如用塔尺，应注意检查各节的接头处是否正确。

④竖直角观测时，应注意将竖盘水准管气泡居中或将竖盘自动补偿开关打开，在观测前，应对竖盘指标差进行检验与校正，确保竖盘指标差满足要求。

⑤观测时应选择风力较小，成像较稳定的情况下进行。

4.3 电磁波测距

与钢尺量距的繁琐和视距测量的低精度相比，电磁波测距具有测程长、精度高、操作简便、自动化程度高的特点。本节主要介绍电磁波测距的原理、测距仪种类、测距步骤及注意事项等内容。

4.3.1 电磁波测距原理

光电测距是通过测量光波在待测距离上往返一次所经历的时间，来确定两点之间的距离。如图 4.10 所示，在 A 点安置测距仪，在 B 点安置反射棱镜，测距仪发射的调制光波到达反射棱镜后又返回到测距仪。设光速 c 为已知，如果调制光波在待测距离 D 上的往返传播时间为 t，则距离 D 为：

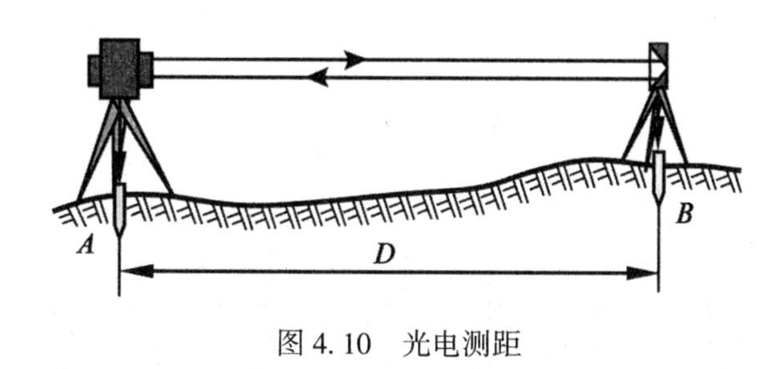

图 4.10 光电测距

$$D=\frac{1}{2}c\cdot t \tag{4-15}$$

式中：$c=c_0/n$，其中 c_0 为真空中的光速，其值为 299792458m/s，n 为大气折射率，它与光波波长 λ、测线上的气温 T、气压 P 和湿度 e 有关。因此，测距时还需测定气象元素，对距离进行气象改正。

由(4-15)式可知，测定距离的精度主要取决于时间 t 的测定精度，即 $\mathrm{d}D=\frac{1}{2}c\mathrm{d}t$。当要求测距误差 $\mathrm{d}D$ 小于 1cm 时，时间测定精度 $\mathrm{d}t$ 要求准确到 6.7×10^{-11}s，这是难以做到的。因此，时间的测定一般采用间接的方式来实现。间接测定时间的方法有两种。

1. 脉冲法测距

由测距仪发出的光脉冲经反射棱镜反射后，又回到测距仪而被接收系统接收，测出这一光脉冲往返所需时间间隔 t 的钟脉冲的个数，进而求得距离 D。由于钟脉冲计数器的频率所限，所以测距精度只能达到 0.5~1m。故此法常用在激光雷达等远程测距上。

2. 相位法测距

相位法测距是通过测量连续的调制光波在待测距离上往返传播所产生的相位变化来间接测定传播时间，从而求得被测距离。红外光电测距仪就是典型的相位式测距仪。

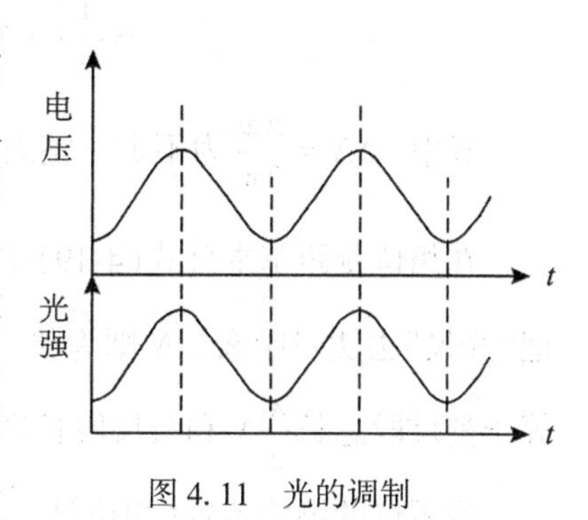

图 4.11 光的调制

红外光电测距仪的红外光源是由砷化镓(GaAs)发光二极管产生的。如果在发光二极管上注入一个恒定电流，它发出的红外光光强则恒定不变。若在其上注入频率为 f 的高变电流(高变电压)，则发出的光强随着注入的高变电流呈正弦变化，如图 4.11 所示，这种光称为调制光。

测距仪在 A 点发射的调制光在待测距离上传播，被 B 点的反射棱镜反射后又回到 A 点而被接收机接收，然后由相位计将发射信号与接收信号进行相位比较，得到调制光在待测距离上往返传播所引起的相位移 φ，其相应的往返传播时间为 t 。如果将调制波的往程和返程展开，则有如图 4.12 所示的波形。

设调制光的频率为 f(每秒振荡次数)，其周期 $T=\frac{1}{f}$ (每振荡一次的时间(s))，则调制光的波长为：

$$\lambda = c \cdot T = \frac{c}{f} \tag{4-16}$$

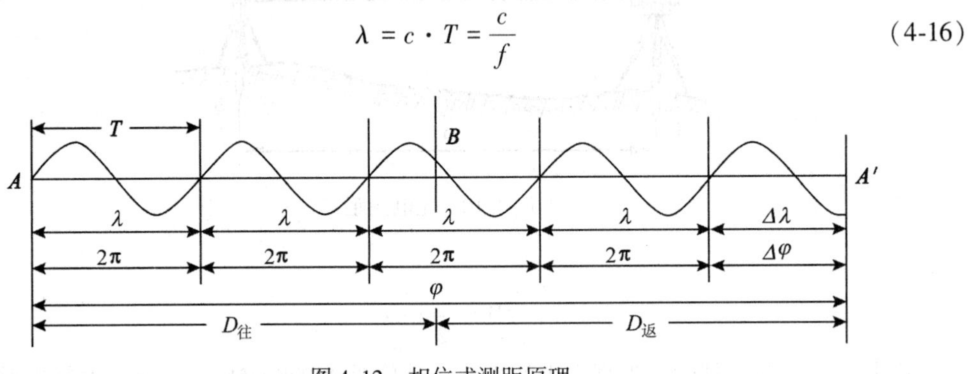

图 4.12 相位式测距原理

从图 4.12 可看出，在调制光往返的时间 t 内，其相位变化了 N 个整周(2π) 及不足一周的余数 $\Delta\varphi$，而对应 $\Delta\varphi$ 的时间为 Δt，距离为 $\Delta\lambda$ ，则

$$t = NT + \Delta t \tag{4-17}$$

由于变化一周的相位差为 2π，则不足一周的相位差 $\Delta\varphi$ 与时间 Δt 的对应关系为

$$\Delta t = \frac{\Delta\varphi}{2\pi} \cdot T \tag{4-18}$$

于是得到相位测距的基本公式

$$\begin{aligned} D &= \frac{1}{2}c \cdot t = \frac{1}{2}c \cdot \left(NT + \frac{\Delta\varphi}{2\pi}T\right) \\ &= \frac{1}{2}c \cdot T\left(N + \frac{\Delta\varphi}{2\pi}\right) = \frac{\lambda}{2}(N + \Delta N) \end{aligned} \tag{4-19}$$

式中：$\Delta N = \frac{\Delta\varphi}{2\pi}$ 为不足一整周的小数。

在相位测距基本公式(4-19)中，常将 $\frac{\lambda}{2}$ 看做是一把“光尺”的尺长，测距仪就是用这把“光尺”去丈量距离。N 则为整尺段数，ΔN 为不足一整尺段之余数。两点间的距离 D 就等于整尺段总长 $\frac{\lambda}{2}N$ 和余尺段长度 $\frac{\lambda}{2}\Delta N$ 之和。

测距仪的测相装置(相位计)只能测出不足整周(2π)的尾数 $\Delta\varphi$，而不能测定整周数 N，因此使(4-19)式产生多值解，只有当所测距离小于光尺长度时，才能有确定的数值。

例如，“光尺”为 10m，只能测出小于 10m 的距离；“光尺”为 1000m，则可测出小于 1000m 的距离。又由于仪器测相装置的测相精度一般为 1/1000，故测尺越长测距误差越大，其关系可参见表 4.1。为了解决扩大测程与提高精度的矛盾，目前的测距仪一般采用两个调制频率，即两把“光尺”进行测距。用长测尺(称为粗尺)测定距离的大数，以满足测程的需要；用短测尺(称为精尺)测定距离的尾数，以保证测距的精度。将两者结果衔接组合起来，就是最后的距离值，并自动显示出来。

例如：

  1.682
57 1.6

571.682m　组合距离

表 4.1　**测尺长度与测距精度**

测尺长度 $\left(\frac{\lambda}{2}\right)$	10m	100m	1km	2km	10km
测尺频率(f)	15MHz	1. 5MHz	150kHz	75kHz	15kHz
测距精度	1cm	10cm	1m	2m	10m

若想进一步扩大测距仪器的测程，可以多设几个测尺。

4.3.2　电磁波测距仪的种类

目前电磁波测距仪已发展为一种常规的测量仪器，其型号、工作方式、测程、精度等级也多种多样，对于电磁波测距仪的分类通常有以下几种：

1. 按载波分类

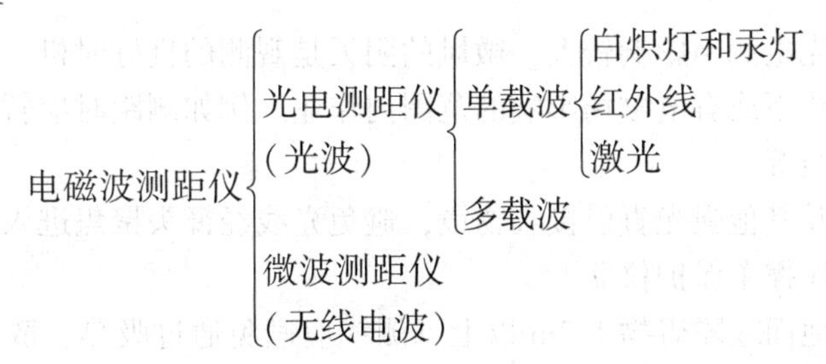

2. 按测程分类

短程：<3km，用于普通工程测量和城市测量；

中程：3~5km，常用于国家三角网和特级导线；

长程：>15km，用于等级控制测量。

3. 按测量精度分类

电磁波测距仪的精度，由其机械结构和工作原理决定，常用如下公式表示：

$$m_D = a + b \cdot D \qquad (4\text{-}20)$$

式中，a 为不随测距长度变化的固定误差(单位：mm)，b 为随测距长度变化的误差比例系数(单位：mm/km，常记为 ppm，part per million)，D 为测距边长度(单位为 km)。

在式(4-20)中，设 $D=1\text{km}$ 时，可划分为三级：

Ⅰ级：<5mm(每千米测距中误差)

Ⅱ级：5~10mm

Ⅲ级：11~20mm

4.3.3 电磁波测距步骤

目前国内外生产的测距仪种类很多，测距步骤也不尽相同，但基本都包括如下操作步骤：

①在测站点安置经纬仪，安装测距仪；照准点安置反射棱镜，量取仪器高和棱镜高(目标高)，检查无误后开机，仪器自检。

②测定大气温度和气压，加入气象改正数。目前，使用的测距仪，可以通过输入气温、气压后，自动加入气象改正数。

③设置测距参数。

④松开制动瞄准目标，用经纬仪十字丝照准反射棱镜规板中心，观测垂直角。测距仪瞄准反射棱镜中心，当听到信号返回提示时，轻轻制动仪器，并用微动螺旋调整仪器，精确瞄准目标，使信号指针在回光信号强度的30%~80%范围内。

⑤轻轻按动测距按钮，直到显示测距成果并记录。测距完成后，应当松开制动，并在关机后收装仪器。

4.3.4 电磁波测距注意事项

①使用主机时要轻拿轻放，运输时应将主机箱装入防震木箱内，避免摔伤和跌落。

②测距时，应避免在同一条直线上有两个以上反射体或其他明亮物体，以免测错距离。

③气象条件对光电测距影响较大，微风的阴天是观测的良好时机。

④避免在高压线下或有电磁场影响的范围内作业。例如测距时应暂停无线电通话，不接近变压器、高压线等。

⑤要严防阳光及其他强光直射接收物镜，避免光线经镜头聚焦进入机内，将部分元件烧坏，阳光下作业应撑伞保护仪器。

⑥测线应高出地面或障碍物1.3m以上，测线应避免通过吸热、散热不同的地区，如湖泊、河流和沟谷等。观测时选择有利时间进行。

⑦到达测站后，应立刻打开气压计并放平，避免日晒。温度计应悬于离地面1.5m左右处，待与周围温度一致后，才能读数。

⑧在高差较大的情况下，反光镜必需准确瞄准主机，若瞄准偏差大，则会产生较大的测量误差。

4.4 直线定向

确定地面上两点之间的相对位置，除了需要测定两点之间的水平距离外，还需确定两点所连直线的方向。一条直线的方向，是根据某一标准方向来确定的。确定直线与标准方向之间的关系，称为直线定向。本节主要介绍真子午线、磁子午线、坐标纵轴等三个标准方向线，方位角、象限角的概念及其关系，坐标方位角的推算，坐标计算的基本原理及公式和罗盘仪的介绍及使用等内容。

4.4.1 标准方向线

1. 真子午线方向

通过地球表面某点的真子午线的切线方向，称为该点的真子午线方向。其北端指示方向，所以又称真北方向。可以应用天文测量方法或者陀螺经纬仪来测定地表任一点的真子午线方向。

2. 磁子午线方向

磁针在地球磁场的作用下，磁针自由静止时所指的方向称为磁子午线方向。磁子午线方向都指向磁地轴，通过地面某点磁子午线的切线方向称为该点的磁子午线方向。其北端指示方向，所以又称磁北方向，可用罗盘仪测定。

3. 坐标纵轴方向

高斯平面直角坐标系以每带的中央子午线作坐标纵轴，在每带内把坐标纵轴作为标准方向，称为坐标纵轴方向或中央子午线方向。坐标纵轴北向为正，所以又称轴北方向。如采用假定坐标系，则用假定的坐标纵轴（X 轴）作为标准方向。坐标纵轴方向是测量工作中常用的标准方向。以上真北、磁北、轴北方向称为三北方向。

4.4.2 方位角

1. 方位角的定义

测量工作中，常采用方位角表示直线的方向。从直线起点的标准方向北端起，顺时针方向量至该直线的水平夹角，称为该直线的方位角。方位角取值范围是0°~360°。图4.13中方向线 $O1$、$O2$、$O3$ 和 $O4$ 的方位角分别为 A_1、A_2、A_3和 A_4。

确定一条直线的方位角，首先要在直线的起点做出基本方向（见图4.14）。如果以真子午线方向作为基本方向，那么得出的方位角称真方位角，用 A 表示；如果以磁子午线方向为基本方向，则其方位角称为磁方位角，用 A_m 表示；如果以坐标纵轴方向为基本方向，则其角称为坐标方位角，用 α 表示。由于一点的真子午线方向与磁子午线方向之间的夹角是磁偏角 δ，真子午线方向与坐标纵轴方向之间的夹角是子午线收敛角 γ，所以从图4.14不难看出：真方位角和磁方位角之间的关系为：

$$A_{EF} = A_{mEF} + \delta_E \tag{4-21}$$

真方位角和坐标方位角的关系为：

$$A_{EF} = \alpha_{EF} + \gamma_E \tag{4-22}$$

式中：δ 和 γ 的值东偏时为"+"，西偏时为"-"。

2. 正、反坐标方位角

一条直线有正、反两个方向。直线的两端可以按正、反方位角进行定向。若设定直线 AB 为正方向，则 AB 直线的方位角为正方位角，相应的 BA 直线的方位角为反方位角；反之，也是一样。直线 AB 方向与直线 BA 方向是完全不同的两个方向。

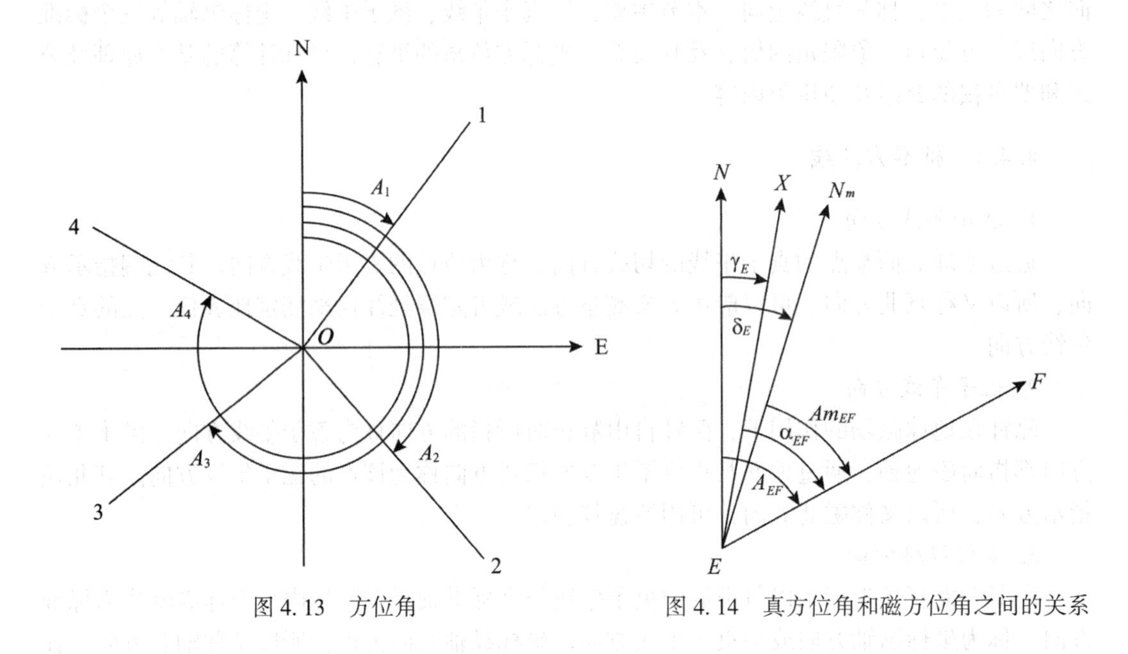

图 4.13　方位角　　　　图 4.14　真方位角和磁方位角之间的关系

在实际的测量计算中，经常需进行同一直线正、反方位角的换算。由于通过不在同一真子午线(或磁子午线)上的地面点的真子午线方向(或磁子午线)是不平行的，因此，直线的真方位角或磁方位角的正、反方位角之间的换算较复杂。为了便于计算，实际工作中一般都采用正、反方位角之间关系较为简单的坐标方位角来表示直线方向，简称方位角。如图 4.15 所示，直线 AB，从 A 到 B 的方位角为正方位角，用 α_{AB} 表示；从 B 到 A 的方位角就是反方位角，用 α_{BA} 表示。

从图中很容易看出，同一直线正、反坐标方位角相差 180°，即：

$\alpha_{AB} = \alpha_{BA} \pm 180°$ 或 $\alpha_{正} = \alpha_{反} \pm 180°$

4.4.3　象限角

1. 象限角的定义

如图 4.16 所示，直线的方向还可以用象限角来表示。由坐标纵轴的北端或南端起，沿顺时针或逆时针方向量至直线的锐角，称为该直线的象限角，用 R 表示，其角值范围为 0° ~ 90°。为了确定不同象限中相同 R 值的直线方向，将直线的 R 前冠以把 Ⅰ ~ Ⅳ 象限分别用北东 (NE)、南东(SE)、南西(SW)和北西(NW)表示的方位。同理，象限角亦有真象限角、磁象限角和坐标象限角。测量中采用的磁象限角 R 用方位罗盘仪测定。

2. 象限角与坐标方位角的换算关系

如图 4.17 所示，直线 $O1$、$O2$、$O3$ 和 $O4$ 的象限角分别为北东 R_1、南东 R_2、南西 R_3 和北西 R_4。象限角 R 与坐标方位角 α 的关系见表 4.2 所示。

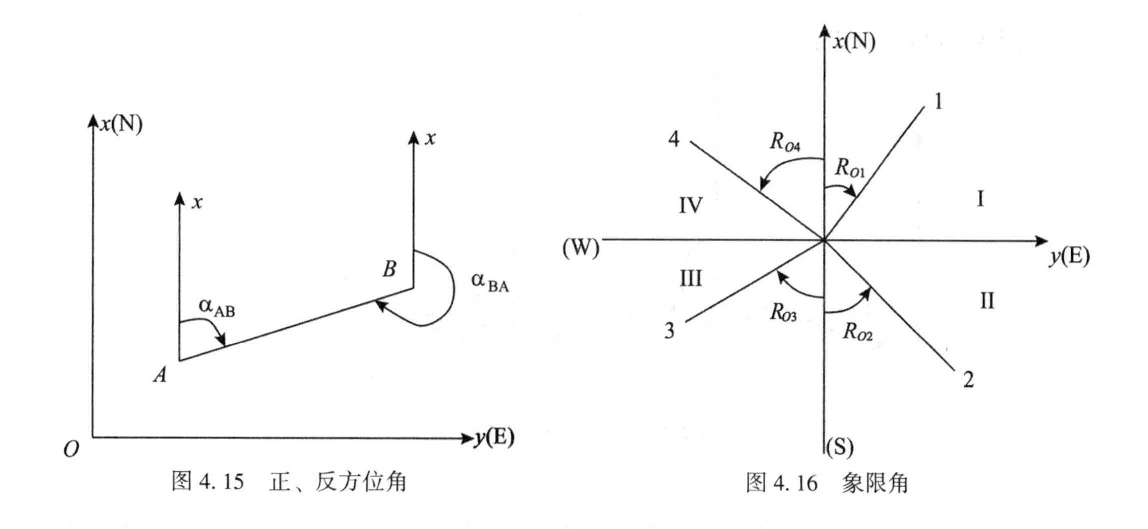

图 4.15　正、反方位角

图 4.16　象限角

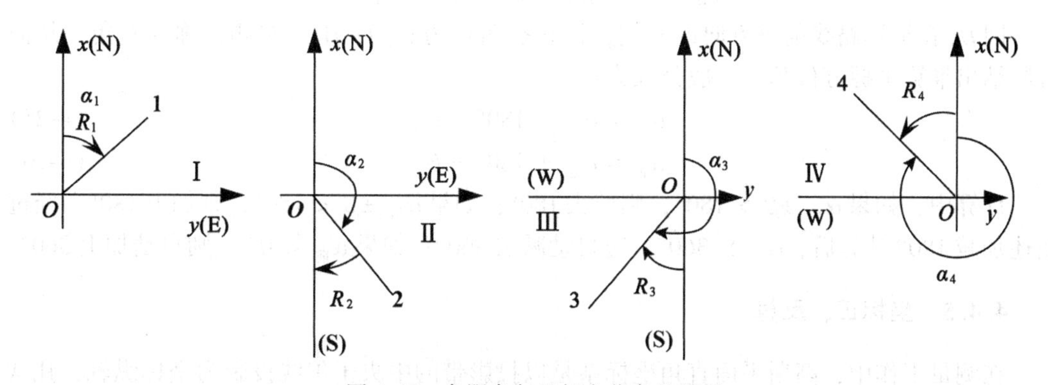

图 4.17　象限角与坐标方位角的关系

表 4.2　　**象限角 R 与坐标方位角 α 的关系**

象限及名称	坐标方位角值	由方位角到象限角
Ⅰ 北东	0° ~ 90°	$R=\alpha$
Ⅱ 南东	90° ~ 180°	$R=180°-\alpha$
Ⅲ 南西	180° ~ 270°	$R=\alpha-180°$
Ⅳ 北西	270° ~ 360°	$R=360°-\alpha$

4.4.4　坐标方位角的推算

为了整个测区坐标系统的统一，测量工作中并不直接测定每条边的坐标方位角，而是通过与已知点(已知坐标和方位角)的连测，观测相关的水平角和距离，推算出各边的坐标方位角，计算直线边的坐标增量，而后再推算待定点的坐标。

由图 4. 18 可以看出：

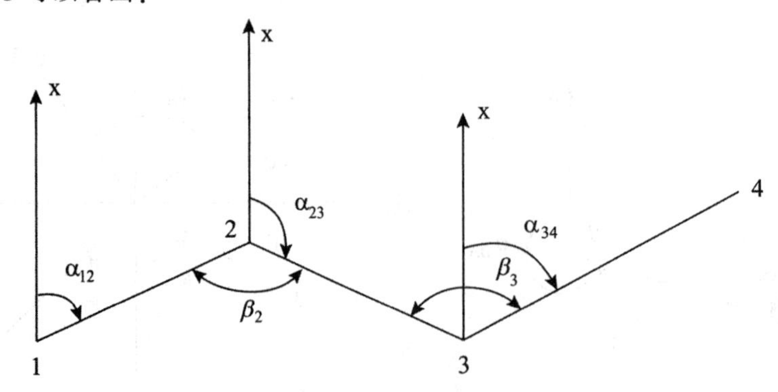

图 4. 18　坐标方位角的推算

$$\alpha_{23} = \alpha_{21} - \beta_2 = \alpha_{12} + 180° - \beta_2 \tag{4-23}$$

$$\alpha_{34} = \alpha_{32} + \beta_3 = \alpha_{23} + 180° + \beta_3 \tag{4-24}$$

因 β_2 在推算路线前进方向的右侧，该转折角称为右角；β_3在左侧，称为左角。从而可归纳出推算坐标方位角的一般公式为：

$$\alpha_{前} = \alpha_{后} + 180° + \beta_{左} \tag{4-25}$$

$$\alpha_{前} = \alpha_{后} + 180° - \beta_{左} \tag{4-26}$$

计算中，如果 $\alpha_{后} \pm\beta > 180°$，则减去 180°；如果 $\alpha_{后} \pm\beta < 180°$，则加上 180°。经过上述加减 180° 计算后，$\alpha_{前} > 360°$，应自动减去 360°；如果 $\alpha_{前} < 0°$，则自动加上 360°。

4. 4. 5　坐标正、反算

在测量工作中，高斯平面直角坐标系是以投影带的中央子午线投影为坐标纵轴，用 X 表示，赤道线投影为坐标横轴，用 Y 表示，两轴交点为坐标原点。平面上两点的直角坐标值之差称为坐标增量：纵坐标增量用 Δx_{ij} 表示，横坐标增量用 Δy_{ij} 表示。坐标增量是有方向性的，脚标 ij 的顺序表示坐标增量的方向。如图 4. 19 所示，设 A、B 两点的坐标分别为 $A(x_A,\ y_A)$，$B(x_B,\ y_B)$，则 A 点至 B 点的坐标增量为：

$$\begin{cases}\Delta x_{AB} = x_B - x_A \\ \Delta y_{AB} = y_B - y_A\end{cases}$$

B 到 A 的坐标增量为：

$$\begin{cases}\Delta x_{BA} = x_A - x_B \\ \Delta y_{BA} = y_A - y_B\end{cases}$$

很明显，A 至 B 与 B 至 A 的坐标增量，绝对值相等，符号相反。可见，直线上两点的坐标增量的符号与直线的方向有关。坐标增量的符号与直线方向的关系如图 4. 19、表 4. 3 所示。由于坐标增量和坐标方位角均有方向性，务必注意下标的书写。

1. 坐标正算

根据直线起点的坐标、直线长度及其坐标方位角计算直线终点的坐标，称为坐标正算。

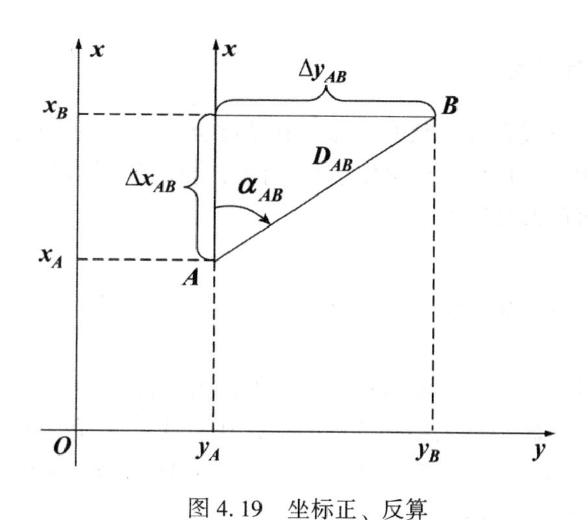

图 4.19　坐标正、反算

如图 4.19 所示，A 为已知点，B 为未知点，假设已知水平距离 D_{AB} 和 AB 边的方向角 α_{AB}，则可以计算出 B 点的坐标。

$$\begin{cases} x_B = x_A + \Delta x_{AB} = x_A + D_{AB} \times \cos\alpha_{AB} \\ y_B = y_A + \Delta y_{AB} = y_A + D_{AB} \times \sin\alpha_{AB} \end{cases} \tag{4-27}$$

2. 坐标反算

根据已知两点坐标，计算两点间水平距离和两点所成直线的坐标方位角，称为坐标反算。

假设已知 A、B 两点的平面坐标值，则可以由此计算 A、B 两点间的水平距离 D_{AB} 和方位角 α_{AB}：

$$D_{AB} = \sqrt{\Delta x_{AB}^2 + \Delta y_{AB}^2} \tag{4-28}$$

$$\alpha_{AB} = \arctan\left(\frac{\Delta y_{AB}}{\Delta x_{AB}}\right) \tag{4-29}$$

式中：$\Delta y_{AB} = y_B - y_A$，$\Delta x_{AB} = x_B - x_A$。

需要特别说明的是：(4-29)式中的方位角 α_{AB}，其值域为 0～360°，而等式右侧的 arctan 函数，其值域为-90°～90°，两者是不一致的。故当按式(4-29)的反正切函数计算坐标方位角时，计算器上得到的是象限值，因此应根据坐标增量 Δx，Δy 的符号按表 4.3 决定其所在象限，再把象限角转换成相应的坐标方位角。

表 4.3　　**坐标方位角的取值范围与计算公式**

象限	方位角	Δx	Δy	换算公式
Ⅰ	0°～90°	+	+	$\alpha_{AB} = \arctan\Delta x/\Delta y$
Ⅱ	90°～180°	−	+	$\alpha_{AB} = \arctan\Delta x/\Delta y + 180°$
Ⅲ	180°～270°	−	−	$\alpha_{AB} = \arctan\Delta x/\Delta y + 180°$
Ⅳ	270°～360°	+	−	$\alpha_{AB} = \arctan\Delta x/\Delta y + 360°$

4.4.6　罗盘仪及其使用

罗盘仪是用来测定直线磁方位角的仪器。其精度虽不高，但具有结构简单、使用方便等特点，在普通测量中，常用罗盘仪测定起始边的磁方位角，用以近似代替起始边的坐标方位角，作为独立测区的起算数据。

1. 罗盘仪的构造

其主要部件有：磁针、望远镜和刻度盘等。

(1)磁针。

磁针由人造磁铁制成，其中心装有镶着玛瑙的圆形球窝，刻度盘中心装有顶针，磁针球窝支在顶针上，为了减轻顶针尖不必要的磨损，在磁针下装有小杠杆，不用时拧紧下面的顶针螺丝，使磁针离开顶针。磁针静止时，一端指向地球的南磁极，一端指向北磁极。为了减小磁倾角的影响，在南端绕有铜丝。

(2)望远镜。

望远镜由物镜、十字丝分划板和目镜组成，是一种小倍率的外对光望远镜。此外，罗盘仪还附有圆形或管形水准器以及球臼装置，用以整平仪器。为了控制度盘和望远镜的转动，附有度盘制动螺旋以及望远镜制动螺旋和微动螺旋。一般罗盘仪都附有三角架和垂球，用以安置仪器。

(3)刻度盘。

刻度盘为钢或铝制成的圆环，最小分划为1°或30′，每10°有一注记，按逆时针方向从0°注记到360°。望远镜物镜端与目镜端分别在0°与180°刻度线正上方，如图4.20所示。罗盘仪在定向时，刻度盘与望远镜一起转动指向目标，当磁针静止后，刻度盘上由0逆时针方向至磁针北端所指的读数即为所测直线的磁方位角。这种刻度盘是方位罗盘仪。图4.21所示为由北、南向东、西各0°~90°刻画，为象限罗盘仪。

2. 用罗盘仪测定直线的磁方位角

(1)将仪器搬到测线的一端，并在测线另一端插上花杆。

(2)安置仪器。

①对中。将仪器装于三脚架上，并挂上锤球后，移动三脚架，使锤球尖对准测站点，此时仪器中心与地面点处于同一条铅垂线上。

②整平。松开仪器球形支柱上的螺旋，上、下俯仰度盘位置，使度盘上的两个水准气泡同时居中，旋紧螺旋，固定度盘，此时罗盘仪主盘处于水平位置。

(3)瞄准读数。

①转动目镜调焦螺旋，使十字丝清晰。

②转动罗盘仪，使望远镜对准测线另一端的目标，调节调焦螺旋，使目标成像清晰稳定，再转动望远镜，使十字丝对准立于测点上的花杆的最底部。

③松开磁针制动螺旋，等磁针静止后，从正上方向下读取磁针指北端所指的读数，即为测线的磁方位角。

④读数完毕后，旋紧磁针制动螺旋，将磁针顶起以防止磁针磨损。

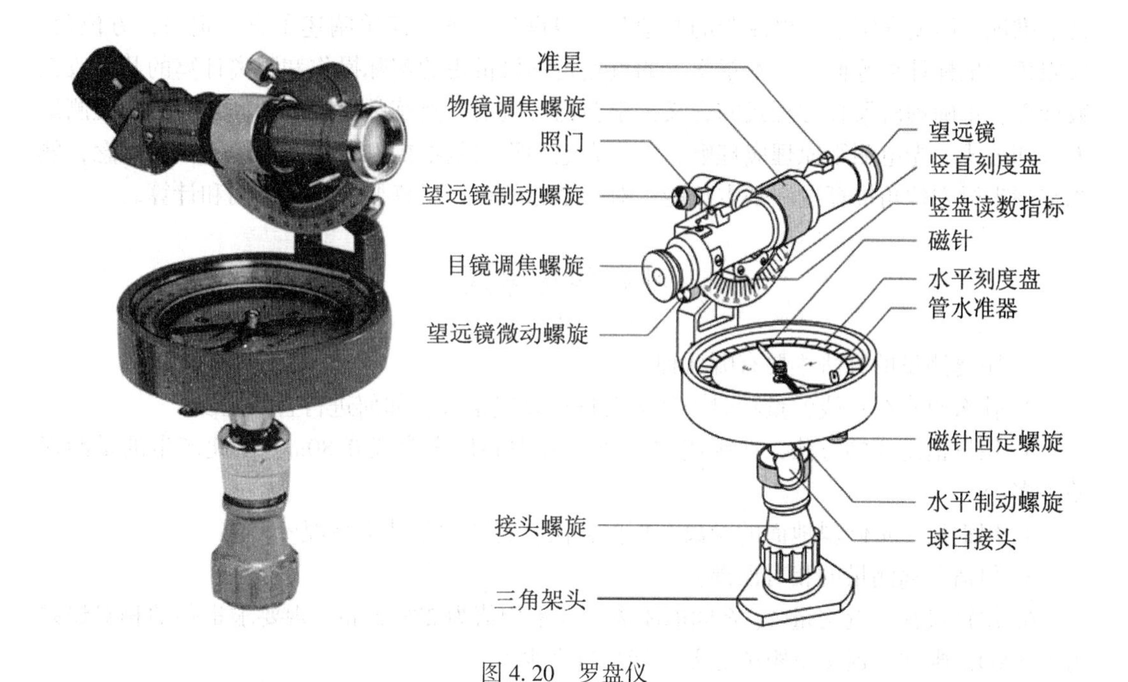

图 4.20　罗盘仪

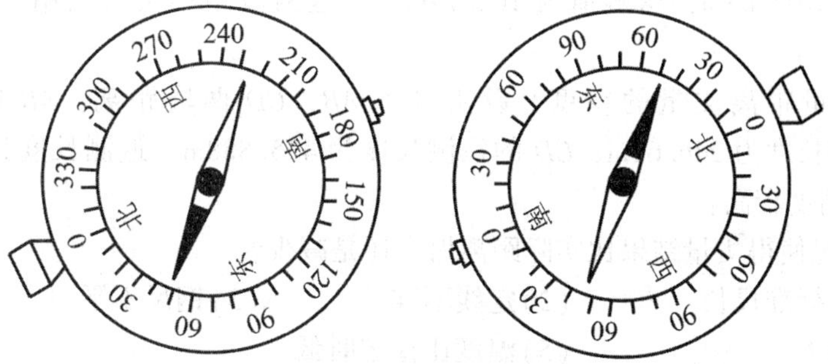

图 4.21　刻度盘

3. 使用罗盘仪注意事项

①在磁铁矿区或离高压线、无线电天线、电视转播台等较近的地方不宜使用罗盘仪，有电磁干扰现象。

②观测时一切铁器等物体，如斧头、钢尺、测钎等不要接近仪器。

③读数时，眼睛的视线方向与磁针应在同一竖直面内，以减小读数误差。

④观测完毕后搬动仪器应拧紧磁针制动螺旋，固定好磁针以防损坏磁针。

本 章 小 结

本章介绍了距离测量工具；直线定线方法；一般量距和钢尺精确量距方法；尺长方程式意义和钢尺检定方法；距离测量的改正数计算；对两种情况下视距测量的原理和公式进

行了推证；简要介绍了光电测距的原理和一般操作步骤；简单阐述了直线定向、方位角、象限角、坐标计算等概念。本章学习的重点是钢尺量距的实际操作和距离计算的几项改正数计算，正确理解尺长方程式的含义，学会钢尺检定。熟练掌握视准轴倾斜时的视距测量方法和公式。光电测距原理应理解，学会光电测距的基本操作方法。理解方位角概念，熟练掌握坐标方位角推算这一基本技能。对于坐标的正、反算要能熟练运用和计算。

习题和思考题

1. 距离测量的方法主要有哪几种?

2. 什么叫直线定线? 量距时为什么要进行直线定线? 如何进行直线定线?

3. 用目估定线的方法，在距离 50m 处标杆中心偏离直线 0.80m，由此产生的量距误差为多少?

4. 用钢尺丈量倾斜地面的距离有哪些方法? 各适用于什么情况?

5. 何谓距离测量的相对误差?

6. 用钢尺往、返丈量 A、B 间的距离，其平均值为 273.58m，现要求量距的相对误差为 1/5000，则往、返丈量距离之差不能超过多少?

7. 用钢尺丈量了 AB、CD 两段距离，AB 的往测值为 206.32m，返测值为 206.17m；CD 的往测值为 102.83m，返测值为 102.74m。问这两段距离丈量的精度是否相同? 为什么?

8. 怎样衡量距离丈量的精度? 设丈量了 AB，CD 两段距离：AB 的往测长度为 246.68m，返测长度为 246.61m；CD 的往测长度为 435.888m，返测长度为 435.98m。问哪一段的量距精度较高?

9. 下列情况使得丈量结果比实际距离增大还是减少?

(1)钢尺比标准尺长　　(2)定线不准　　(3)钢尺不平

(4)拉力偏大　　(5)温度比检定时低

10. 某钢尺的尺长方程式为 $l_t = 30.0000 + 0.0080 + 1.2 \times 10^{-5} \times 30(t - 20℃)\mathrm{m}$。用此钢尺在 10℃ 条件下丈量一段坡度均匀，长度为 160.380m 的距离。丈量时的拉力与钢尺检定拉力相同，并测得该段距离两端点高差为-1.8m，试求其水平距离。

11. 某钢尺的尺长方程式为 $l_t = 30\mathrm{m} - 0.002\mathrm{m} + 1.25 \times 10^{-5} \times 30(t - 20℃)\mathrm{m}$，现用它丈量了两个尺段的距离，所用拉力为 10kg，丈量结果如表 4.4 所示，试进行尺长、温度及倾斜改正，求出各尺段的实际水平长度。

表 4.4　　**钢尺量距测量**

尺段	尺段长度(m)	温度(℃)	高差(m)
12	29.987	16	0.11
23	29.905	25	0.85

12. 试整理表 4.5 中的观测数据，并计算 AB 间的水平距离。已知钢尺为 30m，尺长方程式为 $30+0.005+1.25\times10^{-5}\times30(t-20℃)$。

表 4.5 **钢尺量距计算表**

线段	尺段	距离 d'_i(m)	温度(℃)	尺长改正 Δd_l(mm)	温度改正 Δd_t(mm)	高差 h(mm)	倾斜改正 Δd_h(mm)	水平距离 d_i(m)
A	A~1	29.391	10			+860		
	1~2	23.390	11			+1280		
	2~3	27.682	11			−140		
	3~4	28.538	12			−1030		
	4~B	17.899	13			−940		
B							∑往	
B	B~1	25.300	13			+860		
	1~2	23.922	13			+1140		
	2~3	25.070	11			+130		
	3~4	28.581	10			−1100		
	4~A	24.050	10			−1180		
A							∑返	

13. 完成表 4.6 中所列视距测量观测成果的计算。

表 4.6 **视距测量计算表**

测站：A　　测站高程：45.86m　　仪器高：1.42m　　指标差：0

点号	视距间隔	中丝	竖盘读数	竖直角	高差	高程	平距	备注
1	0.874	1.42	86°43′					竖盘为顺时针分划注记
2	0.922	1.42	88°07′					
3	0.548	1.42	93°13′					
4	0.736	2.42	85°22′					
5	1.038	0.42	90°07′					
6	0.689	1.42	94°51′					
7	0.817	1.42	87°36′					
8	0.952	2.00	89°38′					

14. 何谓直线定向？在直线定向中有哪些标准方向线？它们之间存在什么关系？

15. 设已知各直线的坐标方位角分别为 47°27′，177°37′，226°48′，337°18′，试分别求出它们的象限角和反坐标方位角。

16. 如图 4.22 所示，已知 $\alpha_{AB}=55°20'$，$\beta_B=126°24'$，$\beta_C=134°06'$，求其余各边的坐标方位角。

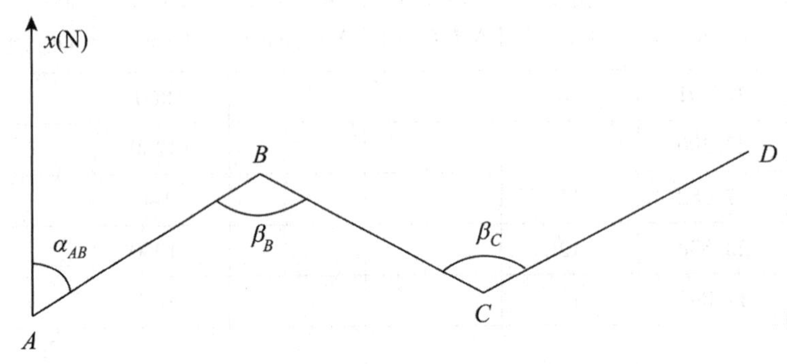

图 4.22　坐标方位角计算示意图

17. 已知某直线的象限角为南西 45°18′，求它的坐标方位角。

第5章 高程测量

【教学目标】学习本章，要掌握普通水准和三、四等水准的测量和计算方法，S_3水准仪和电子水准仪的操作及使用方法，水准测量仪器的常规检验；要熟悉水准测量的原理，三角高程测量的原理；掌握水准测量、三角高程的测量方法；能熟练操作水准测量的常规仪器和工具；掌握水准测量误差与预防措施，了解水准测量仪器的常规校正方法；通过实践训练，能够根据已知高程点，勘察测区现场条件布设水准路线，具备现场测量和数据处理的能力。

5.1 水准测量的原理

本节内容主要介绍水准测量的基本原理，转点、测站的含义及连续水准测量的过程和简单计算。

5.1.1 高程测量的方法

我们知道测量的主要任务是确定地面点的点位即平面坐标和高程。到底如何确定地面点的高程呢？下面简单介绍5种高程测量的主要方法。

高程测量就是确定地面点高程的测量工作。测定地面点高程的主要方法有几何水准测量(简称水准测量)、三角高程测量(间接高程测量)、GPS高程测量和气压高程测量(物理高程测量)，偶尔也采用流体静力水准测量方法。在上述高程测量方法中，水准测量是最精密、且最常用的方法。

水准测量主要是通过测定两点间高差来计算高程，此方法主要用于建立国家或地区的高程控制网。除了国家等级的水准测量之外，还有普通水准测量。它采用精度较低的仪器，测算手续也比较简单，广泛用于国家等级的水准网内的加密，或独立地建立测图和一般工程施工的高程控制网，以及用于线路水准和面水准的测量工作。一般在地形相对平坦的地区使用此方法，在地形起伏特别大的地区，此方法受到一定限制。当跨越江河或山谷等天然障碍进行水准测量时，视线长度一般都超过规定的限度。在这种情况下进行的特殊水准测量，称为跨河水准测量，跨河水准测量方法请参照其他书籍，这里不再详述。

三角高程测量是确定两点间高差的简便方法，不受地形条件限制，传递高程迅速，但精度低于水准测量。它是运用三角计算的基本原理来测算高程的，其基本思想是根据由测站向照准点所观测的垂直角(或天顶距)和它们之间的水平距离，计算测站点与照准点之间的高差，它主要用于传算大地点高程。

气压高程测量是根据大气压力随高度变化的规律，用气压计测定两点的气压差，推算高程的方法。由于大气压力受气象变化的影响较大，气压高程测量比水准测量和三角高程测量的精度都低，主要用于低精度的高程测量(如丘陵地和山区的勘测工作)，但它在观测时点与点之间不需要通视，使用方便、经济。

GPS 高程测量，是由 GPS 测量出地面点在 WGS-84 坐标系中的大地高，通过高程异常转换，得出该点的正常高。此种方法测出的点的高程精度相对水准测量(一定等级的)较低，但是由于 GPS 测量技术具有传递距离远、观测时间短、测站间无需通视、外业操作及内业处理简便和全天候作业等优点，目前已被广泛应用，尤其是在平原、丘陵、山区、城市主干道、路口等视野开阔的地区进行数字测图工作中应用得更加广泛。

流体静力水准测量是通过“一个可以自由流动的静止液面上各个点的重力影响是相同的，或者说液面是等高的”基本原理来进行高程测量的。它是高精度高程测量方法之一，流体静力测量系统在测量精度、反应频率、自动化程度方面远远高于其他高程测量方法，而且流体静力测量系统不需要测点之间的通视，适合于各种狭小空间和恶劣环境测量，因此在工程中有着广泛的应用，主要用于越过海峡传递高程。

5.1.2 水准测量的基本原理

水准测量的基本原理是利用仪器提供的水平视线，测定出地面两点间的高差，然后，根据已知点的高程推算出待定点的高程。

假如已知地面上一点 A 的高程是 H_A，现要求测算出 B 点的高程 H_B，如图 5.1 所示，如何做呢？从图上我们可以看出，关键是要知道两点高差 h_{AB} 为多少。若知道了两点高差 h_{AB}，就可计算出 B 点的高程，即 $H_B=H_A+h_{AB}$。

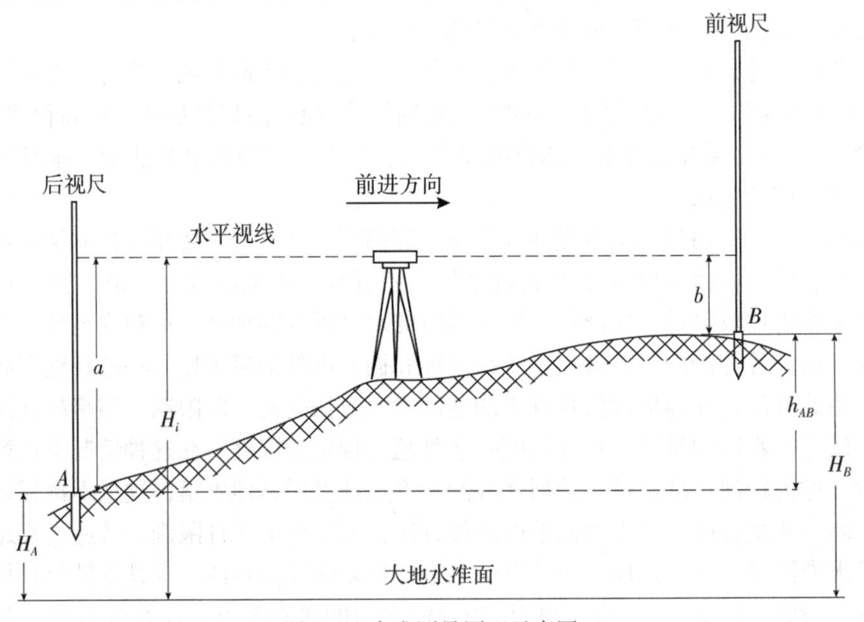

图 5.1　水准测量原理示意图

我们在 A、B 两点上各竖立一根带有刻度的尺子(水准尺)，在两点之间架设一台能提供水平视线的仪器(水准仪)，读取竖立于两个点上的水准尺上的读数(即读取水准尺上的刻度)a 和 b，从图上我们可以看出 AB 两点的高差 $h_{AB} = a - b$。从而我们就可测算出待求点 B 的高程 $H_B = H_A + h_{AB}$，此种测量方法称为高差法。

在前进方向上立于后面的水准尺称为后尺，在其上的读数称为后视读数；在前进方向前面的水准尺称为前尺，在其上的读数称为前视读数。

由上述可以归纳出：高差=后视读数-前视读数。

5.2 水准测量的常规仪器和工具

本节主要介绍常规普通水准测量所用到的主要仪器，如 S_3 水准仪、水准尺及附件的结构和使用方法。

水准仪按精度划分为 DS_{05}、DS_1、DS_3 和 DS_{10} 四个等级，其中 D 和 S 分别为“大地测量”和“水准仪”汉语拼音的第一个字母，05、1、3、10 表示水准仪精度指标，其含义指每公里往返测高差中数的偶然中误差，分别不超过 0.5mm、1mm、3mm、10mm。一般可省略“D”只写“S”，工程中常用的是 S_3 型水准仪。

5.2.1 DS_3 型水准仪介绍

DS_3 型水准仪主要有望远镜、水准器和基座三个组成部分，基本结构如图 5.2 所示。

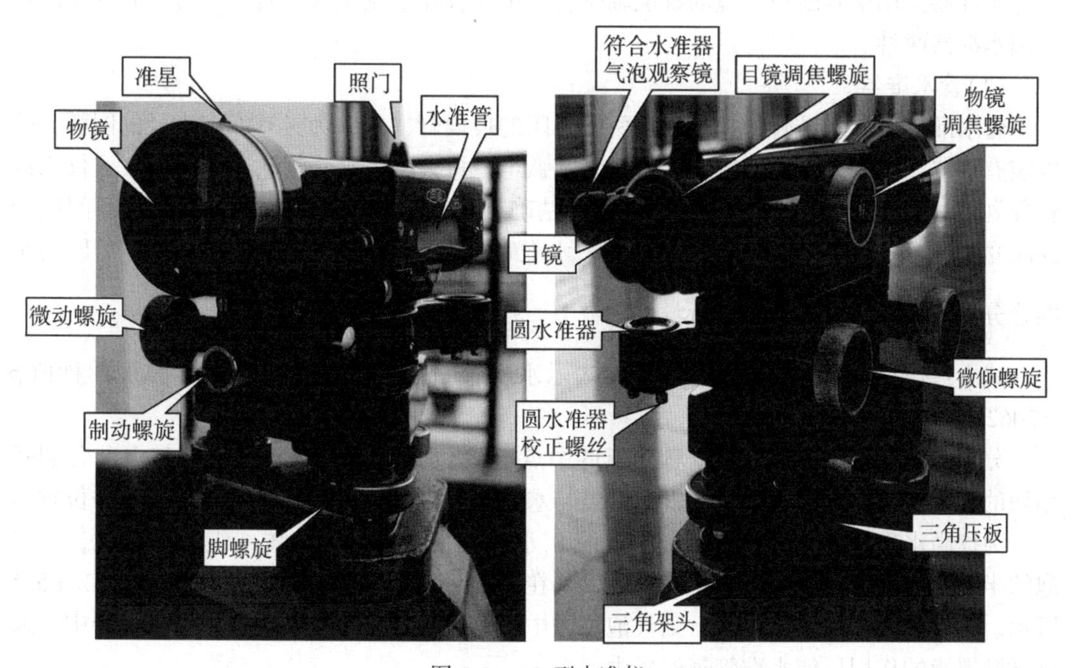

图 5.2 DS_3 型水准仪

1. 望远镜

望远镜是构成水平视线、瞄准目标并对水准尺进行读数的主要部件。它由物镜、调焦透镜、十字丝分划板、目镜等组成。在光学水准仪中多采用内对光式的倒像望远镜(某些仪器为正像，如大部分自动安平水准仪)，通过转动调焦螺旋，使不同距离的目标清晰地成像在十字丝分划板上(倒像，某些仪器为正像)。十字丝是刻在玻璃板上相互垂直的两条直线，横线称为横丝(中丝)、竖线称为纵丝(竖丝)，上下两条短细线(上丝和下丝)称为视距丝，用于距离测量，如图 5.3 所示。物镜光心与十字丝交点的连线，称为望远镜的视准轴。目镜调焦螺旋是调节目镜的对光螺旋，可使十字丝分划线成像清晰。

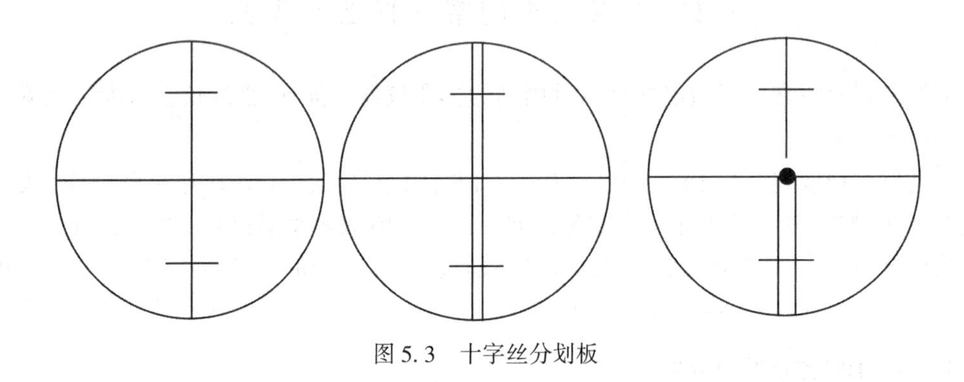

图 5.3　十字丝分划板

2. 水准器

水准器是用来判断望远镜的视准轴是否水平及仪器竖轴是否竖直的装置，有管水准器和圆水准器两种。

(1)管水准器。

管水准器又称水准管，它是一个两端封闭的玻璃管，内壁为具有一定半径的圆弧，管内装有液体，有一气泡，如图 5.4 所示。圆弧半径愈大，整平精度愈高。S_3型水准仪水准管分划值一般为 20″。水准管用于水准仪的精确整平。水准管壁的两端各刻有数条间隔为 2mm 的分划线，用来判断气泡居中位置。水准管上 2mm 间隔的弧长所对的圆心角即为水准管分划值，一般用 $\tau=\frac{2}{R}\rho$ 表示。

式中：τ 表示水准管分划值(″)，R 表示水准管圆弧半径(mm)，ρ 表示弧度的秒值 $\rho=206265''$。

分划线的对称中点即为水准管圆弧的中点(又称水准管零点)，过零点与水准管圆弧相切的直线，称为水准管轴。当气泡中点与水准管零点重合时，水准管轴处于水平位置。

为提高水准管气泡居中的精度，目前 S_3 水准仪在水准管上放置一组符合棱镜，当气泡的半边影像经过三次反射后，其影像反映在望远镜的符合水准器的放大镜内，如图 5.5 所示。若气泡两半边影像错开，则气泡不居中；若气泡两半边影像吻合，则气泡居中。通过微倾螺旋的作用可使水准管气泡居中。

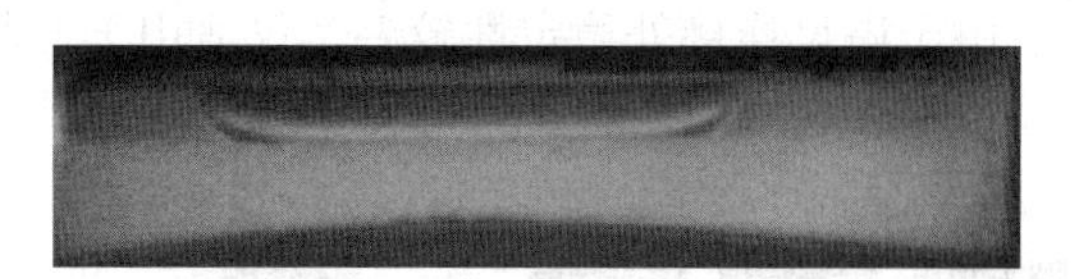

图 5.4　管水准器

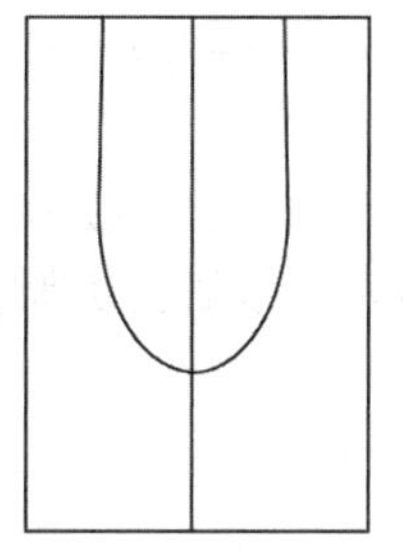
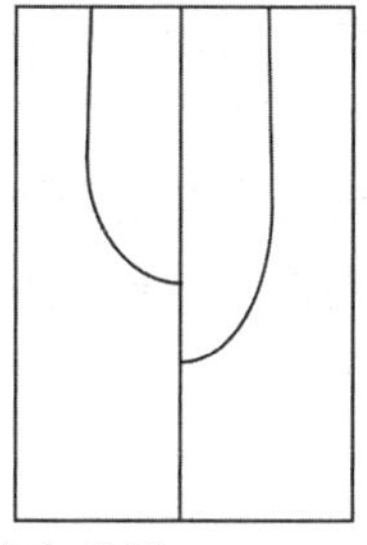

图 5.5　符合水准器

(2)圆水准器。

圆水准器是一个密封的顶内磨成球面的玻璃圆盒，如图 5.6 所示。S_3型水准仪上的圆水准器分划值一般为 8′/2mm~10′/2mm，圆水准器用于仪器的粗略整平。圆水准器球面圆圈中心，称为零点。零点与球心的连线，称为圆水准器轴。

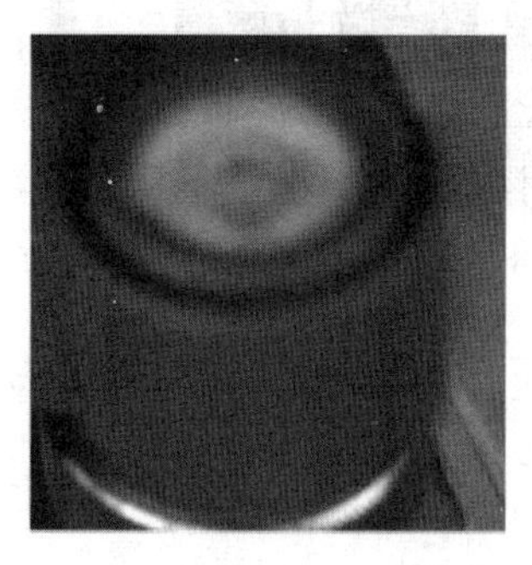
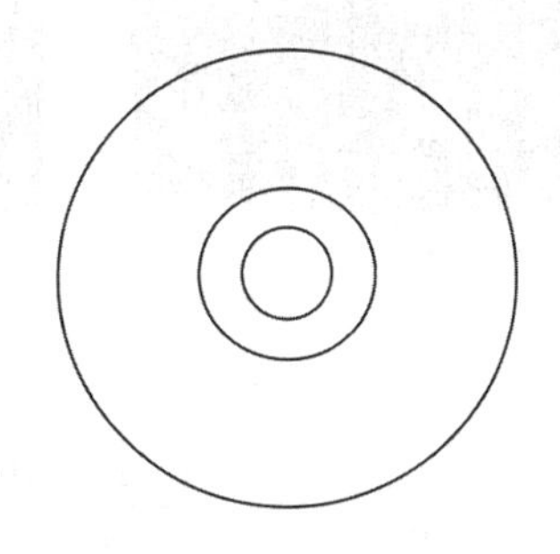

图 5.6　圆水准器

(3)基座。

基座起支撑仪器和连接仪器与三脚架的作用。基座主要由轴座、底板、三角压板和三个脚螺旋组成，通过转动脚螺旋可使圆水准器气泡居中。

5.2.2　水准尺及附件

水准尺及附件(尺垫)是在水准测量中配合水准仪进行工作的重要工具。水准尺常用优质木材或玻璃钢金属材料制成，上面刻有刻度供读数。尺垫大部分用生铁铸成，一般为三角形，中央有一个凸出的半圆球(如图 5.7 所示)，供水准尺立于半圆球之上，它主要用于转点上，可减弱或防止观测过程中水准尺下沉。水准点上不得使用尺垫，水准尺应直接立于水准点上。

水准测量中配备一对水准尺，水准尺主要有双面水准尺(木质尺)和塔尺两种。

1. 双面水准尺

水准测量中常用双面水准尺，双面水准尺一般长度为 3m(如图 5.8 所示)。尺面每隔 1cm 涂以黑白或红白相间的分格，每分米处注有数字。尺底钉有铁片，以防磨损。黑白相间的一面称为黑面尺(尺底读数为 0)、红白相间的一面称为红面尺(每对双面水准尺的红面尺底读数分别为4687mm和4787mm)。

2. 塔尺

塔尺主要由金属铸造，尺长一般为5m，分节套而成，可以伸缩，尺底从零起算，尺面分划值为1cm或0.5cm，如图5.9所示。由于塔尺连接处稳定性较差，仅适用于普通水准测量。

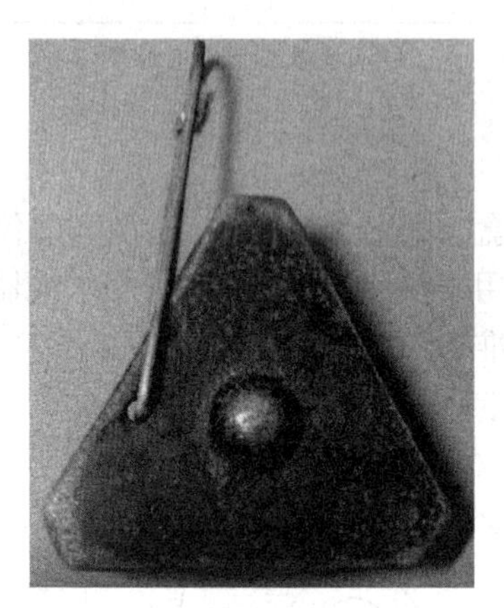

图5.7　尺垫

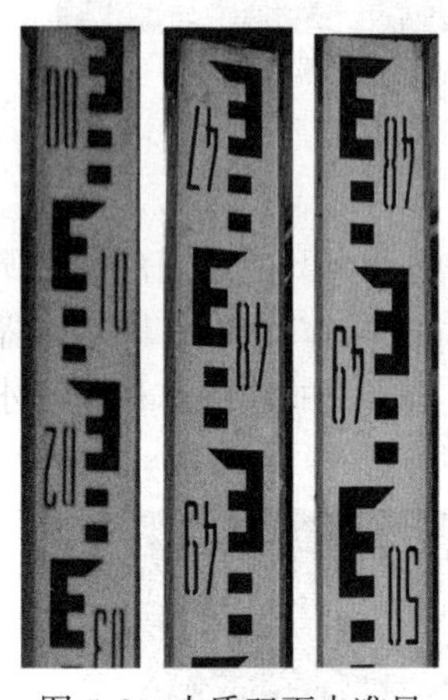

图5.8　木质双面水准尺

图5.9　塔尺

5.3　电子水准仪

本节内容介绍电子水准仪的结构和利用电子水准仪进行水准测量时应该进行的仪器设置和观测的基本过程。

5.3.1　电子水准仪简介

电子水准仪又称数字水准仪，其基本构造如图5.10所示。它是在自动安平水准仪的基础上在望远镜光路中增加了分光镜和探测器(CCD)，并采用条码标尺(如图5.11所示)和图像处理电子系统而构成的光电测量一体化的科技产品。其原理是将编了码的水准尺影像进行一维图像处理，用传感器代替观测者的眼睛，从望远镜中看到水准尺间隔的测量信息，由微处理机自动计算出水准尺上的读数和仪器至立尺点间的水平距离，并以数字的形式将测量结果显示出来。

电子水准仪的优点：

(1)读数客观：不存在误读、误记问题，没有人为读数误差。

(2)精度高：视线高和视距读数都采用大量条码分划图像经处理后取平均值得出来，消弱了标尺分划误差的影响。

(3)操作方便：省去了报数、听记、现场计算以及人为出错的重测数量。只需要按键即可自动读数、自动记录、处理，并可将数据输入计算机后处理。

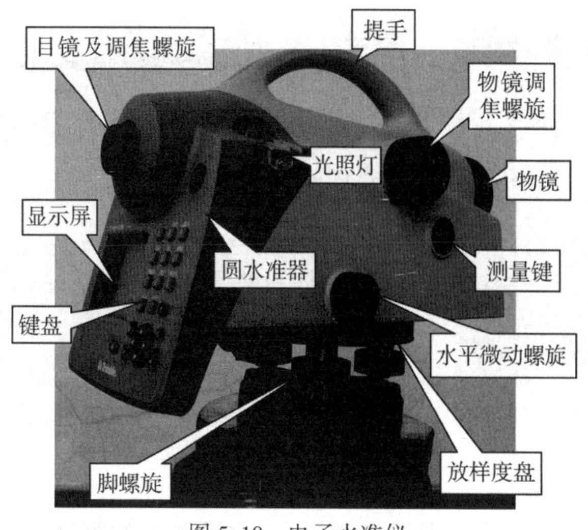

图 5.10　电子水准仪

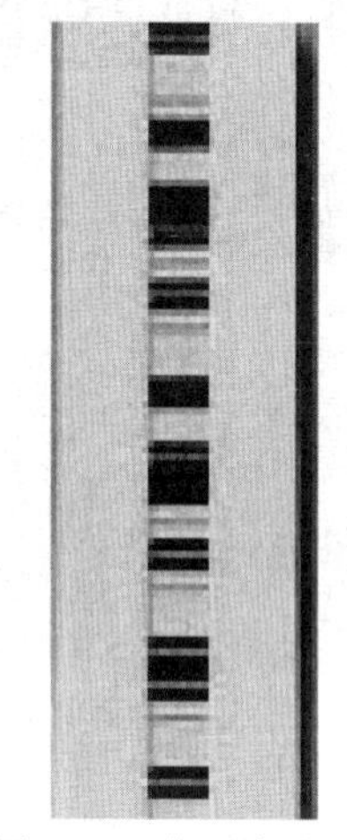
图 5.11　条码水准尺

5.3.2　电子水准仪基本操作

电子水准仪目前品牌众多，操作步骤和功能大同小异，在使用电子水准仪进行水准测量时，其基本操作步骤主要包括仪器安置、设置测量状态、照准目标、测量记录四个步骤。我们以天宝电子水准仪为例，简单介绍在水准测量工作中的基本操作过程。

1. 安置仪器

在测站上，打开三脚架架腿的固定螺旋，伸缩三个架腿使高度适中(一般架头和观测者胸部高度相同)，拧紧固定螺旋，打开架腿。在基本平坦地区，使三个架腿大致成等边三角形，高度适中(观测者在观测时不踮脚、不过于弯腰)，架头大致水平，用脚踩实架腿，使三脚架稳定、牢固；在斜坡地面上，应将两个架腿平置在坡下，另一架腿安置在斜坡上，踩实三个架腿；在光滑的地面上安置仪器时，三角架的架腿不能分得太开，以防止滑动，或通过辅助措施防滑。安置好脚架后，取出仪器，用中心连接螺旋将仪器固定在架头上，并旋紧。

用两手同时相对转动两个脚螺旋(气泡移动方向与左手拇指移动方向相同)使气泡与第三个脚螺旋的连线垂直于这两个脚螺旋的连线，然后用左手转动第三个脚螺旋使气泡居中。

用望远镜对准明亮背景，进行目镜调焦，使十字丝清晰。

2. 仪器设置

(1)开机(按电源键)，显示仪器标识很快进入菜单初始界面(如图 5.12 所示)。

(2)在菜单初始界面下，选择“文件”。建立文件，再根据测量要求，选择“配置”键，显示如图 5.13 所示配置菜单初始界面。在菜单中选择相应的限差要求(最大视距，最大、最小视距高等)、仪器设置(高度单位、输入单位、显示小数位数)和记录设置(仪器存储或存储卡存储)、校正。

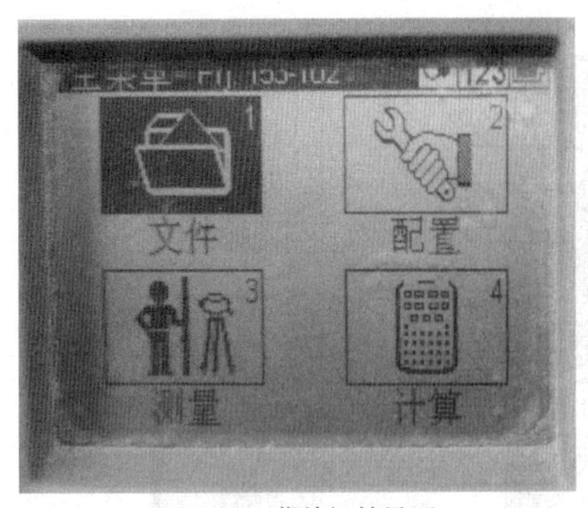

图 5.12　菜单初始界面

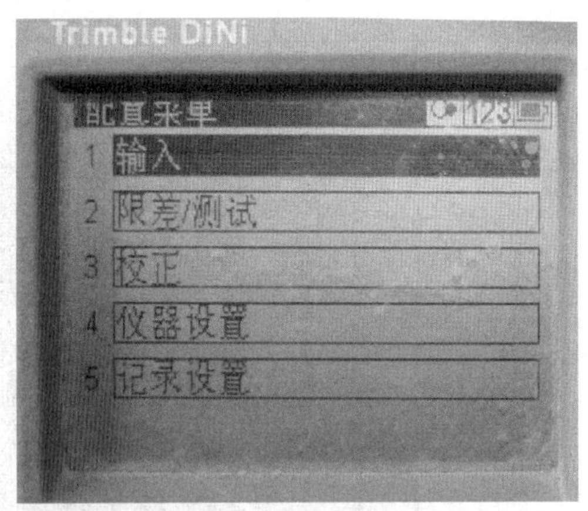

图 5.13　配置菜单初始界面

(3)选择“测量”，进行测量模式设置。根据作业要求(水准测量的等级)选择相应的测量模式(单点测量、水准线路、中间点测量、放样、继续测量)。如在水准线路里测量模式“BFFB”代表观测顺序是“后、前、前、后”，“aBFFB”代表观测顺序是奇偶交替，即奇数站观测顺序是“后、前、前、后”，偶数站观测顺序是“前、后、后、前”。设置完毕后，确定(按回车键)，输入起始点点号、基准高等信息。

3. 照准目标(水准尺)

(1)转动望远镜大致照准水准尺(条码尺)，通过粗略照准器进行粗瞄。

(2)调节调焦螺旋使尺像清晰，转动水平微动螺旋(电子水准仪一般没有水平制动，使用的是阻尼制动)使十字丝精确对准条码尺的中央。

(3)消除视差，通过反复调节目镜和物镜调焦螺旋，使十字丝和尺像都非常清晰，在眼睛靠近目镜观测时，上下微动眼睛，尺像和十字丝横丝不相对移动。

4. 开始测量

在完成上述步骤后，即可按“测量”键开始测量，屏幕自动显示读数和视距，转动望远镜对准另一水准尺测量，即可显示高差(根据设置还可以显示路线长、视距差等信息)。

5.3.3　使用电子水准仪注意事项

使用电子水准仪进行作业时，注意以下事项：

(1)在观测前30分钟，应将仪器置于露天阴影下，使仪器和外界气温趋于一致。

(2)观测前，应进行仪器的预热，预热不少于20次单次测量。

(3)在使用电子水准仪作业期间，应在每天开测前进行 i 角测定(i 角的含义在下面章节中详述)，若开测为未结束测段，则在新测段开始前进行测定。

(4)设站时，应用测伞遮蔽阳光；迁站时应罩以仪器罩。

5.4　水准测量高差观测

本节内容主要介绍水准测量一测站的基本操作、测站高差测量及技术指标要求和测段高差测量。

5.4.1　一测站的基本操作

在水准测量作业中一测站水准仪的基本操作主要包括安置水准仪、粗略整平、照准和调焦、精确整平和读数五大步骤。

1. 安置水准仪

操作步骤同电子水准仪“仪器安置”，这里不再详述。

2. 粗略整平

粗略整平又称粗平，操作步骤是首先松开水平制动螺旋，接着将圆水准器置于两个脚螺旋之间，用两手同时相对转动这两个脚螺旋(气泡移动方向与左手拇指移动方向相同)使气泡与第三个脚螺旋的连线垂直于这两个脚螺旋的连线，然后用左手转动第三个脚螺旋使气泡居中。如图 5.14 所示。

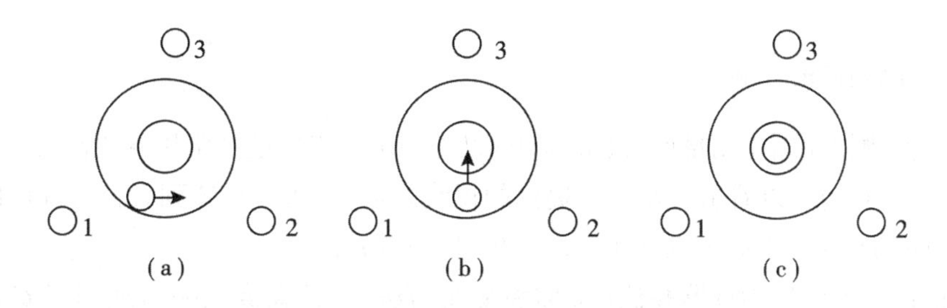

图 5.14　粗平水准仪

对于操作熟练的观测者，可以首先打开脚架，使高度适中、架头基本水平，直接用中心连接螺旋连接仪器，拧紧。然后两手抓紧两个架腿左右动使圆气泡大致居中(或使气泡方向和一个架腿方向一致)，收放架腿，简单调节脚螺旋使圆气泡居中，完成仪器安置和粗平的操作。尤其是在平坦坚实的地面上(如水泥路)此操作可大大提高效率。

3. 照准和调焦

(1)使望远镜对着明亮的背景(不要对太阳光)，转动目镜调焦螺旋，使十字丝清晰。

(2)松开制动螺旋，转动望远镜，通过准星和缺口粗略瞄准水准尺，旋紧水平制动螺旋。

(3)旋转物镜对光螺旋使水准尺影像清晰，然后旋动水平微动螺旋照准水准尺。

(4)当尺像与十字丝分划板平面不重合时，眼睛靠近目镜微微上下移动，发现十字丝和目标影像相对运动，这种现象叫做视差。在测量时，必须消除视差。其方法是反复调节物镜、目镜对光螺旋，直至尺像与十字丝全部清晰，在眼睛靠近目镜微微上下移动时，发现十字丝和目标影像几乎不相对运动为止。

4. 精确整平

精确整平简称精平，操作步骤是通过转动微倾螺旋，使符合水准器气泡严密吻合，要等吻合稳定，证明精确整平，可以读数。

5. 读数

在精平完成后，读取横丝所压在水准尺上的读数(先默读毫米数，再依次将米、分米、厘米、毫米四位数全部报出。上丝、中丝、下丝在水准尺所压的刻度即为上丝读数、中丝读数、下丝读数)。在读数完成后，要检查气泡是否依然吻合，若不吻合需要再精平、重新读数。

在使用水准仪时应注意以下几点：

搬运仪器前，检查仪器箱是否扣好，提手和背带是否牢固；在取出仪器时应观察仪器的放置，以便装箱时能正确放置；在作业时中心连接螺旋应拧紧，人和仪器不能分离(以防意外事故发生)；操作过程中旋转制动或微动螺旋时要轻柔，不要用力过度或超出旋拧极限；在转动仪器时首先要松开仪器的制动螺旋；迁站时若距离较长，应将仪器装箱；在作业结束仪器装箱时，应先松开制动螺旋、清除仪器外部灰尘、放回原位、在通风处保存、防潮、防碰撞。

5.4.2 测站高差测量

测站高差测量除利用测量原理(高差法)以外，工程当中还经常用视线高方法。

由图5.15我们可以看出：水准仪提供的视线高程(即水平视线到大地水准面的铅垂距离) $H_i=H_A+a=H_B+b$，由此可以得出：$H_B=H_i-b=H_A+a-b$。

我们把这种方法称为仪器高法(又称为视线高法)，仪器高法一般适用于安置一次仪器测定多点高程的情况，如线路高程测量、大面积场地平整高程测量。

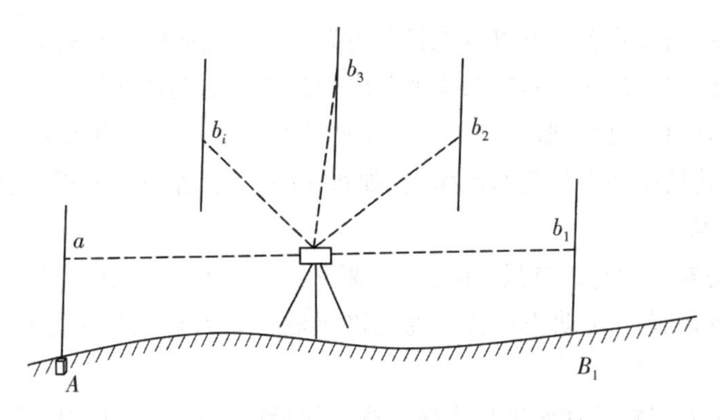

图5.15 抄平示意图

如在地面上在已知点A放置一水准尺(如图5.15所示)，在其上的读数为a，在一未知点B_1上读数为b_1，则B_1的高程$H_{B1}=H_i-b_1=(H_A+a)-b_1$；同理我们可以对任一未知点$B_i$求出其高程$H_{Bi}=H_i-b_i=(H_A+a)-b_i$。由此可以看出，若$H_{Bi}$已经设计出，我们可以求出相应的读数$b_i$，若实际读数不是它，我们可以挖方或填方使其达到我们的预定值，这就是所谓的"面水准"，工程上常称为"抄平"。

5.4.3　测站高差测量的技术指标要求

1. 测站高差测量的主要技术要求

测站高差测量时按照相应等级要求的技术指标进行操作，如对仪器型号、视线高、视距、黑红面读数差(或基辅差)及高差之差等都有相应要求，具体要求见表 5.1 所示。在测站上发现测站观测误差超限后，应立即重测，若迁站后才发现，则应从水准点或间歇点起始，重新观测。

表 5.1　　水准观测的主要技术要求

等级	水准仪型号	视线长度(m)	前后视距差(m)	前后视累积差(m)	视线离地面最低高度(m)	黑红面读数较差(mm)	黑红面高差较差(mm)
三等	DS_1	100	2	5	0.3	1.0	1.5
	DS_3	75				2.0	3.0
四等	DS_3	100	3	10	0.2	3.0	5.0
等外	DS_3	≤100					

2. 测站检核

计算检核只能检核高差计算的正确性，但如果某一站的高差由于某种原因测错了，那计算检核就无能为力了。因此，我们对每一站的高差都要进行检核，这种检核就称为测站检核，常见的检核方法有双仪高法和双面尺法。

(1)双仪高法。

改变仪器的高度(前后尺保持不动)，测出两次黑面高差，在理论上这两次测得的高差应该相同。但由于误差的存在，使得两次测得的高差存在差值。若差值<5mm(等外水准)，认为高差正确，取平均值作为该站高差，否则重测。

(2)双面尺法。

用黑、红面同时读数，测出黑、红面高差，若差值小于一定的限差(如三四等水准高差之差≤±5mm)，认为高差正确，取黑、红面高差的平均值作为该站高差。

5.4.4　测段高差测量

两相邻水准点间的水准路线称为测段。例如 AB 两点相距很远，或者 AB 两点不能通视(如图 5.16 所示)，那么就需要将 AB 分成多段，按水准测量原理，测出各段高差。例如先测出 A 和 TP_1 之间的高差 h_1，然后再测出 TP_1 和 TP_2 之间的高差 h_2……最后将这些高差累加起来就可以得到 AB 之间的高差，由 A 点的已知高程，即可求得 B 点高程。TP_1、TP_2、分段点，起着传递高程的作用，称为转点。转点用 TP 或 ZD 表示，在转点上通常放置尺垫，再把水准尺立在尺垫上面。安置仪器的位置称为测站。

注意：A 点与转点之间距离一般不超过 100m。在 A 点和转点之间大致中点的位置(为了抵消地球曲率的影响)安置水准仪，按原理读取后、前视读数，将观测的数据填写到相

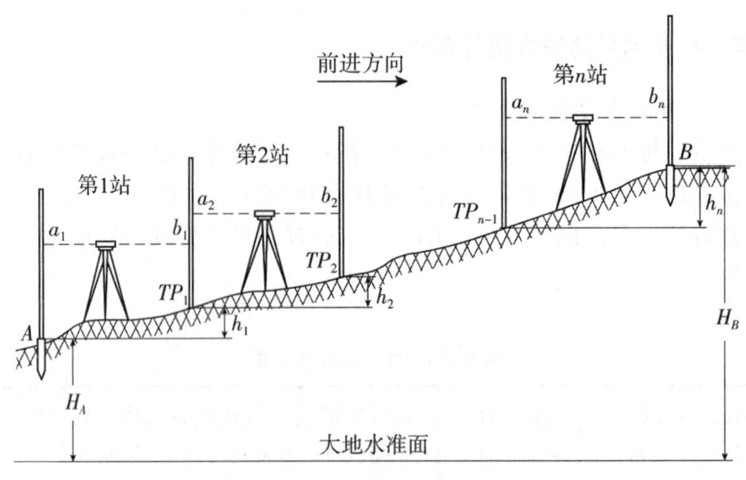

图 5.16　连续水准测量示意图

关的表格中，这就是在第一测站上的工作，然后前视尺不动，后视尺移到第 2 个转点上，将水准仪搬到 1、2 转点之间(也叫做搬站)，接着读数，记录。依次前进直到 B 点。各测站高差及各点的高差计算如下：

$$h_1 = a_1 - b_1 \qquad H_1 = H_A + h_1$$

$$h_2 = a_2 - b_2 \qquad H_2 = H_1 + h_2$$

…………

$$h_n = a_n - b_n \qquad H_B = H_{n-1} + h_n$$

可得：$\sum h = \sum a - \sum b \qquad H_B = H_A + \sum h$。

所以：$h_{AB} = \sum h = h_1 + h_2 + \cdots + h_n$。

在实际工作中，我们是把水准测量的数据记录在表格中，然后再计算高差。计算过程中总是难免出错的，为了能够检查高差是否计算正确，就要进行计算检核。检核计算公式如下：

$$\sum h = \sum a - \sum b$$

比较等号左右两个结果，若相等就代表高差计算正确。

5.5　普通水准测量

本节介绍普通水准测量的作业程序和计算及作业过程中的注意事项。

5.5.1　普通测量作业的程序

在进行普通测量时，主要观测程序有以下几个步骤：

(1)将水准尺立于已知高程的水准点上，作为后视尺。

(2)在路线的前进方向上的适当位置放置尺垫作为转点，在尺垫上竖立水准尺作为前视尺，将水准仪安置于水准路线的适当位置(仪器到两水准尺的距离应基本相等)，最大视距不大于150m。

(3)对仪器进行粗略整平(详细步骤见水准仪的基本操作)，照准后视尺，消除视差，用微倾螺旋调节水准管气泡并使之居中，用中丝读取后视读数，并记入手簿(示例手簿见表5.2)。

(4)松开制动螺旋，调转水准仪，照准前视尺，消除视差，使水准管气泡居中，用中丝读取前视读数，并记入手簿。

(5)将仪器迁至第二站，此时第一站的前视尺不动，变成第二站的后视尺，第一站的后视尺移至前面适当位置成为第二站的前视尺，按第一站相同的观测程序进行第二站测量。

(6)顺序沿水准路线前进方向观测完毕。

5.5.2 普通测量作业的注意事项

在进行普通测量作业时为保证作业精度，一定注意以下几点：

(1)在已知高程点和待测点高程点上立尺时，绝对不能放尺垫，将水准尺直接放在点上。

(2)仪器放置时，最好放在前后视中间，保证前后视距大致相等，可以步量。

(3)要求扶尺员尽量把水准尺扶直，不能前后或左右倾斜。

(4)观测者在迁站前，后视扶尺员一定不能动，至少保证尺垫不动。

(5)原始读数不得涂改，读错或记错的数据应画去，再将正确数据写在上方，并在相应的备注栏内注明原因，记录簿要干净、整齐、不出现难以识别的数字。

表5.2 **水准测量记录手簿**

测自：BM_1点至BM_2点　天气：多云　呈像：清晰　日期：2012年10月12日

仪器号码：NS96577　观测者：王涛　记录者：张小兵

测站	测点	后视读数(m)	前视读数(m)	高差		高程(m)	备注
				+	−		
1	BM_1	1.542		0.284		73.446	
	TP_1		1.258				
2	TP_1	0.928			0.307		
	TP_2		1.235				
3	TP_2	1.664		0.233			
	TP_3		1.431				
4	TP_3	1.672			0.402		
	BM_2		2.074			73.254	
$\sum$		5.806	5.998				
检核计算	$\sum a-\sum b=-0.192$　$\sum h=-0.192$						

5.6 三、四等水准量

本节介绍三、四等水准测量的作业程序和内业计算以及技术限差要求。

在水准测量工作中，根据测量精度要求的不同，可分为国家一、二、三、四等和五等(普通水准测量)。根据测量方法的不同，小地区高程控制测量可以采用三、四等水准测量，尤其是地形图测绘和施工测量中，多采用三、四等水准测量作为首级高程控制。三、四等水准测量的起算点高程应尽量从附近的一、二等水准点引测，若测区附近没有国家一、二等水准点，则在小区域范围内可采用闭合水准路线(在下一节介绍)建立独立的首级高程控制网，假定起算点的高程。

5.6.1 三、四等水准测量的作业程序和记录方法

三、四等水准测量作业时需遵循以下程序和记录方法。

1. 观测程序

我们以双面尺法为例介绍四等水准测量的观测程序。按照水准仪基本操作程序完成安置水准仪、粗略整平、照准和调焦的操作后，按下述具体程序执行：

(1)照准后视水准尺黑面，整平水准管气泡，读取下丝(1)、上丝(2)、中丝(3)，并记录，见表5.3所示。

(2)照准前视水准尺黑面，整平水准管气泡，读取下丝(4)、上丝(5)、中丝(6)，并记录。

(3)照准前视水准尺红面，整平水准管气泡，读取中丝(7)，并记录。

(4)照准后视水准尺红面，整平水准管气泡，读取中丝(8)，并记录。

三等水准观测程序可以归纳为“后、前、前、后或黑、黑、红、红”，四等水准观测程序可以采用“后、后、前、前或黑、红、黑、红”的观测程序进行。采用“后、前、前、后”的观测程序可以减小或消除仪器和尺垫下沉误差的影响。

观测结束后，进行测站计算，检查是否满足限差要求。

使用单排分划的铟瓦标尺观测时，对单排分划进行两次照准读数，代替基辅分划读数。

2. 记录、计算方法

(1)记录过程：在观测过程中，依次将(1)、(2)、…、(8)按表5.3的形式记录。

(2)计算与检核

后距(9)=(下丝读数(1)-上丝读数(2))×100；

前距(10)=(下丝读数(4)-上丝读数(5))×100；

视距差 d(11) = 后距(9)-前距(10)；

累积 $\sum d$(12) = 本站视距差 d(11) +上站累积差 d(12) 。

后视标尺黑、红面读数差 (13) = k_1 + (3) − (8) ；

前视标尺黑、红面读数差 (14) = k_2 + (6) − (7) ；

黑面高差(15)=(3)-(6)；

表 5.3　　　　　　　　　　　　**三、四等水准测量手簿**

测站编号	后尺 下丝 / 上丝 后距 视距差 d	前尺 下丝 / 上丝 前距 $\sum d$	方向及尺号	标尺读数 黑面	标尺读数 红面	K+黑减红	高差中数	备注
	(1)	(4)	后	(3)	(8)	(13)		
	(2)	(5)	前	(6)	(7)	(14)	(18)	H_A = 70.123
	(9)	(10)	后-前	(15)	(16)	(17)		H_B = 70.567
	(11)	(12)						K_1 = 4787
1	1571	0739	后	1384	6171	0		K_2 = 4687
	1197	0363	前	0551	5239	-1		
	37.4	37.6	后-前	+0.833	+0.932	+1		
	-0.2	-0.2					+0.8325	
2	2121	2196	后	1934	6621	0		
	1747	1821	前	2008	6796	1		
	37.4	37.5	后-前	-0.074	-0.175	+1		
	-0.1	-0.3					-0.0745	
3	1914	2055	后	1726	6513	0		
	1539	1678	前	1866	6554	-1		
	37.5	37.7	后-前	-0.140	-0.041	+1		
	-0.2	-0.5					-0.1405	
4	1965	2.141	后	1832	6519	0		
	1700	1.874	前	2007	6793	+1		
	26.5	26.7	后-前	-0.175	-0.274	-1		
	-0.2	-0.7					-0.1745	
检核计算	$\sum(9)=138.8$ $\sum(10)=139.5$ 末站(12)=-0.7 总距离 L=278.3		$\sum(3)=6.876$　$\sum(8)=25.824$ $\sum(6)=6.432$　$\sum(7)=25.382$ $\sum(15)=0.444$　$\sum(16)=0.442$ $\sum(17)=+2$　$\sum(18)=+0.443$ $\frac{1}{2}\left(\sum(15)+\sum(16)\right)=0.443$					

红面高差(16)=(8)-(7)；

黑、红面高差之差(17)=(15)-((16)±100mm)=(13)-(14)。

式中：(15) > (16) 为+100mm；(15) < (16) 为-100mm。

高差中数(18)=((15)+(16)±100mm)/2=(15)-(17)/2。

注意：(1)每站高差中数精确至0.1mm；

(2)每段高差中数精确至1mm。

5.6.2 三、四等水准测量的技术要求

在进行三、四等水准测量时应满足以下技术要求。

(1)三等水准测量采用中丝读数法进行往返测。当使用有光学测微器的水准仪和线条式铟瓦水准尺观测时，也可进行单程双转点观测。

(2)四等水准测量采用中丝读数法进行单程观测。支线必须往返测或单程双转点观测。

(3)三、四等水准测量，采用单程双转点法观测时，在每一转点处，安置左右相距0.5m的两个尺台，相应于左右两条水准路线。每一测站按规定的观测方法和操作程序，首先完成右路线的观测，而后进行左路线的观测。

(4)四等水准测量一般采用双面尺法观测，在一个测站上的技术要求见表5.1。

(5)三、四等水准测量的主要技术要求见表5.4所示

表5.4 三、四等水准测量的主要技术要求

等级	水准仪	水准尺	路线长度(km)	观测次数		往返较差、闭合差	
				与已知点联测	附合或环线	平地(mm)	山地(mm)
三	DS_1	铟瓦	≤50	往 返 各一次	往一次	$12\sqrt{L}$	$4\sqrt{n}$
	DS_3	双面			往 返 各一次		
四	DS_3	双面	≤16	往 返 各一次	往一次	$20\sqrt{L}$	$6\sqrt{n}$

(6)在三、四等水准测量作业中为抵消水准尺磨损而造成的标尺零点差，要求每一测段的测站数为偶数站。五等水准测量奇、偶站数均可。

5.7 水准路线和高程计算

本节介绍单一水准测量路线的形式和高程计算的方法。

5.7.1 水准路线

水准路线是在水准点间进行水准测量所经过的路线。根据已知水准点的分布情况和实

际需要，水准路线一般可以布设成闭合水准路线、附合水准路线和支水准路线。

1. 闭合水准路线

由一个已知高程的水准点 BM_1 出发，沿各高程待定点1，2，…，n 进行水准测量，最后仍回到原水准点 BM_1，此种路线称为闭合水准路线(如图5.17所示)。对于闭合水准路线测量，各段高差之和(实测值)理论上应等于零(理论值)。

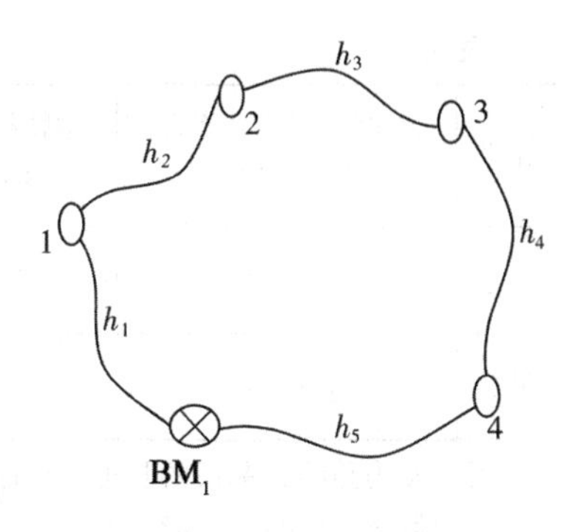

图5.17　闭合水准路线

2. 附合水准路线

由一个已知高程的水准点 BM_1 出发，沿各高程待定点1，2，…，n 进行水准测量，最后附合到另一个水准点 BM_2，此种路线称为附合水准路线，如图5.18所示。对于附合水准路线测量，各段高差之和(实测值)理论上应等于两端已知水准点间的高差(理论值)。

3. 支水准路线

由一个已知高程的水准点 BM_1 出发，沿各高程待定点1，2，…，n 进行水准测量，其路线既不闭合也不附合，此种路线称为支水准路线，如图5.19所示。对于支水准路线测量，应进行往返测，往返测所得的高差绝对值相等，符号相反，即 $\sum h_{往} + \sum h_{返} = 0$。

由于测量误差的影响，使得实测高差(实测值)与理论值之间有一个差值，这个差值称为闭合差。

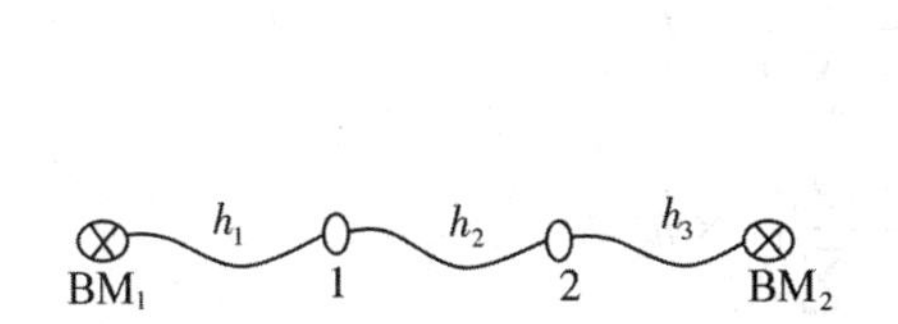

图5.18　附合水准路线

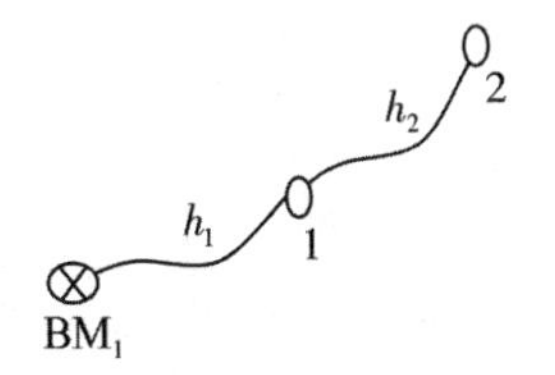

图5.19　支水准路线

5.7.2　高程计算

在水准测量高程计算前一定要首先检查原始测量记录手簿内的计算是否正确、是否符合测量限差。在原始记录手簿中计算无误、单站不超限的情况下进行高程计算。高程计算主要分为以下几个步骤：

1. 计算高差闭合差及允许值

(1)闭合水准路线高差闭合差 $f_h = \sum h_{测}$；

(2)附合水准路线闭合差 $f_h = \sum h_{测} - \sum h_{理} = \sum h_{测} - (H_{终} - H_{始})$；

(3)支水准路线闭合差 $f_h = \sum h_{往} - \sum h_{返}$。

闭合差产生的原因很多，但数值必须在一定限值内。根据《国家三、四等水准测量规范》(GB12898—91)规定，水准测量闭合差限差如表 5.5 所示。

表 5.5 水准测量闭合差限差要求

等级	测段、路线往返测高差不符值	测段、路线的左、右路线高差不符值	附合路线或环线闭合差		检测已测测段高差的差
			平原	山区	
三等	$\pm 12\sqrt{K}$	$\pm 8\sqrt{K}$	$\pm 12\sqrt{L}$	$\pm 15\sqrt{L}$	$\pm 20\sqrt{R}$
四等	$\pm 20\sqrt{K}$	$\pm 14\sqrt{K}$	$\pm 20\sqrt{L}$	$\pm 25\sqrt{L}$	$\pm 30\sqrt{R}$

注：K 为路线或测段的长度，km；

L 为附合水准路线(环线)长度，km；

R 为检测测段长度，km；

山区指高程超过 1 000m 或路线中最大高差超过 400m 的地区。

根据《水利水电测量规范》规定，等外水准高差闭合差的允许值为：

平地 $f_{h允} = \pm 40\sqrt{L}$ (mm)；　　山地 $f_{h允} = \pm 12\sqrt{n}$ (mm)

2. 高差闭合差的调整

当闭合差在允许值范围之内时，进行闭合差调整。附合或闭合水准路线高差闭合差的分配原则是将闭合差按距离或测站数按“正比、反号”改正到各测段的观测高差上。高差改正计算公式如下：

$$V_i = -\frac{f_h}{\sum L} \times L_i$$

或

$$V_i = -\frac{f_h}{\sum N} \times n_i$$

式中：V_i 表示测段高差的改正数，单位是 m；

f_h 表示高差闭合差，单位是 m；

$\sum L$ 表示水准路线总长度，单位是 m；

L_i 表示测段长度，单位是 m；

$\sum N$ 水准路线测站数总和；

n_i 表示测段测站数。

高差改正数的总和应与高差闭合差大小相等，符号相反，即 $\sum V_i = -f_h$。

用上式检核计算的正确性。

3. 计算各点高程

根据各段高差观测值加上相应的高差改正数，求出各段改正后的高差，即 $h_i = h_{测} + V_i$。对于支水准路线，当闭合差符合要求时，可按 $h = \frac{h_{往} - h_{返}}{2}$ 计算各段平均高差。

根据改正后的高差，由起点高程沿路线前进方向逐一推算出其他各点的高程。最后一个已知点的推算高程应等于该点的已知高程。

算例：图 5.20 为一附合水准路线，III_1和III_2为已知水准点。测得是各段高差和路线长，试计算待定点 BM_1和 BM_2两个水准点的高程。

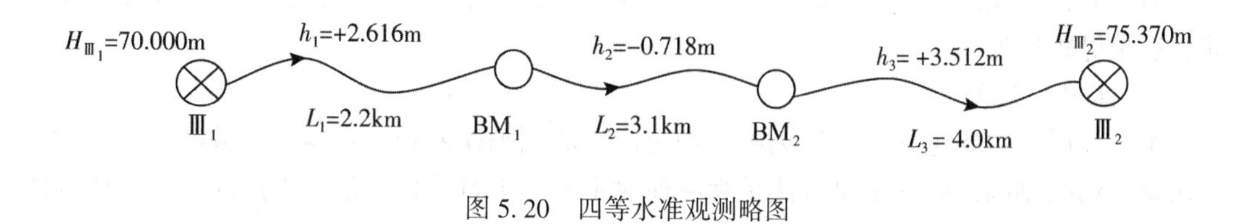

图 5.20　四等水准观测略图

根据高程计算的步骤，计算出该例的结果如表 5.6 所示。

表 5.6　**四等水准高程计算表**

点号	距离（km）	观测高差（m）	改正数（m）	改正后高差（m）	高程（m）	备注
III_1					70.000	
	2.2	+2.616	−0.009	+2.607		
BM_1					72.607	
	3.1	−0.718	−0.013	−0.731		
BM_2					71.876	
	4.0	+3.512	−0.018	+3.494		
III_2					75.370	
			−0.040			
$\sum$	9.3	+5.410		+5.370		
计算及检核	$f_h = H_{\mathrm{III}_1} + \sum h - H_{\mathrm{III}_2} = +40\text{mm}$ $f_{h_{允}} = \pm 20\sqrt{L} = \pm 69.2\text{mm}$　　$\lvert f_h \rvert < \lvert f_{h_{允}} \rvert$					

5.8　测量误差与预防

本节内容主要介绍水准测量作业中的常见误差和预防及减弱或抵消的方法。

在测量工作中误差是不能全部消除的，误差来源总体可归纳为仪器误差、观测误差、外界条件的影响三种。水准测量工作中的误差和预防措施主要包括以下几个方面：

1. 仪器误差

(1) i 角误差。

水准测量仪器误差主要来源是望远镜的视准轴与水准管轴不平行而产生的 i 角误差。在一站观测时将仪器安置于距前、后尺相等处，即可消除或减弱 i 角误差的影响。

(2)对光误差。

对光时，透镜产生非直线移动而改变视线位置，产生误差。消减方法：仪器安置于距前、后尺等距离处。

(3)水准尺误差。

水准尺误差主要包括水准尺刻画不均匀产生的刻画误差和因水准尺下端磨损产生的零点误差。消减刻画误差的主要方法是观测前对水准尺进行检校，消减零点误差的主要方法是使测站数是偶数。

2. 观测误差

观测误差主要是因观测者造成的，可以通过规范作业减小或消除。观测误差主要包括以下几个方面：

(1)整平误差。

整平误差是因为观测者未对水准仪精确整平而直接读数导致的误差。预防措施是严格整平，在读数前，使符合水准气泡精确吻合，且吻合稳定后进行果断的读数。

(2)读数误差。

读数误差主要有视差和估读毫米数不准两个。预防措施是在观测读数时消除视差(反复调节目镜和物镜调焦螺旋直到眼睛对目镜上下移动时十字丝横丝所对读数不发生变化为止)。估读误差主要通过提高放大倍率、限制视线长度来减弱。

(3)水准尺倾斜误差。

在水准测量时，因水准尺倾斜，致使读数偏大产生误差。减少误差的方法是认真扶直水准尺(可附加尺撑、圆水准器，使水准尺尽量竖直)。

3. 外界条件的影响

(1)仪器和水准尺升、沉的影响。

因仪器和水准尺自身有重量，且接触的地面有弹性，在水准测量时，仪器和水准尺可能有上升或下沉现象，致使在不同时间的读数不同，而产生观测误差。

在水准测量时，可认为仪器和水准尺随时间成正比均匀下沉或上升。对仪器升沉差，可以通过两次观测(第二次观测先观测前视尺，再观测后视尺，即“后、前、前、后”的观测程序)取两次高差的平均值来消除；对转站时尺垫下沉或上升产生的误差，可以通过往返测，取往返测两个高差的平均值来消除误差的影响。

(2)地球曲率的影响。

由于水准仪提供的是水平视线，因此后视和前视读数中分别含有地球曲率误差 l_1 和 l_2，所以两点的高差为：$h_{AB} = (a - l_1) - (b - l_2)$。

只要将仪器安置于 A、B 中点，则：$l_1 = l_2, h_{AB} = a - b$，可消除地球曲率的影响。

(3)大气折光的影响。

因大气层密度不同，对光线产生折射，使视线产生弯曲，而导致水准测量时产生误差，视线越长、视线离地面越近，光线的折射也就越大。减弱大气折光的影响的办法是缩短视线、使视线离地面有一定高度(一般规定视线高出地面0.2m)，前、后视距相等。

(4)日照及风力引起的误差。

日照强烈或风力过大，对水准测量影响非常大，减弱的方法是选择好的天气测量，给仪器打伞遮光。

各项误差对测量结果是综合影响的。在水准测量时，应从仪器、测量人员和环境条件来综合提高测量精度。

5.9 水准测量仪器的常规检验与校正

本节主要介绍水准仪应满足的几何条件和常规检验与校正的方法。

1. 水准仪应满足的几何条件

水准仪的主要轴线有四条(如图5.21所示)：仪器的竖轴(VV)、圆水准器轴($L'L'$)、水准管轴(LL)和望远镜的视准轴(CC)。在水准测量前必须对水准仪及水准尺进行检验，使水准仪的各轴线满足规范规定的技术标准。

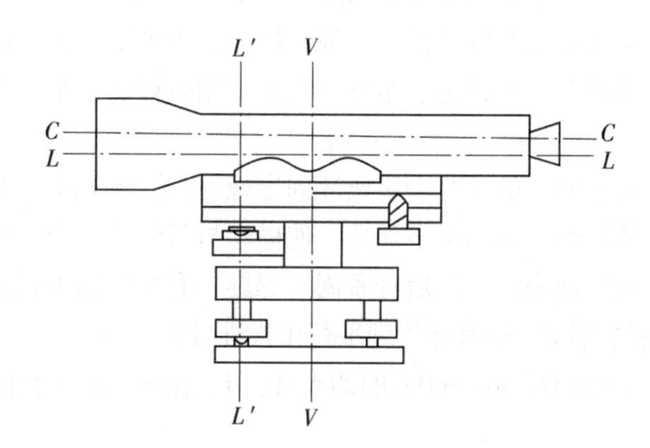

图5.21 水准仪的轴线关系

(1)水准仪应满足的主要条件。

水准仪满足的主要条件有两个：一是水准管轴应与视准轴平行($LL//CC$)；二是望远镜的视准轴不因调焦而变动位置。第一个主要条件的要求如果不满足，那么水准管气泡居中后，水准管轴已经水平而视准轴却未水平，不符合水准测量基本原理的要求。如果望远镜在调焦时视准轴位置发生变动，就不能设想在不同位置的许多条视线都能够与一条固定不变的水准管轴平行，所以除第一个条件外还应满足第二个主要条件。望远镜的调焦在水准测量中是绝不可避免的，因此必须提出此项要求。

(2)水准仪应满足的次要条件。

水准仪应满足的次要条件也有两个：一是圆水准器轴应与水准仪的竖轴平行($L'L'/VV$)；二是十字丝的横丝应当垂直于仪器的竖轴。

第一个次要条件的目的在于能迅速地整置好仪器，提高作业速度。也就是当圆水准器的气泡居中时，仪器的竖轴已基本处于竖直状态，使仪器旋转至任何位置都易于使水准管的气泡居中。第二个次要条件的目的是当仪器竖轴已经竖直，那么在水准尺上读数时不必严格用十字丝的交点面，可以用交点附近的横丝读数。

水准仪出厂时经过检验是满足上述关系的，但由于运输中的震动和长期使用的影响，各轴线的关系可能发生变化，因此作业之前，必须对仪器进行检验校正。

2. 水准仪的检验与校正

(1)圆水准器轴平行于仪器竖轴的检验。

转动脚螺旋使圆水准器气泡居中，然后将仪器旋转 180°，若气泡仍居中，说明此项条件满足；若气泡偏离中心位置，说明此项条件不满足，需要校正。

校正方法：在仪器旋转 180°后气泡偏离中心位置时，用校正针拨动圆水准器下面的 3 个校正螺丝，使气泡退回偏离中心距离的一半，再旋转脚螺旋使气泡居中，让仪器重新旋转 180°，按上述方法再调校正螺丝，再用脚螺旋使气泡居中，反复进行，直到仪器旋至任何位置气泡都居中为止。

(2)十字丝横丝的检验与校正(校正后使十字丝横丝垂直于仪器的竖轴)。

仪器整平后，从望远镜视场内选择一清晰目标点，用十字丝交点照准目标点，拧紧制动螺旋。转动水平微动螺旋，若目标点始终沿横丝作相对移动，则表明十字丝横丝不垂直于竖轴，需要校正。

校正方法：松开目镜座上的 3 个十字丝环固定螺丝(有的仪器须卸下十字丝环护罩)，松开 4 个十字丝环压环螺丝。转动十字丝环，使横丝与目标点重合，再进行检验，直到目标点始终在横丝上相对移动为止，最后拧紧固定螺旋，有护罩的盖好护罩。

(3)水准管轴的检验校正(使水准管轴平行于视准轴)

在一平坦地面上选择相距 80~100m 的两点 A、B。在 A、B 两点打入木桩，在木桩上竖立水准尺。

将水准仪安置在 A、B 两点的中间，使前、后视距相等，如图 5.22(a)所示，精确整平仪器后，依次照准 A、B 两点上的水准尺读数，设读数分别为 a_1 和 b_1，因前、后视距相等，所以抵消了 i 角误差的影响，即由 a_1、b_1 算出的高差是正确高差。

将仪器移至离 B 点约 3m 处，如图 5.22(b)所示。精确整平仪器后，读取 B 尺读数 b_2，由于仪器离 B 点很近，i 角对 b_2 的影响很小，b_2 可认为是正确读数。根据正确高差可求出 A 尺的正确读数为 $a_2' = h_1 + b_2$；设 A 尺的实际读数为 a_2，若 $a_2' = a_2$，说明满足条件。当 $a_2 > a_2'$ 时，说明视准轴向上倾斜；$a_2 < a_2'$，则视准轴向下倾斜。以距离 100m 为例，若施测时前后视距控制严格。当 $|a_2' - a_2| > 10$mm 时需要校正；若施测时前后视距控制不严格，当 $|a_2' - a_2| > 4$mm 时需要校正。

校正方法：水准仪不动，转动微倾螺旋使十字丝的横丝切于 A 尺的正确读数 a_2' 处，此时视准轴水平，但水准管气泡偏离中心。用校正针先松开水准管的左右校正螺丝，然后拨动上下校正螺丝，一松一紧，升降水准管的一端，使气泡居中。此项检验需反复进行，

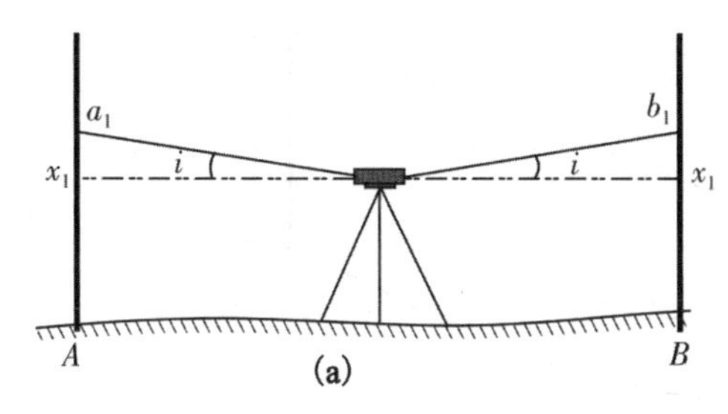

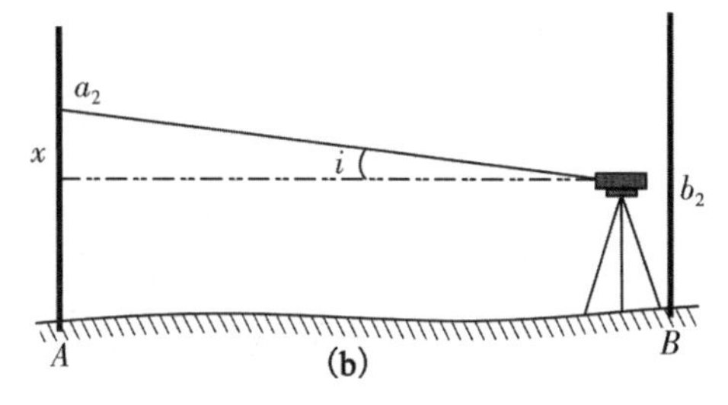

图 5.22　水准管轴的检验

直到符合要求后，拧紧松开的校正螺丝。

对于自动安平水准仪，当 i 角误差不大时，可用十字丝进行校正，方法是：水准仪照准 A 尺不动，旋下十字丝环护罩，微松左右两个十字丝环校正螺丝，用校正针拨动上下两个十字丝环校正螺丝，一松一紧，直至十字丝横丝照准正确读数 a_2' 为止。若 i 角误差较大，利用上述方法不能完全校正时，应交专业维修人员处理。

注意：校正螺丝应先松后紧。

5.10　三角高程测量

本节主要介绍三角高程测量的原理和观测方法、技术要求及特点。

对于山地或丘陵地形起伏很大的测区，用水准测量方法进行高程测量进程会非常缓慢，甚至非常困难，在对高程测量精度要求不是很高时，常采用三角高程测量的方法进行高程测量。使用电磁波测距三角高程测量时，宜在平面控制点的基础上布设成三角高程网或高程导线。

1. 三角高程测量原理

如图 5.23 所示，在 A 点架设全站仪(或经纬仪)，B 点竖立觇标，照准量取觇标时，测出的竖直角为 α，量出仪器高为 i，觇标高为 V，设 A、B 两点间的水平距离为 D(D 可测出或由平面坐标反算求出)。

由图 5.23 可知：

$$h_{AB} + V = D \cdot \tan\alpha + i$$

$$h_{AB} = D \cdot \tan\alpha + i - V$$

如果 A 点的高程已知，设其为 H_A，则 B 点的高程为：

$$H_B = H_A + h_{AB} = H_A + D \cdot \tan\alpha + i - V$$

上式适用于 A、B 两点距离较近(小于 300m)，此时水准面可近似看成平面，视线视为直线。当地面两点间的距离 D 大于 300m 时，就要考虑地球曲率及观测视线受大气垂直折光的影响。地球曲率对高差的影响称为地球曲率差，简称球差。大气折光引起视线成弧线的差异，称为气差。设 MM' 为大气折光的影响，EF 为地球曲率的影响。则由上式可以

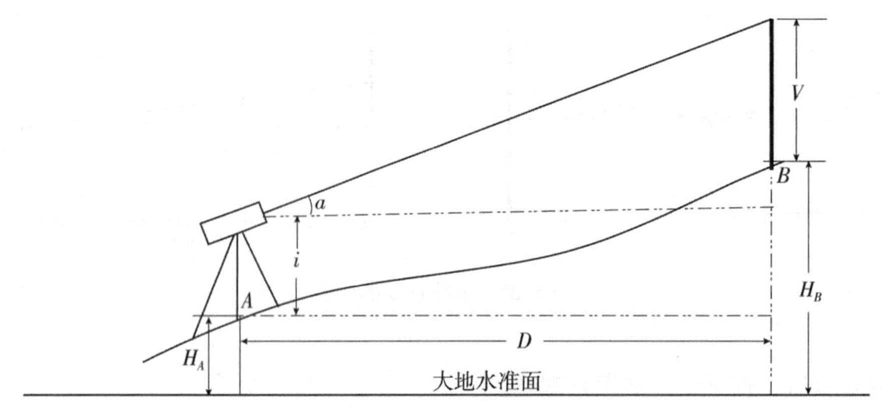

图 5.23　三角高程测量原理

得到：

$$h_{AB} + V + MM' = D \cdot \tan\alpha + i + EF$$

令 $f = EF - MM'$，称为球气差，整理上式得：

$$h_{AB} = D \cdot \tan\alpha + i - V + f$$

上式即为受球气差影响的三角高程计算高差的公式，f 为球气差的联合影响。球差的影响为 $EF = \dfrac{D^2}{2R}$，但气差的影响较为复杂，它与气温、气压、地面坡度和植被等因素均有关。在我国境内一般认为气差是球差的 $\dfrac{1}{7}$，即 $MM' = \dfrac{D^2}{14R}$，所以球气差 f 的计算式为：

$$f = EF - MM' = \frac{D^2}{2R} - \frac{D^2}{14R} \approx 0.43\frac{D^2}{R} \approx 0.07D^2$$

式中：D 表示地面两点间的水平距离，以 100m 为单位；R 表示地球平均半径，取 6371km；f 表示球气差，以 cm 为单位。取不同的 D 值时球气差 f 的数值列于表 5.7 中，用时可直接查取。

表 5.7　　**球气差表**

D (100m)	1	2	3	4	5	6	7	8	9	10
f (cm)	0.1	0.3	0.6	1.1	1.7	2.5	3.4	4.5	5.7	7.0

由上表可知，当两点水平距离 D<300m 时，其影响不足 1cm，故一般规定当 D<300m 时，不考虑球气差的影响。当 D>300m 时，才考虑其影响。

2. 三角高程测量的观测

(1)安置仪器于测站，量取仪器高 i 和标高 v。按《工程测量规范》(GB50026—2007)

要求，使用电磁波测距时，仪器和觇牌高度量取应在观测前后各量取一次，并精确至1mm，取其平均值作为最终高度。使用经纬仪测量时，读至0.5cm，量取两次的结果之差不超过1cm，取平均值后取至cm计入表5.8中。

(2)用仪器十字丝横丝瞄准目标，读取竖盘读数，观测一测回，将竖直角记入表5.8。使用经纬仪时，将竖盘水准管气泡居中再读数。

(3)在表5.8中计算高差和高程，使用电磁波测距三角高程测量时，高程成果的取值应精确至1mm。

3. 三角高程测量的主要技术要求

(1)三角高程测量两点距离较远时，应考虑加两差改正。

(2)两点间对向观测高差取平均，能抵消两差影响。

(3)三角高程测量通常用于代替等外水准测量，而不用于代替等级水准测量。

(4)三角高程可采用闭合、附合路线的形式，或布设成几个方向交会的独立高程点。三角高程测量主要技术要求见表5.9（h为基本等高距）。若采用电磁波测距进行三角高程测量，其主要技术指标见表5.10和表5.11所示。

表5.8　**三角高程观测计算表**

待求点	B	
起算点	A	
觇法	直觇	反觇
平距 D/m	341.23	341.23
竖直角 α	14°06′30″	13°19′00″
$D\tan\alpha$ /m	+85.76	−80.77
仪器高 i/m	+1.31	+1.43
标杆高 V/ m	−3.80	−4.00
两差改正/m	+0.01	+0.01
高差/m	+83.37	−83.24
平均高差/m	+83.30	
起算点高程/m	279.25	
待求点高程/m	362.55	

表 5.9　　　　　　　　　　　**三角高程测量技术要求**

高程测量方法	竖直角观测			对向观测高差不符值		线路闭合差或独立交会点的高差较差(m)	配赋方法
	仪器类型	测回数	测回差及指标差之差(")	小于 300m 的边(cm)	大于 300m 的边(cm)		
代替五等水准	DJ_2	3	15		1	$\frac{1}{7}h$	按边长成正比例
	DJ_6	6	24				
三角高程路线	DJ_2	1	15	9	3	$\frac{2}{7}h$	按边长成正比例
	DJ_6	2	24				
独立交会点高程	DJ_2	1	15	9	3	$\frac{1}{7}h$	取中数
	DJ_6	2	24				

表 5.10　　　　　　　　**电磁波测距三角高程测量的主要技术要求**

等级	每千米高差全中误差(mm)	边长(km)	观测方式	对向观测高差较差(mm)	附合或环形闭合差(mm)
四等	10	≤1	对向观测	$40\sqrt{D}$	$20\sqrt{\sum D}$
五等	15	≤1	对向观测	$60\sqrt{D}$	$30\sqrt{\sum D}$

表 5.11　　　　　　　**电磁波测距三角高程测量观测的主要技术要求**

等级	垂直角观测				边长测量	
	仪器精度等级	测回数	指标差较差(″)	测回较差(″)	仪器精度等级	观测次数
四等	2″级仪器	3	≤7″	≤7″	10mm 级仪器	往返各一次
五等	2″级仪器	2	≤10″	≤10″	10mm 级仪器	往一次

本 章 小 结

水准测量是高程测量中最基本、最精密的、也是最重要的一种方法。

水准测量是利用水准仪提供的水平视线在水准尺上读数，直接测定地面上两点间的高差，然后根据已知点高程及测得的高差推算待定点高程的一种方法。

进行水准测量所用的仪器是水准仪，其构造主要有望远镜、水准器和基座三个部分组成。其中，水准仪分为光学水准仪和电子水准仪。随着价格的降低，电子水准仪已经在慢慢普及。光学水准仪的使用包括仪器安置、精平、瞄准、精平、读数记录五个步骤。在进行水准测量之前，要进行水准仪的检验与校正。其中，水准管平行于视准轴的检验与校正是重点内容。

在外业进行水准测量，最重要的是要掌握“一测站”的观测、记录和计算方法。三、四等水准测量每一测站都有固定的观测程序。三等水准测量严格按照“后—前—前—后”的观测程序进行，四等水准测量可以按照“后—前—前—后”或“后—后—前—前”的观测程序进行。同时，水准测量一般按照一定的水准路线施测。水准路线主要有闭合水准路线、附合水准路线和支水准路线。

水准测量外业结束后即可进行内业计算。内业计算的目的是合理地调整高差闭合差，计算出待定点的高程。内业计算主要按以下几个步骤进行：首先计算高差闭合差，并与高差闭合差的允许值进行比较，在其符合要求的情况下进行后续计算；然后将高差闭合差按水准路线距离或测站数成比例、反号平均分配到各测段中；计算各测段改正后的高差；最后计算出待定点的高程。

三角高程测量也是高程测量的一种主要方法。在满足一定的观测条件和技术要求的情况下，电磁波三角高程测量可以代替四等水准测量。在本章中，介绍了三角高程测量的原理、外业工作和内业计算方法。

在学习中，要熟练掌握水准仪的操作、读数、一个测站的观测技术与方法。熟悉各等级水准测量的技术要求，熟练掌握等外水准测量及三、四等水准的计算方法。熟练掌握三角高程测量的外业观测与内业计算方法。

习题和思考题

1. 简述水准测量原理。
2. 什么是视差？产生视差的原因是什么？怎样消除视差？
3. 转点在水准测量中起到什么作用？
4. 水准仪主要轴线之间应满足什么条件？水准仪应满足的主条件是什么？
5. 水准测量时，前、后视距相等可消除哪些误差？

6. 简述水准测量中的计算校核和测站检核方法。

7. 数字水准仪主要有哪些特点？

8. 设 A 为后视点，B 为前视点，A 点的高程是 20.123m。使用水准进行观测，当后视读数为 1.456m，前视读数为 1.579m，问 A、B 两点的高差是多少？B、A 两点的高差又是多少？绘图说明 B 点比 A 点高还是低？B 点的高程是多少？

9. 四等水准测量有哪些限差要求？

10. 水准点和转点各起什么作用？

11. 将图 5.24 的数据填入表 5.12，并计算各点高差及 B 点高程。

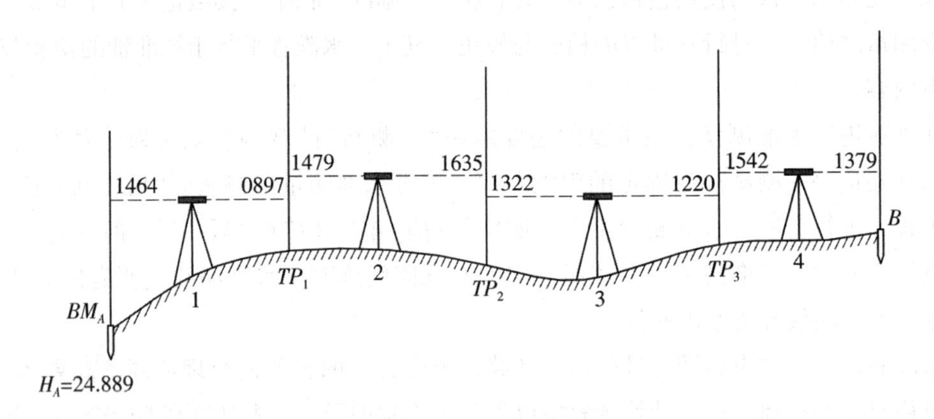

图 5.24　水准测量示意

表 5.12　　**等外水准测量**

测站	测点	水准标尺读数		高差(m)	高程(m)	备注
		后视 a	前视 b			

12. 调整表 5.13 中附合水准路线的观测成果，并计算各点高程。

表 5.13　**附合水准路线的计算**

点号	距离 l_i /km	实测高差 h_i /m	高差改正数 v_i /m	改正后高差 $h_{改}$/m	高程 H/m	备注
BM_A					57.967	
	0.7	+4.363				
1						
2	1.3	+2.413				
3	0.9	−3.121				
4	0.5	+1.263				
5	0.6	+2.716				
BM_B	0.8	−3.715			61.819	

13. 调整图 5.25 所示闭合水准路线的观测成果，并计算各点高程。

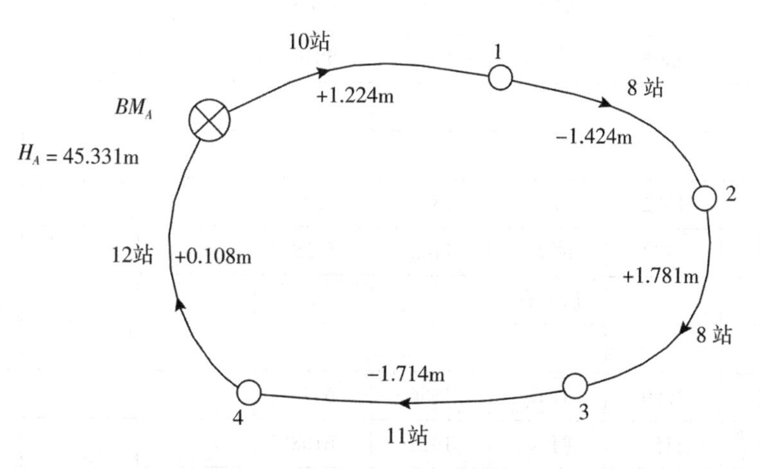

图 5.25　闭合水准路线计算示意

14. 水准测量受哪些误差影响？应如何予以减弱或消除？
15. 简述三角高程测量的原理。
16. 简述三角高程测量的观测程序。
17. 四等电磁波测距三角高程测量观测的主要技术要求有哪些？
18. 电磁波测距三角高程测量的主要误差有哪些？如何减小或消除？
19. 计算完成表 5.14 中四等水准外业观测成果(K_1 = 4687，K_2 = 4787)。

表 5.14　　　　**四等水准测量记录表**

测站编号	后尺 下丝 上丝 后距(m) 视距差 d(m)	前尺 下丝 上丝 前距(m) $\sum d$(m)	方向及尺号	标尺读数(mm) 黑面	红面	K+黑减红(mm)	高差中数(mm)	备注
1	1568	1409	后 K_2	1298	6084			$K_1=4687$ $K_2=4787$
	1023	0856	前 K_1	1135	5820			
			后—前					
2	2108	1947	后 K_1	1895	6584			
	1687	1524	前 K_2	1736	6524			
			后—前					
3	1785	1411	后 K_2	1520	6309			
	1264	0896	前 K_1	1152	5840			
			后—前					
4	1958	1562	后 K_1	1540	6230			
	1124	0723	前 K_2	1143	5928			
			后—前					
5	1852	1689	后 K_2	1586	6374			
	1321	1153	前 K_1	1421	6108			
			后—前					
			后 K_2					
			前					
			后—前					

第6章　测量误差与数据处理基础

【**教学目标**】本章介绍测量误差与数据处理的基本知识，主要包括测量误差的概念、产生的原因和分类、衡量观测值精度的标准。重点讲述了测量误差传播定律理论。按等精度观测和不等精度观测分别讨论了测量平差值的计算方法。

学习本章，要了解误差的基本概念；掌握产生误差的原因、误差的分类及特性；掌握误差传播定律；掌握等精度和不等精度测量平差值的计算，并能根据观测结果评判测量成果的精度。

6.1　测量误差理论的概述

本节主要介绍测量误差的概念；测量误差产生的原因；误差的分类、特性及衡量观测值精度的标准。要求学生了解误差的概念、误差产生的原因，掌握误差的分类、特性；能利用中误差、允许误差、相对误差等衡量测量精度的常用指标进行精度评定；能根据观测结果利用中误差、相对误差和极限误差评判测量成果的优劣。

6.1.1　测量误差

在测量工作中，当对某一未知量进行多次观测时，无论测量仪器多么精密，观测进行得多么仔细，其结果总是存在差异。例如，对某一角度、两点间的高差或距离等进行多次重复观测时，所测得的各次结果往往存在差异；又如，对三角形的三个内角进行观测，每次测得的三个内角观测值之和常常不等于180°；在水准测量中，对闭合水准路线每段高差进行测量，所测得闭合水准路线高差闭合差不等于0等，这些现象都说明了测量结果不可避免地存在误差。

在测量中采用一定的仪器、工具和方法，对各种地物、地貌的几何要素进行量测，通过量测获得的数据称为观测值；被量测几何要素的真实值称为真值；观测值与其真值或应有值之差，称为真误差。即：

真误差=观测值-真值

设某量的真值为X，第i次观测值为l_i，则真误差Δ_i为：

$$\Delta_i = l_i - X \quad (i=1,\ 2,\ \cdots,\ n) \tag{6-1}$$

6.1.2　测量误差产生的原因

大量的测量实践证明，任何测量工作都会受到各种不利因素的影响，致使观测值中含有各种误差。误差是客观存在、不可避免的，对测量误差进行分析是测量工作中的重要内容之一。误差产生的原因是多种多样的，概括起来分为以下三个方面：

1. 仪器工具的影响

测量工作通常是利用测量仪器进行的，而仪器的制造和校正不可能十分完善，如仪器各轴线间的几何关系不能完全满足要求，尽管经过了检验校正，但仍有残余误差存在；另外，不同类型的仪器有着不同的精度，使用不同精度的仪器进行观测引起的误差大小也不相同，因而导致观测值的精度受到一定的影响，不可避免地存在误差。

2. 人的因素

由于观测者感觉器官的鉴别能力有一定的局限性，所以，在仪器的安置、照准、读数等方面都会产生误差。同时，观测者的工作态度、技术水平和习惯，也会直接影响观测成果质量。

3. 外界条件的影响

观测时所处的外界环境，如温度、湿度、气压、大气折光、风力等因素是随时变化的，这些因素都会对观测结果直接产生影响。例如温度的变化会影响钢尺的伸缩，因而在这种变化的外界条件中进行观测，其结果必然包含有误差。

综上所述，仪器工具、人为因素、外界条件这三方面的因素是引起测量误差的主要原因。通常将仪器误差、人为误差、外界条件这三方面因素综合起来称为观测条件。观测条件相同的各次观测，称为等精度观测；观测条件不相同的各次观测，称为非等精度观测；观测成果的精确程度称为精度。观测条件的好坏，与观测成果的精度有着密切的联系。一般观测条件好，观测精度高；反之则观测精度低。

6.1.3 测量误差分类

测量误差按其性质可分为系统误差和偶然误差两类。

1. 系统误差。

(1)系统误差的概念。

在相同的观测条件下对某量进行一系列的观测，如果观测误差出现的大小和符号均相同或按一定的规律变化，这种误差就称为系统误差。

系统误差的产生，主要是由于测量仪器和工具制造不严密或校正不完善引起的。例如，在钢尺量距时，钢尺的名义长度为50m，经检定后，其实际长度为49.994m。用该尺丈量距离时，每量一整尺，就比实际长度量长了6mm，这6mm的误差，其数值的大小和符号是固定的，丈量的距离愈长，误差也就愈大；又如，用视准轴不平行于水准管轴的水准仪进行水准测量时，尺上读数总是偏大或偏小，这种误差的大小与水准尺至水准仪的距离成正比，该误差保持同一符号，数值按一定的规律变化，这些误差都属于系统误差。

(2)系统误差的特性。

①大小(绝对值)为一常数或按一定规律变化。

②符号保持不变。

③系统误差具有积累性，不能相互抵消，对测量成果影响较大。

(3)消除或减小系统误差的措施

①测定仪器误差，通过计算对观测值加以改正。如钢尺量距时，先对钢尺进行检定，

求出尺长改正数，然后对所量得的距离进行尺长改正，来消除尺长误差的影响。

②采用合理的观测方法，消除或减弱系统误差对观测值的影响。如在水准测量中，采用中间水准测量的方法可消除视准轴不平行于水准管轴所引起的高差误差；在水平角测量中，用盘左、盘右观测取平均值的方法，可消除经纬仪视准轴不垂直于横轴、横轴不垂直于竖轴及照准部偏心差等误差对水平角的影响；在三角高程测量中，可采用正觇、反觇消除地球曲率和大气折光对高差的影响等。

③将系统误差限制在允许范围内。有的系统误差既不便于计算改正，又不能采用一定的观测方法加以消除，如经纬仪照准部水准管轴不垂直于仪器竖轴的误差对水平角的影响。对于这类系统误差，只能按规定对仪器进行精确地检校，并在观测中仔细整平，将其影响减小到允许范围内。

2. 偶然误差

(1)偶然误差的概念。

在相同的观测条件下，对某未知量进行一系列观测，如果观测误差的数值大小和符号都不相同，从表面上看没有规律性，但就大量误差的总体而言，具有一定的统计规律性，这种误差称为偶然误差。

偶然误差的产生，是由于仪器误差、人为因素和外界条件等多方面因素引起的。例如，在用经纬仪测角时，用望远镜的十字丝照准目标，由于望远镜的分辨率、放大倍率的限制以及空气的透明度、目标的折射率等因素的影响，照准目标可能偏左或偏右产生照准误差；安置经纬仪时，对中不可能绝对准确而产生的对中误差；在距离丈量和水准测量中，读数时，在尺上估读末尾数字总是忽大忽小，产生读数误差等，这些误差均属于偶然误差。

(2)偶然误差的特性。

偶然误差从表面上看其大小和符号没有规律性，但在相同的条件下对某量进行大量的重复观测，可看出大量偶然误差呈现一定的规律性，而且重复次数越多，其规律性也越明显。

通过对大量测量观测结果的研究、统计，归纳出偶然误差具有如下特性：

①有限性：在一定观测条件下的有限次观测中，偶然误差的绝对值不会超过一定的限值。

②集中性：绝对值小的偶然误差，比绝对值大的偶然误差出现的机会多。

③对称性：绝对值相等的正、负偶然误差，出现的机会相等。

④抵消性：随着观测次数无限增加，偶然误差的算术平均值趋于零。即：

$$\lim_{n \to \infty} \frac{[\Delta]}{n} = 0 \tag{6-2}$$

式中：n 为观测次数；

$$[\Delta] = \Delta_1 + \Delta_2 + \cdots + \Delta_n \text{。}$$

对于一系列的观测而言，不论其观测条件好还是差，也不论是对同一个量还是对不同的量进行观测，只要这些观测是在相同的条件下独立进行的，则所产生的一组偶然误差必然都具有上述的四个特性。

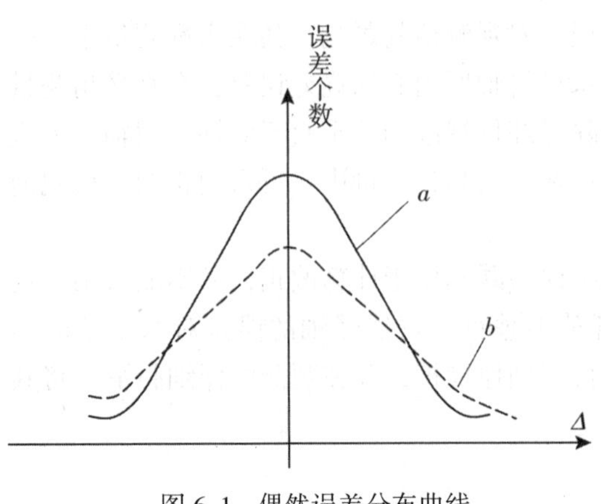

图 6.1　偶然误差分布曲线

为简单而形象地表示偶然误差的上述特性，以偶然误差 Δ 的大小为横坐标，以其误差出现的个数为纵坐标，画出偶然误差大小与其出现个数的关系曲线，如图 6.1 所示，该曲线又称为误差分布曲线。

由图可明显地看出，曲线的峰愈高、愈陡峭，表示误差分布愈密集，观测成果质量越高；反之，曲线的峰愈低、愈平缓，表明误差分布越离散，观测成果质量越低。图 6.1 中，曲线 a 的观测成果质量比曲线 b 的观测成果质量高。

(3) 消除或减小偶然误差的措施。

实践证明，偶然误差不能用计算改正数或采用一定的观测方法简单地加以消除，根据偶然误差的特性，采用增加观测次数，取其算术平均值，可大大减弱偶然误差对观测成果的影响。

3. 粗差

在测量工作中，除了系统误差和偶然误差外，有时还会出现错误。例如：读错、测错或记错等，统称为粗差。

粗差的产生，主要是由于工作中的粗心大意造成的，也可能是仪器自身受外界干扰发生故障引起的等。粗差的存在不仅大大影响测量成果的可靠性，而且往往造成返工浪费，给工作带来难以估量的损失。因此，观测中必须严格按照测量规范进行作业，并进行必要的重复观测及相应的检核。如对高差、距离进行往返测量，尽量防止观测成果中存在粗差。一般粗差不算作观测误差。

在观测中，偶然误差和系统误差是同时产生的，由于系统误差可以采取适当的方法消除和减小，故偶然误差就成为决定观测精度的关键。所以在测量误差理论中主要讨论偶然误差的影响。

6.1.4　衡量观测值精度的标准

精度是观测成果的精确程度，亦指误差分布的密集或离散程度，反映一组观测成果质量的优劣。在实际测量工作中，由于观测结果中存在偶然误差，通常以中误差、相对误差和极限误差作为评定观测值精度的标准。

1. 中误差

设在相同的观测条件下，对某一未知量进行 n 次观测，其观测值分别为 l_1，l_2，…，l_n，将相应各观测值真误差 Δ_i 平方和的平均值的平方根叫做中误差，用 m 表示。即：

$$m = \pm\sqrt{\frac{\Delta_1^2 + \Delta_2^2 + \cdots + \Delta_n^2}{n}} = \pm\sqrt{\frac{[\Delta\Delta]}{n}} \tag{6-3}$$

式中：n 为观测次数；

m 为观测值中误差；

$[\Delta\Delta]$ 为各真误差 Δ_i 的平方和，$[\Delta\Delta] = \Delta_1^2 + \Delta_2^2 + \cdots + \Delta_n^2$。

中误差的大小是以其绝对值来比较的，中误差绝对值较小则精度高；反之精度低。

中误差 m 不是个别观测值的真误差，它仅是真误差的代表值。中误差代表的是一组观测值的精度，它描述了这一组真误差的离散程度。它的特点是突出了较大误差与较小误差的差异程度，使较大误差对观测结果的影响明显地表现出来，真误差愈大，中误差也愈大，因而它是评定观测精度的可靠标准。

例 6.1 两观测小组在相同的观测条件下对某三角形的内角分别进行了 5 次观测，两组各次观测所得真误差(三角形角度闭合差)如下：

第一组：+1″、−6″、+6″、−2″、+3″；

第二组：−1″、−5″、+3″、−2″、+1″。

试计算两组观测值的中误差 m_1、m_2，并指出哪组观测精度高。

解：第一组观测值的中误差 m_1 为：

$$m_1 = \pm\sqrt{\frac{[\Delta\Delta]}{n}} = \pm\sqrt{\frac{86}{5}} = \pm 4.1''$$

第二组观测值的中误差 m_2 为：

$$m_2 = \pm\sqrt{\frac{[\Delta\Delta]}{n}} = \pm\sqrt{\frac{40}{5}} = \pm 2.8''$$

因 $|m_1| > |m_2|$，故第二组观测值的精度比第一组高。

2. 相对误差

凡能表达观测值中所含有误差本身数值大小的误差，称为绝对误差，如真误差、中误差等。绝对误差的大小与被观测量本身的大小无关(如测角误差与角的大小无关)。但当观测误差的大小与观测值的大小相关时，就不能用绝对误差的大小来说明测量精度的高低。

例如分别丈量了 1000m 和 400m 的两段距离，观测值的中误差均为±0.2m，此时不能认为这两段距离的精度相同。应采用另一种标准即用相对误差来衡量观测值的精度。

相对误差是指误差的绝对值与相应观测值之比，通常用分子为 1、分母为整数的形式表示。即：

$$K = \frac{\text{误差的绝对值}}{\text{观测值}} = \frac{1}{N} \tag{6-4}$$

误差的绝对值指中误差、真误差、容许误差、闭合差和较差等的绝对值，它们具有与观测值相同的单位。

如上述距离为 1000m 的相对误差为：$K_1 = \frac{0.2}{1000} = \frac{1}{5000}$；

距离为 400m 的相对误差为：$K_2 = \frac{0.2}{400} = \frac{1}{2000}$；

说明前者精度高于后者。

相对误差用于距离丈量的精度评定，它只是一个比值，是一个相对量，没有单位，而非具体的误差值。

3. 极限误差

极限误差是指在一定的观测条件下规定的测量误差的限值，又称容许误差或限差。

在观测过程中，由于各种因素的影响，偶然误差的存在是不可避免的，但根据偶然误差的有限性可知，在一定的观测条件下，偶然误差的绝对值不会超过一定的界限。

大量的测量实践得出：在一组等精度测量的误差中，绝对值大于1倍中误差的偶然误差，其出现的机率约为32%；而绝对值大于2倍中误差的偶然误差出现的机率约为5%；绝对值大于3倍中误差的偶然误差出现的机率仅为0.3%。由此可认为：在有限的观测次数中，大于3倍中误差的偶然误差几乎是不会出现的。

测量中通常以3倍中误差作为偶然误差的极限误差，用$\Delta_{限}$表示，即：

$$\Delta_{限} = 3\,m \tag{6-5}$$

在某些精度要求比较高的测量中，常采用2倍中误差作为极限误差，即：

$$\Delta_{限} = 2\,m \tag{6-6}$$

在测量规范中，对每项测量工作，根据所使用仪器、测量方法及精度等级，分别规定了相应的容许误差，如果观测值的误差超过了容许误差，相应的成果质量就不符合要求，必须进行重测或舍去相应的观测值。

6.2 测量误差传播定律

本节内容主要介绍误差传播定律的概念；倍数函数、和或差函数、线性函数和一般函数中误差的计算。要求学生通过误差传播定律的学习，掌握独立观测值的中误差与函数值中误差之间的关系定律，运用误差传播定律正确评定间接观测值的精度。

在测量工作中，某些未知量可由直接观测的读数得来，其结果称为直接观测值。例如，水准测量的标尺读数、用钢尺量得的距离等。而某些未知量不可能或不便于直接进行观测，需要利用另外一些量的直接观测值通过某种函数关系间接计算出来，这些量称为间接观测值。例如，水准测量中高差$h = a$（后视读数）$- b$（前视读数），式中间接观测值h是直接观测值a、b的函数。由于各个独立的直接观测值不可避免地存在误差，导致通过函数式计算出的间接观测值也必然存在误差，阐明直接观测值和其函数间误差关系的定律叫做误差传播定律。

误差传播定律揭示了直接观测值中误差和其函数值中误差间内在的规律，是测量误差中最基本、并在测量实际中应用较广泛的定律。

1. 倍数函数的中误差

设函数为：

$$z = kx$$

式中：z为x的函数，未知量的间接观测值；

k为常数；

x为未知量的直接观测值。

当观测值x存在真误差Δ_x时，则函数z也将产生真误差Δ_z，即：

$$z + \Delta_z = k(x + \Delta_x)$$

将以上两式相减，得函数 z 真误差 Δ_z 的表达式为：

$$\Delta_z = k \cdot \Delta_x$$

设对 x 观测了 n 次，x 和 z 产生的相应真误差分别为 Δ_{x_i} 和 Δ_{z_i}，其中 $i=1, 2, \cdots, n$。即：

$$\Delta_{z_1} = k \cdot \Delta_{x_1}$$
$$\Delta_{z_2} = k \cdot \Delta_{x_2}$$
$$\cdots\cdots$$
$$\Delta_{z_n} = k \cdot \Delta_{x_n}$$

将上列等式两边平方求和，并除以 n，得：

$$\frac{[\Delta_z\Delta_z]}{n} = k^2 \frac{[\Delta_x\Delta_x]}{n}$$

根据中误差的定义可知

$$m_z^2 = \frac{[\Delta_z\Delta_z]}{n} \qquad m_x^2 = \frac{[\Delta_x\Delta_x]}{n}$$

$$m_z^2 = k^2 \cdot m_x^2$$

即：

$$m_z = \pm k \cdot m_x \tag{6-7}$$

结论：倍数函数的中误差等于观测值中误差与倍数(常数)的乘积。

例 6.2 设在比例尺为 1：1000 的地形图上量得 A、B 两点间的距离 $d_{AB} = 45.3\text{mm}$，其中误差 $m_d = \pm 0.2\text{mm}$，试计算 A、B 两点间的实地水平距离 D_{AB} 和中误差 m_D。

解： 水平距离 $D_{AB} = 1000 \times d_{AB} = 1000 \times 45.3 = 45300\text{mm} = 45.3\text{m}$

由式(6-7)得：

中误差 $m_D = 1000 \times m_d = 1000 \times (\pm 0.2) = \pm 200\text{mm} = \pm 0.2\text{m}$

$$D_{AB} = (45.3 \pm 0.2)\ \text{m}$$

2. 和或差函数的中误差

设函数为

$$z = x \pm y$$

式中：z 为 x、y 的和或差的函数；

x、y 为彼此独立的可直接观测的未知量。

当观测值 x 和 y 分别带有真误差 Δ_x 和 Δ_y 时，则 z 也将产生真误差 Δ_z，即：

$$z + \Delta_z = (x + \Delta_x) \pm (y + \Delta_y)$$

与上式相减得：

$$\Delta_z = \Delta_x \pm \Delta_y$$

如果对 x、y 分别观测了 n 次，则有：

$$\Delta_{z_1} = \Delta_{x_1} \pm \Delta_{y_1}$$
$$\Delta_{z_2} = \Delta_{x_2} \pm \Delta_{y_2}$$
$$\cdots\cdots$$
$$\Delta_{z_n} = \Delta_{x_n} \pm \Delta_{y_n}$$

将以上各式两端平方，得：

$$\Delta_{z_1}^2 = \Delta_{x_1}^2 + \Delta_{y_1}^2 \pm 2 \cdot \Delta_{x_1} \cdot \Delta_{y_1}$$
$$\Delta_{z_2}^2 = \Delta_{x_2}^2 + \Delta_{y_2}^2 \pm 2 \cdot \Delta_{x_2} \cdot \Delta_{y_2}$$
$$\cdots\cdots$$
$$\Delta_{z_n}^2 = \Delta_{x_n}^2 + \Delta_{y_n}^2 \pm 2 \cdot \Delta_{x_n} \cdot \Delta_{y_n}$$

将以上等式两端相加，并同时除以 n，得：

$$\frac{[\Delta_z\Delta_z]}{n} = \frac{[\Delta_x\Delta_x]}{n} + \frac{[\Delta_y\Delta_y]}{n} \pm 2\frac{[\Delta_x\Delta_y]}{n}$$

由于 Δ_x、Δ_y 均为偶然误差，且互相独立，各自的正、负号出现的机会均等，其乘积 $\Delta_x\Delta_y$ 的正、负号出现的机会亦相等，$\Delta_{x_i}\Delta_{y_i}$ 也同样具有偶然误差的性质。根据偶然误差对称性和抵消性，则有：

$$\lim_{n\to\infty}\frac{[\Delta_x\Delta_y]}{n} = 0$$

根据中误差的定义

$$m_z^2 = \frac{[\Delta_z\Delta_z]}{n} \qquad m_x^2 = \frac{[\Delta_x\Delta_x]}{n} \qquad m_y^2 = \frac{[\Delta_y\Delta_y]}{n}$$

$$m_z^2 = m_x^2 + m_y^2$$

$$m_z = \pm\sqrt{m_x^2 + m_y^2} \tag{6-8}$$

结论：两个独立观测值之和或差的函数的中误差等于两个观测值的中误差的平方和的平方根。

推广：当函数 z 为 n 个独立观测值 x_1, x_2, …, x_n 的和或差时，即：$z = x_1 \pm x_2 \pm \cdots \pm x_n$，同理可推导出函数 z 的中误差为：

$$m_z = \pm\sqrt{m_{x_1}^2 + m_{x_2}^2 + \cdots + m_{x_n}^2} \tag{6-9}$$

若 $m_{x_1} = m_{x_2} = \cdots = m_{x_n} = m$ 时，则有：

$$m_z = \pm m\sqrt{n} \tag{6-10}$$

即等精度观测时，n 个独立观测值和或差的中误差等于观测值中误差的 $\sqrt{n}$ 倍。

例 6.3 用 50m 长的钢尺丈量 200m 的距离，当每尺段量距中误差为±5mm 时，全长的中误差为多少？

解：因全长共需 4 个尺段丈量，且各尺段丈量为等精度观测，即：$D = l_1 + l_2 + l_3 + l_4$

则：
$$m_D = \pm m\sqrt{n} = \pm 5\sqrt{4} = \pm 10\text{mm}$$

3. 线性函数的中误差

设线性函数为

$$z = k_1x_1 \pm k_2x_2 \pm \cdots \pm k_nx_n$$

式中：k_1, k_2, …, k_n 为常数，x_1, x_2, …, x_n 为独立观测值，各直接独立观测值的中误差分别为 m_{x_1}, m_{x_2}, …, m_{x_n}。

设　$z_1 = k_1x_1$, $z_2 = k_2x_2$, …, $z_n = k_nx_n$

则线性函数变形为：$z = z_1 \pm z_2 \pm \cdots \pm z_n$

据和或差函数中误差公式得：

$$m_z = \pm\sqrt{m_{z_1}^2 + m_{z_2}^2 + \cdots + m_{z_n}^2}$$

据倍数函数中误差公式得：$m_{z_1} = k_1 m_{x_1}$，$m_{z_2} = k_2 m_{x_2}$，…，$m_{z_n} = k_n m_{x_n}$

线性函数的中误差为：

$$m_z = \pm\sqrt{k_1^2 m_{x_1}^2 + k_2^2 m_{x_2}^2 + \cdots + k_n^2 m_{x_n}^2} \tag{6-11}$$

结论：线性函数的中误差等于常数与相应观测值中误差乘积的平方和的平方根。

4. 一般函数的中误差

设一般函数为

$$z = f(x_1, x_2, \cdots, x_n)$$

式中：x_1，x_2，…，x_n 为独立观测值；

m_{x_1}，m_{x_2}，…，m_{x_n} 为相应各观测值的中误差。

为了找出函数与观测值二者中误差的关系式，首先须找出它们之间的真误差关系式，故对上式全微分，即：

$$\mathrm{d}z = \left(\frac{\partial f}{\partial x_1}\right)\mathrm{d}x_1 + \left(\frac{\partial f}{\partial x_2}\right)\mathrm{d}x_2 + \cdots + \left(\frac{\partial f}{\partial x_n}\right)\mathrm{d}x_n$$

一般来说，测量中的真误差是很小的，故可以用真误差代替公式中的微分，即：

$$\Delta_z = \left(\frac{\partial f}{\partial x_1}\right)\Delta_{x_1} + \left(\frac{\partial f}{\partial x_2}\right)\Delta_{x_2} + \cdots + \left(\frac{\partial f}{\partial x_n}\right)\Delta_{x_n}$$

式中：$\left(\frac{\partial f}{\partial x_1}\right)$，$\left(\frac{\partial f}{\partial x_2}\right)$，…，$\left(\frac{\partial f}{\partial x_n}\right)$ 是函数 z 分别对 x_1，x_2，…，x_n 的偏导数，对于一定的 x_i，其偏导数值 $\frac{\partial f}{\partial x_i}$ 是一常数，故上式相当于线性函数的真误差关系式。同理由式(6-11)可得：

$$m_z = \pm\sqrt{\left(\frac{\partial f}{\partial x_1}\right)^2 m_{x_1}^2 + \left(\frac{\partial f}{\partial x_2}\right)^2 m_{x_2}^2 + \cdots + \left(\frac{\partial f}{\partial x_n}\right)^2 m_{x_n}^2} \tag{6-12}$$

结论：一般函数中误差等于按每个观测值所求的偏导数与相应观测值中误差乘积的平方和的平方根。

例 6.4 已知矩形的宽 $x = 30\text{m}$，其中误差 $m_x = 0.009\text{m}$，矩形的长 $y = 50\text{m}$，其中误差 $m_y = 0.010\text{m}$，计算矩形面积 A 及其中误差 m_A。

解：矩形面积计算公式为：$A = xy$

对各观测值取偏导数

$$\frac{\partial f}{\partial x} = y，\frac{\partial f}{\partial y} = x$$

由式(6-12)得：

$$m_A = \pm\sqrt{\left(\frac{\partial f}{\partial x}\right)^2 m_x^2 + \left(\frac{\partial f}{\partial y}\right)^2 {m_y}^2} = \pm\sqrt{y^2 \cdot m_x^2 + x^2 {m_y}^2}$$

$$= \pm \sqrt{(50)^2 \times 0.009^2 + (30)^2 \times 0.010^2} = \pm \sqrt{0.2925} = \pm 0.54\text{m}^2$$

矩形面积：$A = xy = 30 \times 50 = 1500\text{m}^2$

通常写成：$A = 1500\text{m}^2 \pm 0.54\text{m}^2$。

例 6.5 导线 AB 的边长 $D = 200.125\text{m} \pm 0.002\text{m}$，坐标方位角 $\alpha = 52°45'30'' \pm 6''$，求直线端点 B 的点位中误差(见图 6.2)。

解：坐标增量的函数式为

$$\Delta x = D \cdot \cos\alpha$$

$$\Delta y = D \cdot \sin\alpha$$

设 $m_{\Delta x}$、$m_{\Delta y}$、m_D、m_α 分别为 Δx、Δy、D 及 α 的中误差。

将上两式对 D 及 α 求偏导数，得：

$$\frac{\partial(\Delta x)}{\partial D} = \cos\alpha, \quad \frac{\partial(\Delta x)}{\partial \alpha} = -D\sin\alpha;$$

$$\frac{\partial(\Delta y)}{\partial D} = \sin\alpha, \quad \frac{\partial(\Delta y)}{\partial \alpha} = D\cos\alpha$$

由式(6-12)得：

$$m_{\Delta x} = \pm \sqrt{\left(\frac{\partial(\Delta x)}{\partial D}\right)^2 m_D^2 + \left(\frac{\partial(\Delta x)}{\partial \alpha}\right)^2 \left(\frac{m_\alpha}{\rho''}\right)^2} = \pm \sqrt{\cos^2\alpha \cdot m_D^2 + (-D\sin\alpha)^2 \cdot \left(\frac{m_\alpha}{\rho''}\right)^2}$$

$$m_{\Delta y} = \pm \sqrt{\left(\frac{\partial(\Delta y)}{\partial D}\right)^2 m_D^2 + \left(\frac{\partial(\Delta y)}{\partial \alpha}\right)^2 \left(\frac{m_\alpha}{\rho''}\right)^2} = \pm \sqrt{\sin^2\alpha \cdot m_D^2 + (D\cos\alpha)^2 \cdot \left(\frac{m_\alpha}{\rho''}\right)^2}$$

由图 6.2 可知，B 点的点位中误差为：

$$m^2 = m_{\Delta x}^2 + m_{\Delta y}^2 = m_D^2 + \left(D\frac{m_\alpha}{\rho''}\right)^2$$

故：$m = \pm \sqrt{m_D^2 + \left(D\frac{m_\alpha}{\rho''}\right)^2}$

将 $m_D = \pm 2\text{mm}$、$m_\alpha = \pm 6''$、$\rho'' = 206265''$、$D = 200.125\text{m}$ 代入上式得：

$$m = \pm \sqrt{2^2 + \left(200.125 \times 1000 \times \frac{6}{206265}\right)^2} \approx \pm 6\text{ mm}$$

5. 一些独立误差的共同影响

在测量中，经常会遇到一个观测结果同时受许多独立误差的共同影响，例如水准测量中有照准误差、水准管气泡居中误差、仪器误差、外界条件引起的读尺误差等；经纬仪测角时，有读数误差、照准误差、目标偏心差、度盘分划误差、照准部偏心差、对中误差等都将影响观测结果的精度。在这种情况下，观测结果的真误差是各个独立观测量真误差的代数和。

设各独立观测量的真误差分别为：Δ_1，Δ_2，…，Δ_n，观测结果的真误差为 $\Delta_{总}$，即：

$$\Delta_{总} = \Delta_1 + \Delta_2 + \cdots + \Delta_n$$

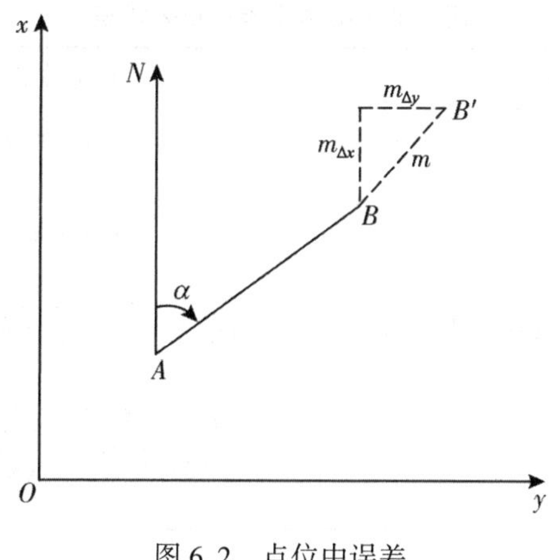

图 6.2　点位中误差

因这些误差是互相独立的，它们的出现具有偶然性，据误差传播定律，观测值中误差为：

$$m_{总} = \pm\sqrt{m_1^2 + m_2^2 + \cdots + m_n^2} \tag{6-13}$$

结论：若干独立误差引起的观测结果的中误差 $m_{总}$ 等于各个独立观测量所产生的中误差的平方和的平方根。

6. 应用误差传播定律求观测值函数中误差的计算步骤

①根据题意，列出具体的函数关系式 $z = f(x_1, x_2, \cdots, x_n)$；

②如果函数是非线性的，则对各观测值求偏导数，$\left(\dfrac{\partial f}{\partial x_1}\right)$，$\left(\dfrac{\partial f}{\partial x_2}\right)$，…，$\left(\dfrac{\partial f}{\partial x_n}\right)$；

③找出真误差间的关系式，换成中误差的关系式：

$$m_z = \pm\sqrt{\left(\frac{\partial f}{\partial x_1}\right)^2 m_{x_1}^2 + \left(\frac{\partial f}{\partial x_2}\right)^2 m_{x_2}^2 + \cdots + \left(\frac{\partial f}{\partial x_n}\right)^2 m_{x_n}^2};$$

④代入已知数据，计算相应函数值的中误差。

应用误差传播定律时，函数中各自变量必须是相互独立的观测值，而且仅含有偶然误差。

例如，设有函数 $z = x + y$，而 $y = 3x$，此时，$m_z^2 = m_x^2 + m_y^2$ 的式子不能成立，因为 x 与 y 不是相互独立的量，即

$$\lim_{n\to\infty}\frac{[\Delta_x\Delta_y]}{n} = \lim_{n\to\infty}3\cdot\frac{[\Delta_x^2]}{n} = 3m_x^2 \neq 0$$

因此，遇到类似问题时，应当将函数 z 化成自变量 x 的函数，即 $z = 4x$

则函数 z 的中误差为：$m_z = 4m_x$。

表 6.1 为应用误差传播定律计算各种类型函数中误差的公式汇总表。

表 6.1　**观测值函数中误差计算公式表**

函数名称	函数式	函数中误差计算式
倍数函数	$z = kx$	$m_z = \pm k \cdot m_x$
和或差函数	$z = x \pm y$	$m_z = \pm\sqrt{m_x^2 + m_y^2}$
线性函数	$z = k_1x_1 \pm k_2x_2 \pm \cdots \pm k_nx_n$	$m_z = \pm\sqrt{k_1^2m_{x_1}^2 + k_2^2m_{x_2}^2 + \cdots + k_n^2m_{x_n}^2}$
一般函数	$z = f(x_1, x_2, \cdots, x_n)$	$m_z = \pm\sqrt{\left(\frac{\partial f}{\partial x_1}\right)^2 m_{x_1}^2 + \left(\frac{\partial f}{\partial x_2}\right)^2 m_{x_2}^2 + \cdots + \left(\frac{\partial f}{\partial x_n}\right)^2 m_{x_n}^2}$

6.3　测量平差值的计算

本节主要介绍测量平差、最或是值的概念及等精度观测和不等精度观测平差值的计算。要求学生通过测量平差值计算相关内容的学习，能够根据实际观测数据，正确计算未知量的最或是值。

自然界中任何一个独立未知量(如某一个角度、某一段长度等)的真值都是无法得知的，只有通过多次重复观测，才能对其真值做出可靠的估计。然而，由于有了多余的观测，观测值之间就会存在矛盾。因此，除了要对观测值的精度做出评定外，还要依据各观测值求未知量最可靠的估值，这项工作称为测量平差，简称平差。未知量最可靠的估值应是一个最接近该量真值的值，称为最或是值。

对一个未知量观测值进行的平差，称为直接观测平差，它分为等精度直接观测平差和不等精度直接观测平差。在相同条件下对某量进行 n 次观测，通过数据处理，求出被观测值真值的最或是值(即最可靠值)，同时评定该最或是值的精度，称为等精度直接观测平差。在不同条件下对某量进行 n 次观测，通过数据处理，求出被观测值真值的最或是值，同时评定该最或是值的精度，称为不等精度直接观测平差。

6.3.1　等精度观测平差值计算

在实际工作中，我们常常对一组等精度观测值，取其算术平均值作为该量的最或是值。

设在等精度观测条件下，对某未知量进行 n 次观测，观测值分别为 $l_1, l_2, \cdots, l_n$，算术平均值为

$$x = \frac{1}{n}(l_1 + l_2 + \cdots + l_n) = \frac{[l]}{n} \tag{6-14}$$

式中：n 为观测次数；

$l_1, l_2, \cdots, l_n$ 为各独立观测值。

下面证明在等精度观测条件下，各观测值的算术平均值 x 是最接近真值 X 的值，即该未知量的最或是值。

设某未知量的真值为 X，观测值分别为 $l_1, l_2, \cdots, l_n$，各观测值的真误差分别为 Δ_1，$\Delta_2, \cdots, \Delta_n$，则：

$$\Delta_1 = l_1 - X$$
$$\Delta_2 = l_2 - X$$
$$\cdots\cdots$$
$$\Delta_n = l_n - X$$

将上列等式相加并除以 n，得：

$$\frac{[\Delta]}{n} = \frac{[l]}{n} - X$$

根据偶然误差抵消性的性质即 $\lim\limits_{n\to\infty}\frac{[\Delta]}{n} = 0$ 得：

$$x = \frac{l_1 + l_2 + \cdots + l_n}{n} = \frac{[l]}{n} = X$$

当观测次数 n 无限增大时，观测值的算术平均值趋近于该量的真值。但由于在实际工作中不可能对某量进行无限次的观测，故算术平均值不等于真值，但可认为算术平均值是根据已有的观测数据，所能求得的最接近真值的值，视为最可靠值，即未知量的最或是值。

6.3.2 不等精度观测平差值计算

1. 权的概念

在实际测量中，除了等精度观测外，还有不等精度观测。如图 6.3 所示为一组不等精度观测的观测结果，当进行水准测量时，由高级水准点 BM_A、BM_B 分别通过不同的水准路线测至节点 E，测得 E 点的高程为 H'_E、H''_E。在这种情况下，即使观测中所使用的仪器和方法均相同，但由于水准路线的长度不同，因而测得 E 点的两个高程观测值的可靠程度也不相同。

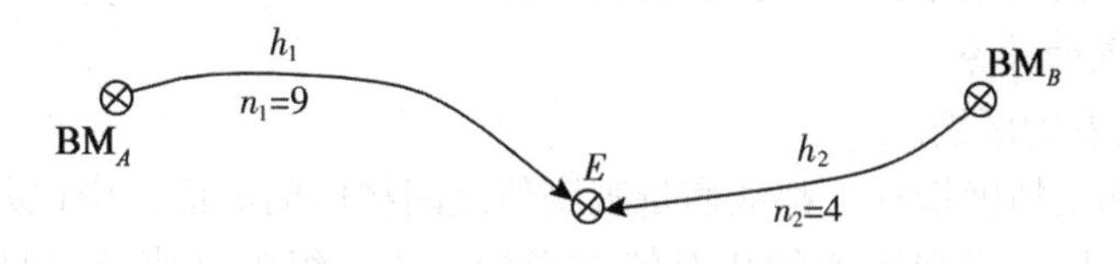

图 6.3 不等精度观测

设两条水准路线的高差分别为 h_1、h_2，相应路线的测站数为 $n_1=9$、$n_2=4$，各测站中误差相等均为 m，则两条水准路线的中误差分别为：

AE 路线的中误差 $m_1 = m\sqrt{9} = 3\text{m}$

BE 路线的中误差 $m_2 = m\sqrt{4} = 2\text{m}$

由上式可看出，由于 AE 路线比 BE 路线的测站数多，故中误差 $m_1 > m_2$。在计算观测值的最或是值时，不能简单地取两个高程观测值的算术平均值作为最或是值，应考虑到各观测值的质量和可靠程度。精度较高的观测值 h_2 应给予较多的信赖，在计算最或是值时应占较大的比重，精度较低的 h_1 应占较小的比重。

各不等精度观测值的可靠程度，可用一个数值来表示，称为各观测值的权。通常用 P 表示。“权”是权衡轻重的意思，观测值的精度愈高，其权愈大。

设在不等精度观测条件下，对某未知量进行 n 次观测，观测值分别为 $l_1, l_2, \cdots, l_n$，$p_1, p_2, \cdots, p_n$ 表示各观测值的权，$m_1, m_2, \cdots, m_n$ 表示各观测值的中误差。在测量学中，权的定义公式为：

$$p_1 = \frac{\mu^2}{m_1^2}, \quad p_2 = \frac{\mu^2}{m_2^2}, \quad \cdots, \quad p_n = \frac{\mu^2}{m_n^2} \tag{6-15}$$

式中 μ 为任意选定的常数，但在用上式确定一组观测值的权时，μ 只能选用一个定值。由此可见，权是与中误差平方成反比的一组比例数。即：

$$p_1 : p_2 : \cdots : p_n = \frac{1}{m_1^2} : \frac{1}{m_2^2} : \cdots : \frac{1}{m_n^2} \tag{6-16}$$

或

$$p_1 m_1^2 = p_2 m_2^2 = \cdots = p_n m_n^2 = \mu^2 \tag{6-17}$$

上例中若以 p_1、p_2 分别表示 AE 路线与 BE 路线观测结果的权，并令 $\mu^2 = 1$，则：

$$p_1 = \frac{\mu^2}{m_1^2} = \frac{1}{9m^2}$$

$$p_2 = \frac{\mu^2}{m_2^2} = \frac{1}{4m^2}$$

$$p_1 : p_2 = \frac{1}{m_1^2} : \frac{1}{m_2^2} = 4 : 9$$

2. 权具有的性质

①权愈大表示观测值愈可靠，即精度愈高；

②权始终取正号；

③权是一个相对性数值，因此，对于单独一个观测值来讲无意义；

④权可用同一数乘或除，而不会改变其性质。

3. 权与中误差的关系

(1)权与中误差的区别。

权与中误差都是精度指标，都能衡量观测值之间精度的高低。中误差属一组观测值的绝对精度指标；权属一组观测值的相对精度指标，这一组观测值可以是同类性质的观测值，也可以是不同类性质的观测值。

(2)权与中误差的联系。

观测值精度愈高，可靠程度愈大，它的权就愈大，而观测值的中误差愈小；反之亦然。

4. 单位权

为便于由中误差求权，假定某一观测结果的权为 1，这 $p = 1$ 的权称为单位权。对应于权等于 1 的观测值，称为单位权观测值；对应于权等于 1 中误差称为单位权中误差。单位权中误差通常用 u 表示，即 $u = m_1$。

$$p_1u^2 = p_2m_2^2 = \cdots = p_nm_n^2 = \mu^2$$

利用 $p_1=1$，可知单位权中误差 u 为：

$$u^2 = p_im_i^2 \qquad (i = 1, 2, \cdots, n)$$

$$p_i = \frac{u^2}{m_i^2} \quad 或 \quad m_i = \frac{u}{\sqrt{p_i}} \tag{6-18}$$

在不等精度观测中，每个观测值精度都不同，因此应先求出单位权中误差 u，然后再利用(6.18)式求出各观测值的中误差。

单位权只起一个比例常数的作用，它的值可任意选定；但对于同一量的 p 值不能选两个不同的 u 值，以免破坏权的比例关系。

5. 加权算术平均值

设对某一未知量进行了 n 次非等精度的观测，观测值分别为 $l_1, l_2, \cdots, l_n$，各观测值相应的权为 $p_1, p_2, \cdots, p_n$。测量上取其加权算术平均值作为非等精度观测值的最可靠值，即最或是值。

加权算术平均值 x_0 为

$$x_0 = \frac{p_1l_1 + p_2l_2 + \cdots + p_nl_n}{p_1 + p_2 + \cdots + p_n} = \frac{[pl]}{[p]} \tag{6-19}$$

6.3.3 计算实例

按中误差来确定权是定权的基本方法，但对于某些测量工作则可用更简便的方法来确定权。

1. 角度测量观测值权的确定

例 6.6 设用一测回测角中误差为 m 的经纬仪，对某角进行了 N 次非等精度观测，L_1，L_2，L_3 分别为同精度观测了 n_1，n_2，n_3 次后的算术平均值，求 L_1，L_2，L_3 的权。

解：设观测值 L_1，L_2，L_3 的中误差分别为：m_1，m_2，m_3，根据误差传播定律：

$$m_1 = \frac{m}{\sqrt{n_1}}, \quad m_2 = \frac{m}{\sqrt{n_2}}, \quad m_3 = \frac{m}{\sqrt{n_3}}$$

按(6-18)式相应的权为：

$$p_i = \frac{u^2}{m_i^2} = \frac{u^2}{\frac{m^2}{n_i}} = \left(\frac{u^2}{m^2}\right) \cdot n_i$$

令
$$c = \frac{u^2}{m^2}$$

则
$$p_i = c \cdot n_i$$

结论：在角度测量中，所测得各角的权 p_i 与该角的观测次数 n_i 成正比。

在角度测量中，可根据测回数来确定权。如 n_1，n_2，n_3 分别为 3，4，5 测回时，选 $c=1$，则：$p_1 = cn_1 = 3$，$p_2 = cn_2 = 4$，$p_3 = cn_3 = 5$。

$c=1$ 表示 $\frac{u^2}{m^2}=1$，故 $u=m$，即单位权中误差就是观测一次的中误差。

2. 距离测量观测值权的确定

例 6.7 设在同样的情况下丈量了三段距离 D_1, D_2, D_3，已知每公里的中误差为 m，试确定 D_1, D_2, D_3 的权。

解：根据误差传播定律，D_1, D_2, D_3 的中误差分别为：

$$m_1=m_{(\mathrm{km})}\sqrt{D_1}\ ,\ m_2=m_{(\mathrm{km})}\sqrt{D_2}\ ,\ m_3=m_{(\mathrm{km})}\sqrt{D_3}$$

按(6-18)式相应的权为：

$$p_i=\frac{u^2}{m_i^2}=\frac{u^2}{D_i\cdot m_{(\mathrm{km})}^2}=\frac{u^2}{m_{(\mathrm{km})}^2}\cdot\frac{1}{D_i}$$

令

$$c=\frac{u^2}{m_{(\mathrm{km})}^2}$$

则：

$$p_i=\frac{c}{D_i}$$

结论：距离的权 p_i 与它的长度 D_i 成反比。

在距离丈量中，可根据距离长短来确定权。如 D_1, D_2, D_3 分别为 4km，6km，7km，选 $c=4$，则：$p_1=\frac{c}{D_1}=1$，$p_2=\frac{c}{D_2}=\frac{2}{3}$，$p_3=\frac{c}{D_3}=\frac{4}{7}$

$c=4$，$p_1=1$，表示 D_1 的权为 1，即丈量 4km 长的权为 1，丈量 4km 长的中误差为单位权中误差。

3. 水准测量中路线高差观测值权的确定

例 6.8 如图 6.4 所示，设有一个节点水准网，已知 A，B，…，K 个水准点的高程，由几条同一等级的水准路线测定 E 点的高程，各条水准路线的测站数分别为 N_1，N_2，…，N_n，高差分别为 h_1，h_2，…，h_n，各条水准路线相应的权为 p_1，p_2，…，p_n，每一测站高差的中误差为 $m_{站}$，试确定各水准路线的权。

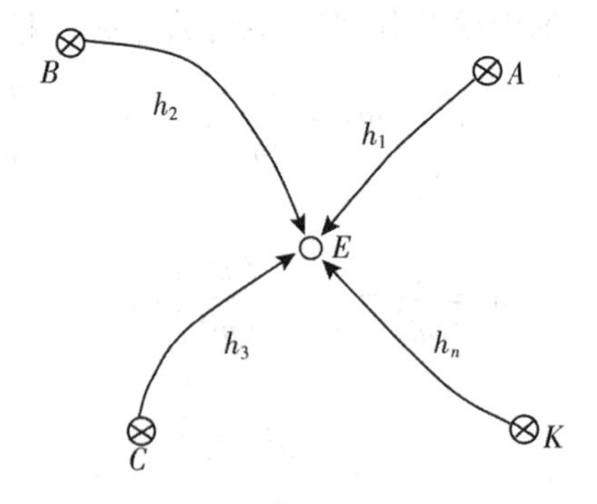

图 6.4 节点水准网

解：根据误差传播定律，h_1、h_2、…、h_n 的中误差分别为：

$$m_1=m_{站}\sqrt{N_1}\ ,\ m_2=m_{站}\sqrt{N_2}\ ,\ \cdots,\ m_n=m_{站}\sqrt{N_n}$$

按(6-18)式相应的权为：

$$p_i = \frac{u^2}{m_i^2} = \frac{u^2}{N_i \cdot m_{站}^2} = \frac{u^2}{m_{站}^2} \cdot \frac{1}{N_i}$$

令 $$c = \frac{u^2}{m_{站}^2}$$

则： $$p_i = \frac{c}{N_i}$$

结论：在山地进行水准测量时，路线高差观测值的权 p_i 与路线的测站数 N_i 成反比，即不同路线的高差观测值可用路线测站数的倒数 $\frac{1}{N_i}$ 定权。

同理可知，在平地进行水准测量时，路线高差观测值的权 p_i 与路线的千米数 L_i 成反比，即不同路线的高差观测值可用路线千米数的倒数 $\frac{1}{L_i}$ 定权。

例 6.9 如图 6.5 所示，沿三条路线按每千米中误差相等的方法，分别测定 D 点高程，三条水准路线的路线长度分别为：$L_1=4\text{km}$，$L_2=6\text{km}$，$L_3=5\text{km}$，试确定三条水准路线的权。

解：选定 $c=6$，则：

$$p_1 = \frac{c}{L_1} = 1.5\ , \qquad p_2 = \frac{c}{L_2} = 1\ , \qquad p_3 = \frac{c}{L_3} = 1.2$$

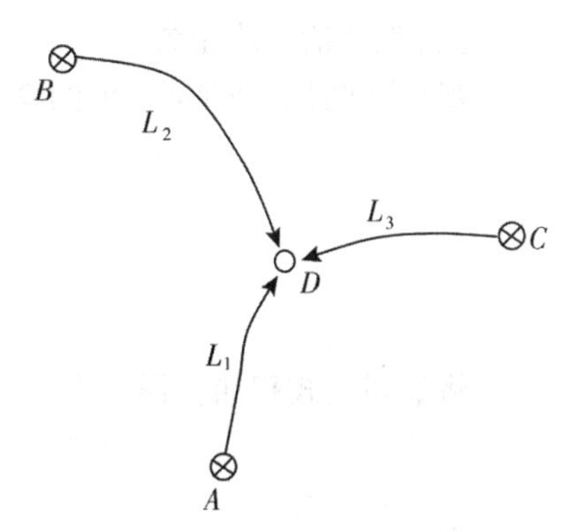

图 6.5 节点水准测量

6.4 精度评定

本节主要介绍等精度观测和不等精度观测的精度评定方法。要求学生通过精度评定相关内容的学习，能够根据实际观测数据，正确评定观测值的精度。

6.4.1 等精度观测的精度评定

1. 算术平均值的中误差

设在等精度的观测条件下，对某未知量进行 n 次观测，观测值分别为 $l_1, l_2, \cdots, l_n$，相应各观测值的中误差为 $m_{l_1}, m_{l_2}, \cdots, m_{l_n}$。

据算术平均值的函数式 $x = \frac{1}{n}(l_1 + l_2 + \cdots + l_n)$

由式(6-11)推得算术平均值的中误差为：

$$m_x = \pm\sqrt{\left(\frac{1}{n}\right)^2 (m_{l_1}^2 + m_{l_2}^2 + \cdots + m_{l_n}^2)}$$

因各次观测值都是等精度观测，即 $m_{l_1} = m_{l_2} = \cdots = m_{l_n} = m$，则：

$$m_x = \pm\sqrt{\left(\frac{1}{n}\right)^2 \cdot nm^2} = \pm\frac{1}{\sqrt{n}}m \tag{6-20}$$

结论：算术平均值的中误差等于观测值中误差的 $\frac{1}{\sqrt{n}}$ 倍。

例 6.10 设对某水平角施测了 5 个测回，若一测回的测角中误差 $m = \pm 20''$，试求 5 个测回的水平角平均值的中误差 m_β。

解：由式(6-20)得：

$$m_\beta = \pm \frac{m}{\sqrt{n}} = \pm \frac{20''}{\sqrt{5}} = \pm 8.94''$$

2. 观测值中误差

观测值的精度是以中误差来衡量的。当观测值的真值已知时，每个观测量的真误差 Δ 可以求出，根据公式(6-3)可计算出中误差 m。但在一般情况下，观测值的真值往往无法获得，因此实际上不能用真误差来计算中误差。然而由于算术平均值是真值的最或是值，算术平均值可根据观测值计算得到，所以在平差计算时可利用观测值的算术平均值代替真值，通过计算观测值的改正数来进行平差计算。

(1)观测值的改正数。

观测值的改正数是观测值的算术平均值 x 与观测值 l_i 之差，用 v_i 表示，即：$v_i = x - l_i$。

$$\begin{gathered} v_1 = x - l_1 \\ v_2 = x - l_2 \\ \cdots\cdots \\ v_n = x - l_n \end{gathered}$$

将上列等式相加，得：

$$[v] = nx - [l]$$

而

$$x = \frac{l_1 + l_2 + \cdots + l_n}{n} = \frac{[l]}{n}$$

则：

$$[v] = n\frac{[l]}{n} - [l] = 0 \tag{6-21}$$

由上式可知，观测值的改正数之和恒等于零，可以用作计算中的检核。

(2)观测值中误差计算。

设在等精度的观测条件下，对某未知量进行 n 次观测，其观测值分别为 l_1，l_2，…，l_n，该量的真值为 X，算术平均值为 x，观测值的改正数分别为 v_1，v_2，…，v_n，相应的真误差为 Δ_1，Δ_2，…，Δ_n，则

$$\begin{gathered} \Delta_i = l_i - X \quad (i = 1, 2, \cdots, n) \\ v_i = x - l_i \quad (i = 1, 2, \cdots, n) \end{gathered}$$

将上列两等式相加，得：

$$\Delta_i = (x - X) - v_i \quad (i = 1, 2, \cdots, n)$$

将上式两边平方求和，并除以 n，得：

$$\frac{[\Delta\Delta]}{n} = (x - X)^2 + \frac{[vv]}{n} - \frac{2(x - X)[v]}{n}$$

由式(6-21)可知：$[v] = 0$

故 $$\frac{[\Delta\Delta]}{n}=(x-X)^2+\frac{[vv]}{n}$$

$(x-X)$ 是最或是值(算术平均值)的真误差，难以求得，通常以算术平均值的中误差 m_x 代替。

上式变形为：
$$m^2=m_x^2+\frac{[vv]}{n} \tag{6-22}$$

将算术平均值 x 的中误差 $m_x=\pm\frac{m}{\sqrt{n}}$ 代入(6-22)式得观测值的中误差为：

$$m=\pm\sqrt{\frac{[vv]}{n-1}} \tag{6-23}$$

将(6-23)式代入 $m_x=\pm\frac{m}{\sqrt{n}}$ 中，得用观测值的改正数计算算术平均值中误差公式为：

$$m_x=\pm\frac{m}{\sqrt{n}}=\pm\sqrt{\frac{[vv]}{n(n-1)}} \tag{6-24}$$

例 6.11 设丈量 A 、B 两点间距离，丈量 6 次的结果如表 6.2 所示，求观测值的中误差及算术平均值的中误差。

表 6.2 **A、B 两点间距离丈量结果**

观测次序	观测值(m)	改正数 v (m)	vv (m)
1	133.643	+0.004	0.000016
2	133.648	-0.001	0.000001
3	133.655	-0.008	0.000064
4	133.644	+0.003	0.000009
5	133.640	+0.007	0.000049
6	133.652	-0.005	0.000025
$\sum$	$[x]=801.882$	$[v]=0$	$[vv]=0.000164$

观测值的中误差为：

$$m=\pm\sqrt{\frac{[vv]}{n-1}}=\pm\sqrt{\frac{0.000164}{6-1}}=\pm0.0057(\text{m})=\pm5.7\text{mm}$$

算术平均值的中误差为：

$$m_x=\pm\sqrt{\frac{[vv]}{n(n-1)}}=\pm\sqrt{\frac{0.000164}{6(6-1)}}=\pm0.0023(\text{m})=\pm2.3\text{mm}$$

距离： $$D_{AB}=133.647\text{m}\pm0.0023\text{m}$$

6.4.2 不等精度观测的精度评定

1. 加权算术平均值(最或是值)的中误差

设对某一未知量进行了 n 次非等精度的观测，观测值分别为 $l_1, l_2, \cdots, l_n$，相应各观测值的权为 $p_1, p_2, \cdots, p_n$，相应各观测值的中误差为 $m_1, m_2, \cdots, m_n$。

加权算术平均值 x_0 为：
$$x_0 = \frac{p_1 l_1 + p_2 l_2 + \cdots + p_n l_n}{p_1 + p_2 + \cdots + p_n} = \frac{[pl]}{[p]}$$

将公式展开为：

$$x_0 = \frac{p_1}{[p]} l_1 + \frac{p_2}{[p]} l_2 + \cdots + \frac{p_n}{[p]} l_n$$

根据误差传播定律，加权算术平均值的中误差为：

$$M^2 = \frac{p_1^2}{[p]^2} m_1^2 + \frac{p_2^2}{[p]^2} m_2^2 + \cdots + \frac{p_n^2}{[p]^2} m_n^2$$

根据单位权的定义公式(6-18)，可得：

$$m_1^2 = \frac{u^2}{p_1}, \quad m_2^2 = \frac{u^2}{p_2}, \ \cdots, m_n^2 = \frac{u^2}{p_n}$$

将各 m_i 代入上式得：

$$M^2 = \frac{p_1^2}{[p]^2} \cdot \frac{u^2}{p_1} + \frac{p_2^2}{[p]^2} \cdot \frac{u^2}{p_2} + \cdots + \frac{p_n^2}{[p]^2} \cdot \frac{u^2}{p_n} = \frac{u^2}{[p]}$$

$$M = \pm \frac{u}{\sqrt{[p]}} \tag{6-25}$$

式中：M 为加权算术平均值中误差；

u 为单位权中误差；

$[p]$ 为各观测值的权之和。

2. 单位权中误差

在(6-25)式中，要计算加权平均值的中误差时，必须先求出单位权中误差 u。

(1)根据真误差计算单位权中误差。

由单位权的定义式可知：

$$u^2 = p_1 m_1^2$$
$$u^2 = p_2 m_2^2$$
$$\cdots\cdots$$
$$u^2 = p_n m_n^2$$

将上述等式两边相加得：

$$nu^2 = p_1 m_1^2 + p_2 m_2^2 + \cdots + p_n m_n^2 = [pmm]$$

则：

$$u = \pm \sqrt{\frac{[pmm]}{n}}$$

当 $n \to \infty$ 时，用真误差 Δ 代替中误差 m，衡量精度的意义不变，则可将上式改写为用真误差计算单位权观测值中误差的公式：

$$u = \pm\sqrt{\frac{[p\Delta\Delta]}{n}} \tag{6-26}$$

将(6-26)式代入(6-25)式中得加权算术平均值的中误差为：

$$M = \pm\sqrt{\frac{[p\Delta\Delta]}{n[p]}} \tag{6-27}$$

(2)根据最或是误差计算单位权中误差。

在多数情况下，真误差是不能求得的，所以要用最或是误差 v_i 来计算单位权中误差。在非等精度观测中，观测值的最或是误差为观测值 l_i 与观测值的加权算术平均值 x_0 之差，用 v_i 表示，即：$v_i = l_i - x_0$。

最或是误差为：

$$\begin{aligned} v_1 &= l_1 - x_0 \qquad \text{权 } p_1 \\ v_2 &= l_2 - x_0 \qquad \text{权 } p_2 \\ &\cdots\cdots \\ v_n &= l_n - x_0 \qquad \text{权 } p_n \end{aligned}$$

将上述等式两边乘以相应的权得：

$$\begin{aligned} p_1v_1 &= p_1l_1 - p_1x_0 \\ p_2v_2 &= p_2l_2 - p_2x_0 \\ &\cdots\cdots \\ p_nv_n &= p_nl_n - p_nx_0 \end{aligned}$$

将上述等式两边相加得： $[pv] = [pl] - [p]x_0$

将 $x_0 = \frac{[pl]}{[p]}$ 代入上式得：

$$[pv] = 0$$

由上式可知，观测值的加权改正数之和恒等于零，可以用作计算中的检核。

类似公式(6-26)的推导，可以求得用最或是误差来计算单位权中误差的公式为：

$$u = \pm\sqrt{\frac{[pvv]}{n-1}} \tag{6-28}$$

加权平均值中误差为：

$$M = \pm\sqrt{\frac{[pvv]}{(n-1)[p]}} \tag{6-29}$$

式中：

$$v_i = x_0 - l_i$$

本 章 小 结

测量的三项基本工作是高程测量、角度测量和距离测量。在实际测角、测距离或测定两点间高差时，我们发现对某一量经过多次观测所得到的观测值一般都存在一些差异，这表明测量过程中不可避免地存在误差，这些误差会直接影响到观测结果的精度。测量误差是测量工作中存在的普遍现象。本章主要介绍了误差的概念、误差的来源、分类及偶然误差的特性；不同观测条件对观测值的影响、中误差、相对误差、容许误差等衡量测量精度的常用指标；误差传播定律及其在测量中的应用；等精度与不等精度观测平差值的计算及精度评定。

在学习中，根据误差的分类，正确理解各类误差的特性，掌握衡量观测值精度的标准，能对观测成果进行平差计算和精度评定。根据测量工作的应用要求，能利用测量误差传播定律进行测量误差的计算。

习题和思考题

1. 什么是系统误差？什么是偶然误差？

2. 偶然误差有哪些特性？

3. 什么叫中误差、极限误差、相对误差？为什么要用中误差来衡量观测值的精度？具有哪些特性的观测量需用相对误差来衡量其观测精度？

4. 在测角中用正倒镜观测，水准测量中，使前后视距相等。这些规定都是为了消除什么误差？

5. 写出倍数函数、和或差函数、线性函数和一般函数误差传播定律的表达式。

6. 什么是等精度观测和不等精度观测？

7. 用钢尺丈量线段 AB 、CD 的距离，AB 的距离为 $D_{AB}=150.500\pm0.050$m；CD 的距离为 $D_{CD}=385.480\pm0.100$m，问哪一段距离丈量的精度高？两段距离之和的中误差及其相对误差各是多少？

8. 等精度对 A 、B 两点间距离丈量了 6 次，其结果分别为 200.102m、200.098m、200.100m、200.088m、200.090m、200.092m。试求其算术平均值、观测值中误差、算术平均值中误差及相对误差。

9. 测回法进行水平角观测时，若一个方向的一次读数中误差为$\pm12''$，试求半测回角值的中误差和一测回平均角值中误差。

10. 用经纬仪测得两个水平角分别为 $12°06'54''$和 $208°15'30''$，中误差均为$\pm2''$，哪个角测量精度高？

11. 在三角形 ABC 中，直接观测了 $\angle A$ 和 $\angle B$ ，其中误差分别为 $m_A=\pm12''$ 和 $m_B=\pm10''$ ，求三角形 $\angle C$ 的中误差 m_C 。

12. 用经纬仪观测水平角，每测回的观测中误差为$\pm6''$，今要求测角精度达到$\pm3''$，需要观测几个测回？

13. 为求得一正方形建筑物的周长，可采用以下两种方法：

(1) 丈量其中一条边长，然后乘以 4；

(2) 丈量所有四条边长，然后相加。

设丈量各条边长的中误差均为±4cm，试求两种方法所得周长的中误差。

14. 在水准测量中，设每站的观测中误差为±5mm，若从已知点到待定点一共观测了 8 站，试求其高差中误差是多少？

15. 什么叫极限误差？容许误差与极限误差有何区别？

16. 试述权的含义，为什么不等精度观测需用权来衡量？

17. 用同一台经纬仪观测某水平角，第一次观测了 4 个测回，测得角值 $\beta_1 = 54°12'33''$，其中误差 $m_1 = \pm 6''$；第二次观测了 6 个测回，测得角值 $\beta_2 = 54°11'46''$，其中误差 $m_2 = \pm 4''$，求该角的最或是值及其中误差。

18. 设地面上有 A、B、C、D 四点，如图 6.5 所示。其中 A、B、C 三点为已知水准点，其高程分别为 10. 145m、14. 300m、10. 050m，D 为待求高程点。在相同条件下独立观测了三段水准路线的高差，测得 $h_{AD} = +1.540$m、$h_{BD} = -2.335$m、$h_{CD} = +1.780$m，三条水准路线的长度分别为 $L_1 = 2.5$km、$L_2 = 4.0$km、$L_3 = 2.0$km，求 D 点的高程 H_D、单位权中误差 u 及高程 H_D 的中误差。

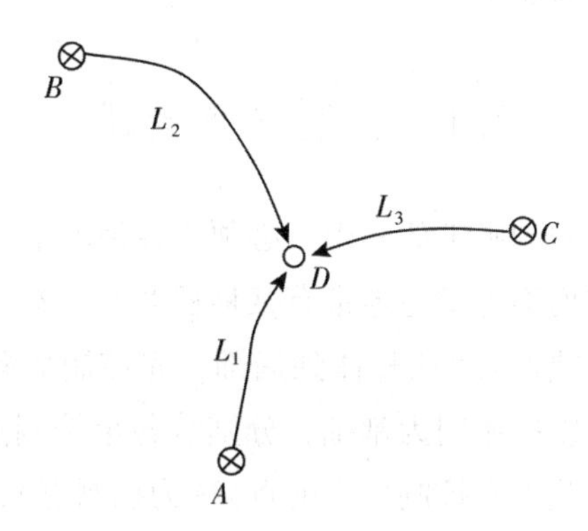

图 6.5　18 题示意图

第7章　平面控制测量

【教学目标】本单元主要介绍平面控制网的相关知识及建立平面控制网的方法和要求。重点介绍导线测量确定地面点平面位置的方法和交会定点方法。通过本单元学习，学生应该掌握平面控制测量的程序、基本方法和作业模式，熟知导线外业测量工作的内容及施测要求，具备根据实际工程情况选择合理的导线布置形式和进行导线外业观测工作的能力。具备进行导线的内业计算的能力。具备能够根据实际情况选用解析交会测量和内业计算的方法、确定地面点平面位置的能力。

7.1　控制测量概述

在地形图测绘和各种工程的施工放样中，必须用各种测量方法确定地面点的坐标和高程。由于任何一种测量工作均不可避免地带有某种程度的误差，为了防止误差的积累，保证测图和放样的精度，就必须遵守“从整体到局部，先控制后碎部”的原则。首先建立控制网，进行控制测量，然后以控制网为基础，分别从各个控制点再进行碎部测量和测设。控制测量就是在测区内选择若干有控制意义的点(称为控制点)，构成一定的几何图形(称为控制网)，用精密的仪器工具和精确的方法观测并计算出各控制点的坐标和高程。

通过控制测量可以确定地球的形状和大小。在碎部测量中，专门为地形测图而布设的控制网称为图根控制网，相应的控制测量工作称为图根控制测量；专门为工程施工布设的控制网称为施工控制网，其可以作为施工放样和变形监测的依据。由此可见，控制测量起到控制全局和限制误差积累的作用，为各项具体测量工作和科学研究提供依据。控制测量分为平面控制测量和高程控制测量两种，平面控制测量就是求得各控制点的平面坐标(x, y)，高程控制测量是求得各控制点的高程(H)。

7.1.1　平面控制测量

传统的平面控制测量方法有三角测量、边角测量和导线测量等，所建立的控制网称为三角网、边角网和导线网。三角网是将控制点组成连续的三角形，观测所有三角形的水平内角以及至少一条三角边(基线)的长度，其余各边的长度均从基线开始按边角关系进行推算，然后计算各点的坐标；同时观测三角形内角和全部或若干边长的称为边角网。测定相邻控制点间边长，由此连成折线，并测定相邻折线间水平角，以计算控制点坐标的称为导线或导线网。

对于全国性的平面控制测量，由于我国幅员广阔，必须采取分等级布设的办法，才能既符合精度要求又合乎经济的原则。国家平面控制网按精度分为一、二、三、四等，由高级到低级逐步建立。我国原有的国家平面控制网首先是一等天文大地锁网，在全国范围内大致沿经线和纬线方向布设，形成间距约 200km 的格网，三角形的平均边长约 20km，在格网中部用平均边长约 13km 的二等全面网填充，三、四等三角网是二等三角网的进一步加密（如图 7.1 所示）。建立国家平面控制网，主要采用三角测量的方法。按观测值的不同，三角网测量可分为三角测量、三边测量和边角测量。表 7.1 是《工程测量规范》（GB50026—2007）中规定的三角网测量的主要技术要求。

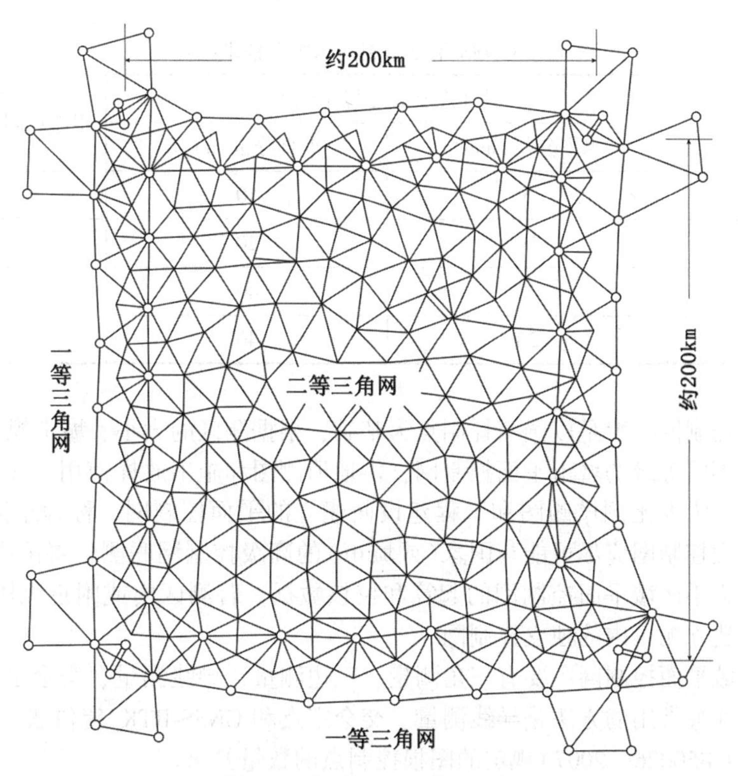

图 7.1　国家一、二等三角网

全球导航卫星定位系统（GNSS）技术的应用和普及，使我国从 20 世纪 80 年代开始，在利用原有大地控制网的基础上，逐步用 GNSS 网代替了国家等级的平面控制网和城市各级平面控制网。其构网形式基本上仍为三角形网或多边形格网（闭合环或附合线路）。

我国国家级的 GNSS 大地控制网按控制范围和精度分为 A、B、C、D、E 等 5 个等级。在全国范围内，已建立由 20 多个点组成的国家 A 级 GNSS 网，在其控制下，又有由 800 多个点组成的国家 B 级 GNSS 网。表 7.2 是城市 GNSS 平面控制网的主要技术指标。

表 7.1　　　　　　　　　　　　**三角网测量的主要技术要求**

等级	平均边长(km)	测角中误差(″)	测边相对中误差	最弱边边长相对中误差	测回数			三角形最大角度闭合差(″)
					DJ_1	DJ_2	DJ_6	
二等	9.0	±1.0	1/250 000	1/120 000	12	-	-	±3.5
三等	4.5	±1.8	1/150 000	1/70 000	6	9	-	±7.0
四等	2.0	±2.5	1/100 000	1/40 000	4	6	-	±9.0
一级	1.0	±5.0	1/40 000	1/20 000	-	2	4	±15.0
二级	0.5	±10.0	1/20 000	1/10 000	-	1	2	±30.0

表 7.2　　　　　　　　　　**城市 GNSS 平面控制网的主要技术指标**

级别	相邻点基线分量中误差		相邻点间平均距离(km)
	水平分量(mm)	垂直分量(mm)	
B	5	10	50
C	10	20	20
D	20	40	5
E	20	40	3

城市平面控制网一般是以国家控制点为基础，根据测区的大小、城市规划和施工测量的要求，布设不同等级的城市平面控制网，供地形测图和施工放样使用。在面积为 $15km^2$ 以下的范围内，为大比例尺测图和工程建设而建立的平面控制网，称为小区域平面控制网。小区域平面控制网应尽可能与国家(或城市)的高级控制网联测，将国家(或城市)控制点的坐标作为小区域平面控制网的起算和校核数据。若测区内或附近无国家(或城市)控制点，可以建立测区内的独立控制网。

建立小区域平面控制网主要有三角测量、三边测量、导线测量、交会定点和 GNSS 定位等方法，现在最常用的方法是导线测量、交会定点和 GNSS-RTK 定位法。表 7.3 是《工程测量规范》(GB50026—2007)规定的图根控制点的数量要求。

表 7.3　　　　　　　　　　　**一般地区解析图根点的数量**

测图比例尺	图幅尺寸(cm)	解析图根点数量/个		
		全站仪测图	GNSS-RTK 测图	平板测图
1∶500	50×50	2	1	8
1∶1000	50×50	3	1~2	12
1∶2000	50×50	4	2	15
1∶5000	40×40	6	3	30

7.1.2 高程控制测量

高程控制网的建立主要用水准测量的方法，布设的原则也是从高级到低级，从整体到局部，逐步加密。国家水准网分为一、二、三、四等，一、二等水准测量称为精密水准测量，一等水准网在全国范围内沿主要干道和河流等布设成格网形的高程控制网，然后用二等水准网进行加密，作为全国各地的高程控制。三、四等水准在一、二等水准环中加密，根据高等级水准环的大小和实际需要布设。

城市和工程水准控制网依次分为二、三、四等，根据城市面积或工程建设项目大小，从某一等开始布设。各等级水准测量的精度和国家水准测量相应等级的精度应一致。在四等水准以下，再布设直接为测绘大比例尺地形图所用的图根水准网。表 7.4 是《工程测量规范》(GB50026—2007)中规定的水准测量的技术要求。

表 7.4 **水准测量的技术要求**

等 级	每公里高差中误差(mm)	附合路线长度(km)	水准仪级别	测段往返测高差不符值(mm)	附合路线或环线闭合差(mm)
二等	±2	400	DS_1	$\pm 4\sqrt{R}$	$\pm 4\sqrt{L}$
三 等	±6	45	DS_3	$\pm 12\sqrt{R}$	$\pm 12\sqrt{L}$
四等	±10	15	DS_3	$\pm 20\sqrt{R}$	$\pm 20\sqrt{L}$
图根	±20	8	DS_3	—	$\pm 40\sqrt{L}$

注：表中 R 为测段长度，L 为环线或附合线路长度，单位 km。

7.2 导线测量的外业工作

导线测量是建立小区域平面控制网常用的一种方法，主要用于带状地区、隐蔽地区、城市地区、地下工程、公路和铁路等控制点的测量。

将测区内相邻控制点用直线连接而构成的折线，称为导线。构成导线的控制点，称为导线点。连接两导线点的线段称为导线边，相邻两导线边所夹的水平角称为转折角。导线测量就是测定各导线边的长度和转折角，根据起算数据，推算各边的坐标方位角，从而求出各导线点的坐标。

用经纬仪测量转折角，用钢尺丈量边长的导线，称为经纬仪导线；用光电测距仪测定边长的导线，称为光电测距导线。用全站仪测量的导线称为全站仪导线。由于全站仪导线不受地形条件限制，速度快、精度高，因此在工程建设中得到了广泛应用。

7.2.1 导线的布设形式

根据测区的不同情况和技术要求，单一导线可布设成以下三种形式。

1. 附合导线

布设在两个已知点之间的导线称为附合导线。如图 7.2(a)所示，以高级控制点 B 为起始点(BA 方向为起始方向)，经过若干个导线点后，附合到另外一个高级点 C 及已知方向 CD 上。

2. 闭合导线

起点与终点为同一已知点的导线称为闭合导线(又称环形导线)。如图 7.2(b)所示，导线从高级控制点 B 开始(并以 BA 为起始方向)，经过若干个导线点后仍回到起始点 B，形成一个闭合多边形。

3. 支导线

从一个已知点上引伸的导线。如图 7.2(c)所示，它既不附合到另一已知点，也不回到原起始点。由于支导线缺乏检核条件，其边数一般不得超过 4 条。

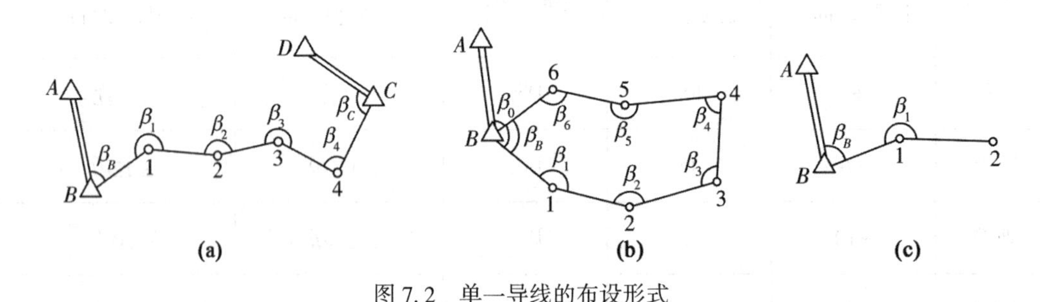

图 7.2　单一导线的布设形式

7.2.2 导线测量的等级与技术要求

按照《工程测量规范》(GB50026—2007)的规定，城市平面控制网用电磁波测距导线方法布网的主要技术指标如表 7.5 所示。

7.2.3 导线测量的外业工作

导线测量的外业工作包括踏勘选点及建立标志、测角、量距等工作。

1. 踏勘选点及建立标志

导线测量的首要工作是踏勘选点，即根据测区实际情况选择一定数量的导线点作为测图或施工放样的基础。在选点之前，应到有关部门收集地形测量、控制测量等资料。根据测区内已有控制点的情况和工程的需要，先在已有的地形图上初步拟定出导线的布设方案，然后到实地对照，根据实地情况进行修改，最后拟定一个经济合理的导线布设方案。实地选点时应注意以下几点：

①点位应选在土质坚实，便于安置仪器和保存标志的地方。

②相邻点间应通视良好，地势平坦，便于测角和量距。

表 7.5　　　　导线测量的技术要求

等级	导线长度(km)	平均边长(km)	测角中误差(″)	测距中误差(mm)	测距相对中误差	测回数			方位角闭合差(″)	导线全长相对闭合差
						DJ_1	DJ_2	DJ_6		
三等	14	3.0	1.8	±20	1/150 000	6	10	-	$3.6\sqrt{n}$	1/55 000
四等	9	1.5	2.5	±18	1/80 000	4	6	-	$5\sqrt{n}$	1/35 000
一级	4	0.5	5.0	±15	1/30 000	-	2	4	$10\sqrt{n}$	1/15 000
二级	2.4	0.25	8.0	±15	1/14 000	-	1	3	$16\sqrt{n}$	1/10 000
三级	1.2	0.1	12.0	±15	1/7 000	-	1	2	$24\sqrt{n}$	1/5 000
图根	$a\times M$	-	首级 20 一般 30	±15	1/4 000	-	1	1	$40\sqrt{n}$ $60\sqrt{n}$	$1/(2000\times a)$

注：表中 n 为导线转折角的个数；M 为比例尺分母；a 为比例系数，取值宜为 1，当采用 1∶500、1∶1000比例尺测图时，其值在 1~2 之间选用。当测区测图的最大比例尺为 1∶1000 时，一、二、三级导线的导线长度、平均边长可适当放长，但不应大于表中规定的长度的 2 倍。

③视野开阔，便于碎部点的施测。

④导线各边的长度应大致相等，平均边长如表 7.5 所示。

⑤导线点应有足够的密度，分布较均匀，便于控制整个测区。

导线点选定后，应在点位上埋设标志。可在水泥地面上用红漆画一个圆，圆内点一个小点，作为临时性标志，也可以采用木桩标志。若导线点需要长期保存，应埋设混凝土桩(图 7.3)或石桩，桩顶嵌入带“+”字的金属标志，或将标志直接嵌入水泥地面或岩石上，作为永久性标志。导线点应按顺序统一编号。为了便于寻找，应测出导线点与附近明显地物的距离，绘制草图，注明尺寸(图 7.4)，称为“点之记”。

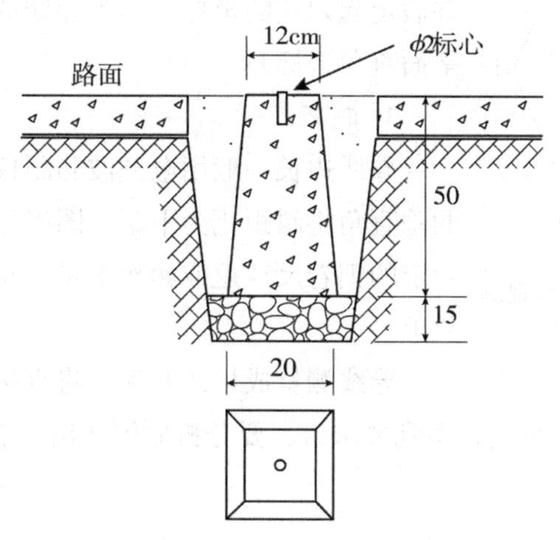

图 7.3　混凝土导线点埋设

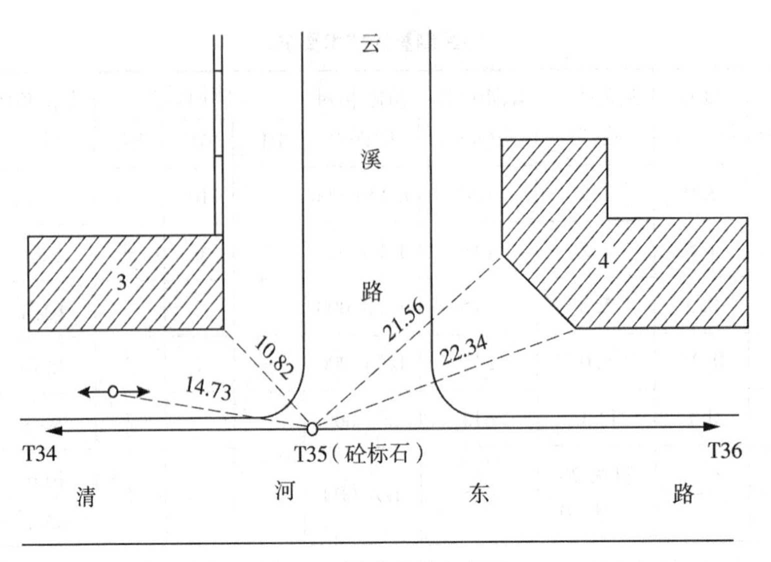

图 7.4　导线点的点之记

2. 测角

导线的转折角是在导线点上由相邻两导线边构成的水平角。导线的转折角分为左角和右角，在导线前进方向左侧的水平角称为左角，在右侧的称右角。导线转折角的测量一般采用测回法观测，多于两个方向的，可用方向法观测。在附合导线中，一般测量导线左角；在闭合导线中均测内角；对于图根支导线应分别观测左角和右角，以供检核。

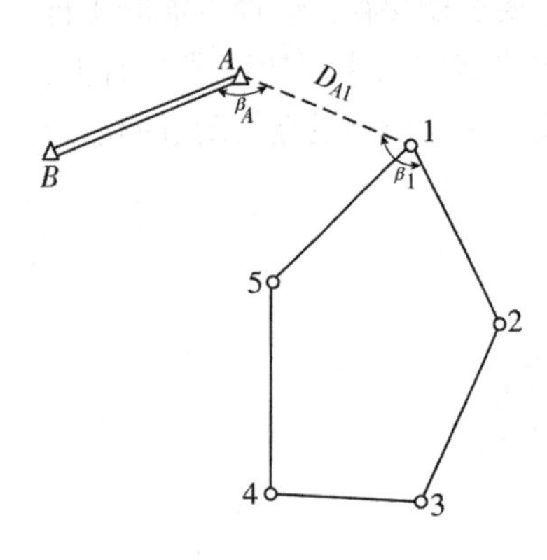

图 7.5　导线的定向与转折角观测

当导线需要与高级控制点连接时(如图 7.5 所示)，必须观测连接角 β_A、β_1 及连接边 D_{A1}，以便求得导线起始点的坐标及起始边的坐标方位角。如果测区及其附近没有高级控制点时，可应用罗盘仪测出导线起始边的磁方位角，并假定起始点的坐标，作为导线的起始数据，即建立独立平面直角坐标系。

3. 测距

导线边长一般用电磁波测距仪或全站仪观测，同时观测垂直角将斜距化为平距。图根导线的边长也可以用经过检定的钢卷尺往返或两次丈量。相应精度应满足表 7.5 的要求。

导线测量成果的好坏，将直接影响测图和其他工作的质量。因此，观测成果的精度达不到要求时，要分析原因找出疑点，有目的地进行局部或全部返工，直至达到要求。

7.3 导线测量的内业计算

导线测量内业计算的目的是根据起始点的坐标和起始边的坐标方位角，以及外业所观测的导线边长和转折角，计算各导线点的坐标。

计算之前，应全面检查导线测量外业成果，检查数据是否齐全，有无记错、算错，成果是否符合精度要求，起算数据是否正确。然后绘制计算略图，并把边长、转折角、起始边方位角及已知点坐标等计算数据注在图上的相应位置。

7.3.1 附合导线坐标的计算

以图 7.6 坐标正算示意图所示的数据为例，结合“附合导线坐标计算表”的使用，介绍附合导线坐标计算的步骤。

计算前先将图 7.6 中的有关数据填入表 7.6 中的相应栏内，起算数据用双线标明。

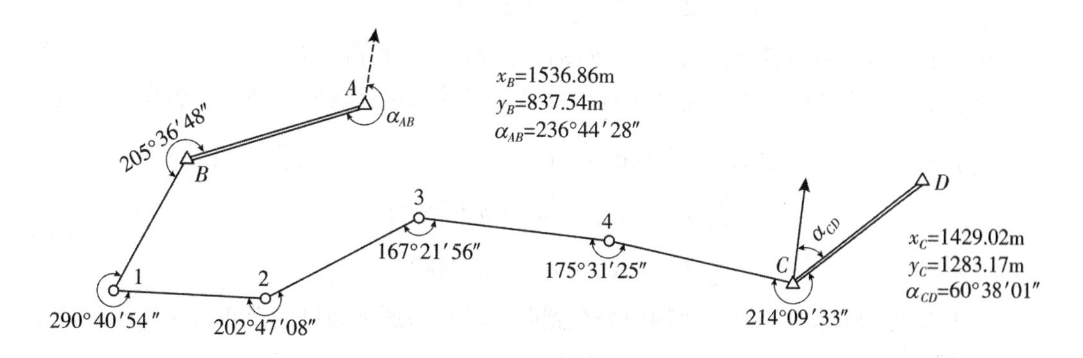

图 7.6 附合导线略图

1. 角度闭合差的计算与调整

根据起始边已知坐标方位角 α_{AB} 及观测的转折角 β（右角），按方位角公式推算出终边 CD 的坐标方位角 α'_{CD}。

$$\begin{aligned}
\alpha_{B1} &= \alpha_{AB} + 180^\circ - \beta_B \\
\alpha_{12} &= \alpha_{B1} + 180^\circ - \beta_1 \\
\alpha_{23} &= \alpha_{12} + 180^\circ - \beta_2 \\
\alpha_{34} &= \alpha_{23} + 180^\circ - \beta_3 \\
\alpha_{4C} &= \alpha_{34} + 180^\circ - \beta_4 \\
+)\ \alpha'_{CD} &= \alpha_{4C} + 180^\circ - \beta_C \\
\hline
\alpha'_{CD} &= \alpha_{AB} + 6 \times 180^\circ - \sum \beta_{测}
\end{aligned}$$

写成一般公式为：

$$\alpha'_{终} = \alpha_{起} \pm n \cdot 180^\circ - \sum \beta_{测} \tag{7-1}$$

式中：$\alpha'_{终}$ 为推算出的终边坐标方位角；

$\alpha_{起}$为已知的起始边坐标方位角；

n 为观测角的个数。

各转折角右角之和的理论值为 $\sum\beta_{理}$，它与终边已知的方位角 $\alpha_{终}$有如下关系：

$$\alpha_{终} = \alpha_{起} \pm n \cdot 180° - \sum\beta_{理} \tag{7-2}$$

由于导线测角存在误差，故 $\sum\beta_{测}$ 与 $\sum\beta_{理}$不相等，二者之差为角度闭合差，其值为：

$$f_\beta = \sum\beta_{测} - \sum\beta_{理} \tag{7-3}$$

将式(7-1)和式(7-2)代入上式得：

$$f_\beta = \sum\beta_{测} - \alpha_{起} + \alpha_{终} - n \times 180° \tag{7-4}$$

若观测左角，则为：

$$f_\beta = \sum\beta_{测} + \alpha_{起} - \alpha_{终} + n \times 180° \tag{7-5}$$

设导线角度闭合差的容许值为$f_{\beta容}$，则图根导线$f_{\beta容} = 40''\sqrt{n}$。若$f_\beta$超过$f_{\beta容}$，则应分析原因进行重测。若不超过，可将角度闭合差反符号平均分配到各观测角中，各角改正数均为 $V_\beta = -f_\beta/n$ 。改正后的角值(简称改正角) $\bar{\beta} = \beta + V_\beta$ 。改正角之和应满足下列条件：

$$\left.\begin{aligned}\sum\bar{\beta}_{右} &= \alpha_{起} - \alpha_{终} + n \cdot 180° \\ \sum\bar{\beta}_{左} &= \alpha_{终} - \alpha_{起} - n \cdot 180°\end{aligned}\right\} \tag{7-6}$$

当f_β不能被n整除时，将余数均匀分配到若干较短边所夹角度的改正数中。角度改正数应满足 $\sum V_\beta = -f_\beta$ ，此条件用于计算检核。

2. 各边坐标方位角的计算

根据起始边已知坐标方位角和改正值，推算各边的坐标方位角，并填入表 7.6 的第 5 栏内。例如：

$$\alpha_{B1} = \alpha_{AB} + 180° - \beta_B = 236°44'28''+180°-205°36'35''=211°07'53''$$

按上述方法逐边推算坐标方位角，最后算出的终边坐标方位角，应与已知的终边坐标方位角相等，否则应重新检查计算。

3. 坐标增量的计算与调整

(1)坐标增量的计算

根据已推算出的导线各边的坐标方位角和相应边的边长，计算各边的坐标增量。例如，导线边 $B1$ 的坐标增量为：

$$\Delta x_{B1} = D_{B1}\cos\alpha_{B1} = 125.36 \times \cos 211°07'53'' = -107.31\text{m}$$

$$\Delta y_{B1} = D_{B1}\sin\alpha_{B1} = 125.36 \times \sin 211°07'53'' = -64.81\text{m}$$

同法算得其他各边的坐标增量值，填入表 7.6 的第 7、8 两栏的相应格内。

(2)坐标增量闭合差的计算与调整。

理论上，各边的纵、横坐标增量代数和的理论值应等于终、始两已知点间的纵、横坐标差，即：

$$\sum \Delta x_{理} = x_C - x_B$$

$$\sum \Delta y_{理} = y_C - y_B$$

由于调整后的各转折角和实测的各导线边长均含有误差，导致由它们为基础计算的各边纵、横坐标增量，其代数和不等于附合导线终点和起点的纵、横坐标之差，差值即为纵、横坐标增量闭合差 f_x 和 f_y，即：

$$f_x = \sum \Delta x - \sum \Delta x_{理} = \sum \Delta x - (x_C - x_B)$$

$$f_y = \sum \Delta y - \sum \Delta y_{理} = \sum \Delta y - (y_C - y_B)$$

坐标增量闭合差的一般公式为：

$$\left.\begin{aligned} f_x &= \sum \Delta x - (x_{终} - x_{始}) \\ f_y &= \sum \Delta y - (y_{终} - y_{始}) \end{aligned}\right\} \tag{7-7}$$

从图 7.7 中可以看出，由于 f_x 和 f_y 的存在，导线不能和 CD 连接。C—C' 的长度 f_D 称为导线全长闭合差，并用下式计算：

$$f_D = \sqrt{f_x^{\,2} + f_y^2} \tag{7-8}$$

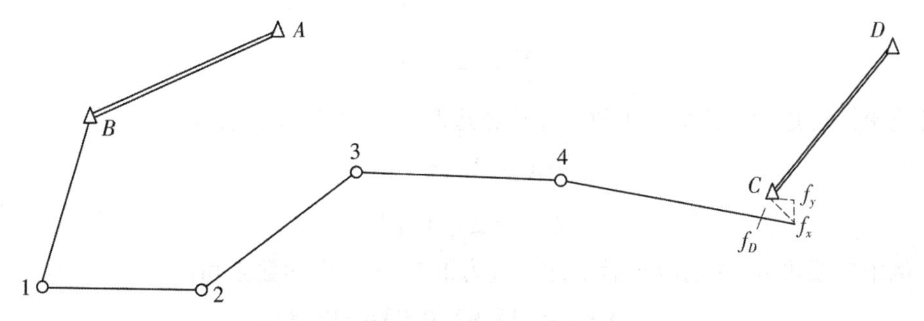

图 7.7 附合导线闭合差的产生

仅以 f_D 值的大小还不能显示导线测量的精度，应当将 f_D 与导线全长 $\sum D$ 相比较，即以分子为 1 的分数来表示导线全长相对闭合差，即：

$$K = \frac{f_D}{\sum D} = \frac{1}{\dfrac{\sum D}{f_D}} \tag{7-9}$$

以相对闭合差 K 来衡量导线测量的精度，K 的分母越大，精度越高。不同等级的导线，其容许相对闭合差见表 7.5。图根导线的相对闭合差不大于为 1/2000。

本例中 f_x、f_y、f_D 及 K 的计算见表 7.6 辅助计算栏。

若 K 大于 $K_{容}$，则说明成果不合格，应首先检查内业计算有无错误，然后检查外业观测成果，必要时要重测。若 K 不超过 $K_{容}$，则说明测量成果符合精度要求，可以进行调整。调整的原则是：将f_x、f_y以相反符号按边长成正比例分配到相应纵、横坐标增量中去。以v_{x_i}、v_{y_i}分别表示第i边的纵、横坐标增量改正数，即：

$$\left.\begin{aligned} v_{x_i} &= -\frac{f_x}{\sum D}D_i \\ v_{y_i} &= -\frac{f_y}{\sum D}D_i \end{aligned}\right\} \tag{7-10}$$

本例中导线边1—2的坐标增量改正数为：

$$v_{x_{12}} = -\frac{f_x}{\sum D}D_{12} = -\frac{-0.19}{641.44} \times 98.76 = 0.03\text{m}$$

$$v_{y_{12}} = -\frac{f_y}{\sum D}D_{12} = -\frac{-0.11}{641.44} \times 98.76 = 0.02\text{m}$$

同理求得其他各导线边的纵、横坐标增量改正数填入表7.6的第7、8栏坐标增量值相应方格的上方，改正数取位到厘米。

纵、横坐标增量改正数之和应满足下式：

$$\left.\begin{aligned} \sum v_x &= -f_x \\ \sum v_y &= -f_y \end{aligned}\right\} \tag{7-11}$$

各边坐标增量计算值加改正数，即得各边改正后的坐标增量，即：

$$\left.\begin{aligned} \Delta \bar{x}_i &= \Delta x_i + v_{x_i} \\ \Delta \bar{y}_i &= \Delta y_i + v_{y_i} \end{aligned}\right\} \tag{7-12}$$

本例中导线边B—1的改正后坐标增量为第7、8栏内两数之和：

$$\Delta \bar{x}_{12} = -17.92 + 0.03 = -17.89\text{m}$$

$$\Delta \bar{y}_{12} = -97.12 - 0.02 = +97.10\text{m}$$

同理求得其他各导线边的改正后坐标增量，填入表7.6的第9、10栏内。改正后的纵、横坐标增量之代数和应分别等于终、始已知点坐标之差，以此作为计算检核（见表7.6中第9、10栏）。

4. 导线点的坐标计算

根据导线起始点B的已知坐标及改正后的坐标增量，按坐标正算的方法依次推算出其他各导线点的坐标，填入表7.6中的第11、12栏内。最后应推算出终点C的坐标，其值应与C点已知坐标相同，以此作为计算检核。

7.3.2 闭合导线坐标的计算

闭合导线的坐标计算与附合导线基本相同，主要区别是角度闭合差与坐标增量闭合差的计算方法不同。以闭合导线图7.8中的数据为例说明闭合导线不同的计算方法。

1. 角度闭合差的计算

图 7.8 为闭合导线，n 边形闭合导线内角和的理论值应为：

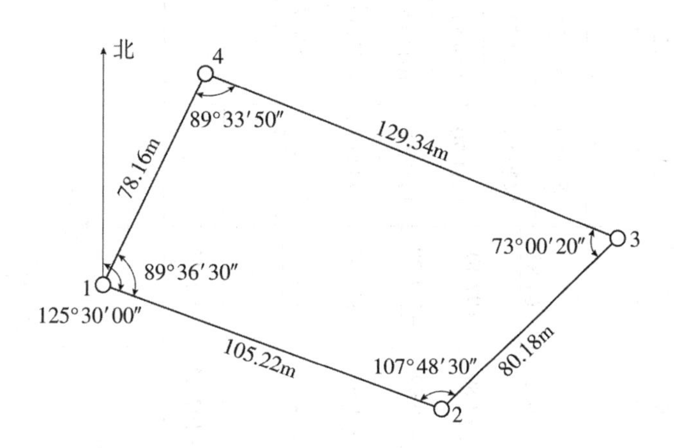

图 7.8　闭合导线略图

$$\sum \beta_{理} = (n-2) \times 180$$

由于观测角不可避免地存在误差，导致实测的内角总和 $\sum \beta_{测}$ 不等于 $\sum \beta_{理}$，而产生角度闭合差为：

$$f_\beta = \sum \beta_{测} - \sum \beta_{理}$$

闭合导线角度闭合差的调整与附合导线相同，将角度闭合差反符号平均分配到各观测角中。

2. 坐标增量闭合差的计算

根据闭合导线本身的几何特点，由边长和坐标方位角计算的各边纵、横坐标增量，其代数和的理论值应等于 0，即：

$$\sum \Delta x_{理} = 0$$

$$\sum \Delta y_{理} = 0$$

实际上由于量边的误差和角度闭合差调整后的残余误差，往往使 $\sum \Delta x_{测}$、$\sum \Delta y_{测}$ 不等于零，从而产生纵坐标增量闭合差 f_x 和横坐标增量闭合差 f_y，即：

$$\left.\begin{aligned} f_x &= \sum \Delta x_{测} \\ f_y &= \sum \Delta y_{测} \end{aligned}\right\} \qquad (7\text{-}13)$$

如本例(表 7.6)纵、横坐标增量闭合差为：

$f_x = 0.09\text{m}$　　$f_y = -0.07\text{m}$

坐标增量闭合差的调整与附合导线相同。闭合导线坐标计算的全过程，见表 7.7 算例。

表 7.6　　**附合导线坐标计算表**

点号	观测角（右角）(° ′ ″)	改正数 (″)	改正角 (° ′ ″)	坐标方位角 α (° ′ ″)	距离 D (m)	增量计算值 Δx (m)	增量计算值 Δy (m)	改正后增量 Δx (m)	改正后增量 Δy (m)	坐标值 x (m)	坐标值 y (m)	点号
1	2	3	4=2+3	5	6	7	8	9	10	11	12	13
A				236 44 28								
B	205 36 48	-13	205 36 35							1536.86	837.54	B
				211 07 53	125.36	+4 -107.31	-2 -64.81	-107.27	-64.83			
1	290 40 54	-12	290 40 42							1429.59	772.71	1
				100 27 11	98.76	+3 -17.92	-2 +97.12	-17.89	+97.10			
2	202 47 08	-13	202 46 55							1411.70	869.81	2
				77 40 16	114.63	+4 +30.88	-2 +141.29	+30.92	+141.27			
3	167 21 56	-13	167 21 43							1442.62	1011.08	3
				90 18 33	116.44	+3 -0.63	-2 +116.44	-0.60	+116.42			
4	175 31 25	-13	175 31 12							1442.02	1127.50	4
				94 47 21	156.25	+5 -13.05	-3 +155.70	-13.00	+155.67			
C	214 09 33	-13	214 09 20							1429.02	1283.17	C
D				60 38 01								
总和	1256°07′44″	-77	1256°06′25″		641.44	-108.03	+445.74	-107.84	+445.63			

辅助计算

$f_B = \sum\beta_{测} - \alpha_{始} + \alpha_{终} - n\cdot 180°$
$= 1256°07'44'' - 236°44'28'' + 60°38'01'' - 6\times 180°$
$= +1'17''$

$f_{\beta容} = \pm 60''\sqrt{6} = \pm 147''$

$\sum\Delta x_{测} = -108.03$
$-)\ x_C - x_B = -107.84$
$f_x = -0.19$

$\sum\Delta y_{测} = +445.74$
$-)\ y_C - y_B = +445.63$
$f_y = +0.11$

导线全长闭合差 $f_D = \sqrt{f_x^2 + f_y^2} = \pm 0.22\text{m}$

相对闭合差 $K = \dfrac{0.22}{641.44} = \dfrac{1}{2900}$

容许相对闭合差 $K_{容} = \dfrac{1}{2000}$

表 7.7

闭合导线坐标计算表

点号	观测角（左角）(° ′ ″)	改正数 (″)	改正角 (° ′ ″)	坐标方位角 α (° ′ ″)	距离 D (m)	增量计算值 Δx (m)	增量计算值 Δy (m)	改正后增量 Δx (m)	改正后增量 Δy (m)	坐标值 x (m)	坐标值 y (m)	点号
1	2	3	4=2+3	5	6	7	8	9	10	11	12	
1										500.00	500.00	1
				125 30 00	105.22	−2 −61.10	+2 +85.66	−61.12	+85.68			
2	107 48 20	+13	107 48 43							438.88	585.68	2
				53 18 43	80.18	−2 +47.90	+2 +64.30	+47.88	+64.32			
3	73 00 20	+12	73 00 32							486.76	650.00	3
				306 19 15	129.34	−3 +76.61	+2 −104.21	+76.58	−104.19			
4	89 33 50	+12	89 34 02							563.34	545.81	4
				215 53 17	78.16	−2 −63.32	+1 −45.82	−63.34	−45.81			
1	89 36 30	+13	89 36 43							500.00	500.00	1
				125 30 00								
2												
总和	359 59 10	+50	360 00 00		392.90	+0.09	−0.07	0.00	0.00			

辅助计算：

$\sum \beta_{测} = 359°59'10''$

$-\sum \beta_{理} = 360°00'00''$

$f_\beta = -50$

$f_{\beta_{容}} = \pm 60''\sqrt{4} = \pm 120''$

$f_x = \sum \Delta x_{测} = +0.09 \quad f_y = \sum \Delta y_{测} = -0.07$

导线全长闭合差 $f_D = \sqrt{f_x^2 + f_y^2} = \pm 0.11\text{m}$

相对闭合差 $K = \dfrac{0.11}{392.90} \approx \dfrac{1}{3500}$

容许相对闭合差 $K_{容} = \dfrac{1}{2000}$

注：本例为图根导线，故边长和坐标取至厘米；$f_{\beta_{容}} = \pm 60''\sqrt{n}$；$K_{容} = \dfrac{1}{2000}$。

7.4　小三角测量

小三角测量是常规布设和加密平面控制网的一种方法。即在测区内布设边长较短的三角网，观测所有三角形的各内角，用近似方法进行平差，然后应用正弦定理算出各三角形的边长，再根据已知边的坐标方位角、已知点的坐标(或假定坐标)，求出各三角点的坐标。与导线测量相比，小三角测量可不需要测距，但测角任务较重，主要用于山区和丘陵地区的测图控制和隧道、桥梁等工程的施工控制测量。但随着测距仪(全站仪)的普及，小三角测量的应用范围已越来越小。

小三角测量根据测区情况，可布设成：单三角锁、中点多边形、大地四边形和线形三角锁等不同图形，分别如图7.9(a)、(b)、(c)、(d)所示。根据测区大小和工程规模以及精度要求，各级小三角网的主要技术要求见表7.1。

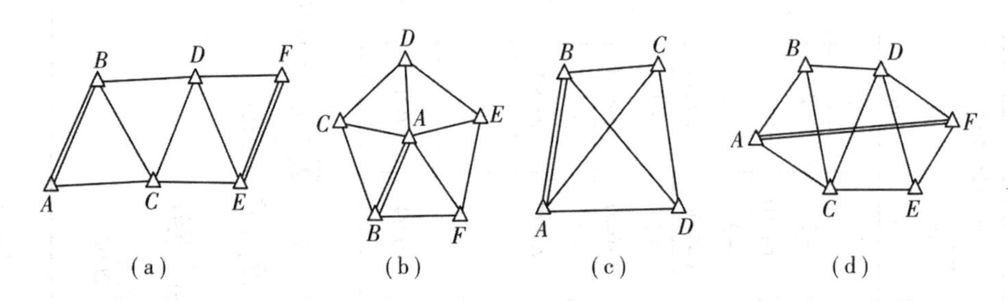

图7.9　小三角的布设形式

7.4.1　小三角测量的外业工作

小三角测量的外业工作包括踏勘选点、建立标志、边长(基线)测量和水平角测量。

1. 踏勘选点及建立标志

与导线测量类似，选点前应搜集测区已有的地形图和控制点的成果资料，先在原有的地形图上设计布网方案，然后再到实地踏勘，根据地形地貌选定布网方案及点位。选定小三角点位时应注意以下几点：

①起始边位置应选在地势平坦、便于量距的地段。

②小三角点应选在土质坚实、视野开阔、相互通视、便于保存点位和便于角度观测的地方。

③各三角形的内角应大致相等，若条件不许可，角度不宜超过30°~150°。

点位选定后，与导线相似，应根据需要建立标志，并对各点进行编号，绘制“点之记”图。

2. 基线测量

基线是推算小三角网(锁)各边长度的起算边，其精度直接影响整个三角网的精度，因此，基线测量的精度必须符合表7.1的规定。

基线可用检定过的钢尺往返测量，也可用中、短程光电测距仪往、返观测或单向观测，测回数不少于 2。

3. 水平角测量

水平角测量是小三角测量外业的主要工作。当观测方向为两个时，采用测回法观测；当观测方向超过两个时，采用方向观测法。观测的技术要求参考表 7.1 中的规定。

7.4.2 小三角测量的内业计算

小三角测量内业计算的目的是求算各三角点的坐标。其内容包括外业观测成果的整理和检查，角度调整，边长和坐标的计算。小三角测量的计算采用近似平差方法，只考虑角度闭合差和边长闭合差，并且在调整时将这两项闭合差分开进行。也可采用计算机程序计算。

7.5 交会定点

平面控制测量时，如果导线点或三角点密度不能满足测图或工程需要，可采用交会法进行个别点位的加密。交会法分为测角交会法和距离交会法两类。测角交会法包括前方交会法、侧方交会法、单三角形交会和后方交会法等，如图 7.10(a)、(b)、(c)、(d)所示。距离交会法如图 7.10(e)。在图 7.10 中，A、B、C 均为已知控制点，α、β、γ 为水平角观测值，D_a、D_b 为边长测定值，P 为未知点。限于篇幅，下面重点介绍前方交会和距离交会的计算方法。

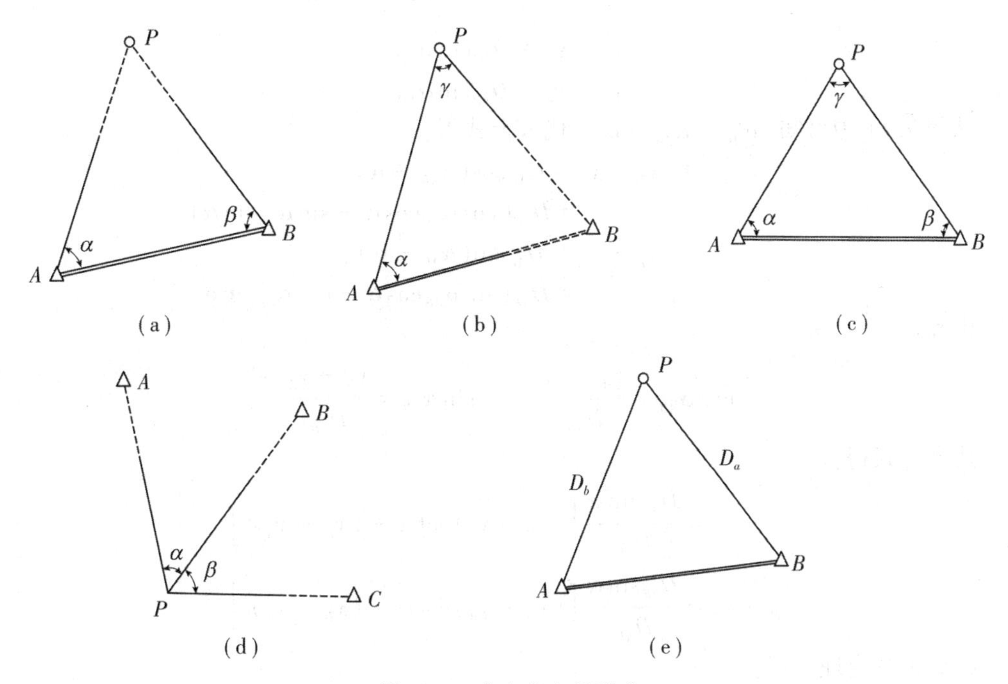

图 7.10 交会定点的形式

7.5.1 前方交会

1. 基本公式

如图 7.11 所示，已知 A、B 两点的坐标(x_A, y_A)、(x_B, y_B)和水平角 α、β。设未知点 P 的坐标为(x_P, y_P)，AP 边的边长为 D_{AP}，坐标方位角为 α_{AP}，其计算公式如下：

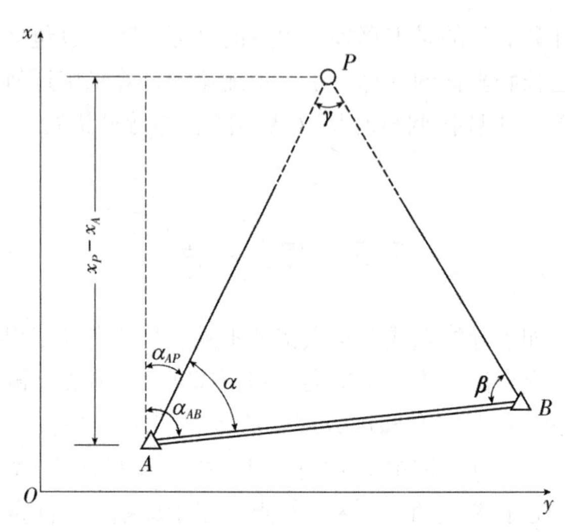

图 7.11　前方交会的计算

$$x_P = x_A + D_{AP}\cos\alpha_{AP}$$
$$y_P = y_A + D_{AP}\sin\alpha_{AP}$$

从图 7.11 中可知，$\alpha_{AP} = \alpha_{AB} - \alpha$，代入上式得：

$$\begin{aligned} x_P - x_A &= D_{AP}\cos(\alpha_{AB} - \alpha) \\ &= D_{AP}(\cos\alpha_{AB}\cos\alpha + \sin\alpha_{AB}\sin\alpha) \end{aligned}$$

$$\begin{aligned} y_P - y_A &= D_{AP}\sin(\alpha_{AB} - \alpha) \\ &= D_{AP}(\sin\alpha_{AB}\cos\alpha - \cos\alpha_{AB}\sin\alpha) \end{aligned}$$

因为：

$$\cos\alpha_{AB} = \frac{x_B - x_A}{D_{AB}} \qquad \sin\alpha_{AB} = \frac{y_B - y_A}{D_{AB}}$$

代入上式得：

$$x_P - x_A = \frac{D_{AP}\sin\alpha}{D_{AB}}\left[(x_B - x_A)\cot\alpha + (y_B - y_A)\right]$$

$$y_P - y_A = \frac{D_{AP}\sin\alpha}{D_{AB}}\left[(y_B - y_A)\cot\alpha - (x_B - x_A)\right]$$

根据正弦定理，得：

$$\frac{D_{AP}}{D_{AB}} = \frac{\sin\beta}{\sin\gamma} = \frac{\sin\beta}{\sin(\alpha + \beta)}$$

$$\frac{D_{AP}\sin\alpha}{D_{AB}}=\frac{\sin\alpha\sin\beta}{\sin(\alpha+\beta)}=\frac{1}{\cot\alpha+\cot\beta}$$

故

$$x_P-x_A=\frac{(x_B-x_A)\cot\alpha+(y_B-y_A)}{\cot\alpha+\cot\beta}$$

$$y_P-y_A=\frac{(y_B-y_A)\cot\alpha+(x_A-x_B)}{\cot\alpha+\cot\beta}$$

即：

$$\left.\begin{aligned}x_P&=\frac{x_A\cot\beta+x_B\cot\alpha-y_A+y_B}{\cot\alpha+\cot\beta}\\y_P&=\frac{y_A\cot\beta+y_B\cot\alpha+x_A-x_B}{\cot\alpha+\cot\beta}\end{aligned}\right\}\tag{7-14}$$

化成正切公式为：

$$\left.\begin{aligned}x_P&=\frac{x_A\tan\alpha+x_B\tan\beta+(y_B-y_A)\tan\alpha\tan\beta}{\tan\alpha+\tan\beta}\\y_P&=\frac{y_A\tan\alpha+y_B\tan\beta+(x_A-x_B)\tan\alpha\tan\beta}{\tan\alpha+\tan\beta}\end{aligned}\right\}\tag{7-15}$$

2. 计算实例(表 7. 8)

为了校核和提高 P 点精度，一般要求前方交会法有三个已知点(示意图中的 A、B、C)，观测四个水平角(示意图中的 α_1、β_1、α_2、β_2)。按式(7-15)，分别在 $\triangle ABP$ 和 $\triangle BCP$ 中计算出 P 点两组坐标 $P'(x'_P, y'_P)$ 和 $P''(x''_P, y''_P)$。当两组坐标较差在容许限差内时，取其平均值作为 P 点的最后坐标。一般规范规定，两组坐标较差 e 不大于两倍比例尺精度，用公式表示为：

表 7. 8 **前方交会坐标计算**

点名	x		观测角		y	
A	x_A	37477.54	α_1	40°41′57″、	y_A	16307.24
B	x_B	37327.20	β_1	75°19′02″	y_B	16078.90
P	x'_P	37194.57			y'_P	16226.42
B	x_B	37327.20	α_2	59°11′35″	y_B	16078.90
C	x_C	37163.69	β_2	69°06′23″	y_C	16046.65
P	x''_P	37194.54			y''_P	19226.42
中数	x_P	37194.56			y_P	16226.42
略图	(示意图：C、B、A、P；β_2、α_2、β_1、α_1)		辅助计算	$\delta_x=0.03$；$\delta_y=0$；$e=0.03$ $e_{容}=0.2\times10^{-3}M=0.2$；$M=1000$		

$$e = \sqrt{\delta_x^{\ 2} + \delta_y^{\ 2}} \leqslant e_{容} = 2 \times 0.1M(\text{mm}) \tag{7-16}$$

式中：$\delta_x = x'_P - x''_P$，$\delta_y = y'_P - y''_P$；

M——测图比例尺分母。

7.5.2 距离交会

1. 基本公式

如图 7.10(e)所示，已知 A、B 两点的坐标(x_A，y_A)、(x_B，y_B)和实测水平距离 D_a、D_b。设未知点 P 的坐标为(x_P，y_P)，A、B 两点间的水平距离为 D_{AB}，直线 AB 的坐标方位角为 α_{AB}，则：

$$\angle A = \arccos \frac{D_b^{\ 2} + D_{AB}^{\ 2} + D_a^{\ 2}}{2D_b D_{AB}} \tag{7-17}$$

得 AP 边的坐标方位角为：

$$\alpha_{AP} = \alpha_{AB} - \angle A \tag{7-18}$$

则 P 点的坐标为：

$$\left.\begin{aligned} x_P &= x_A + D_{AP}\cos\alpha_{AP} \\ y_P &= y_A + D_{AP}\sin\alpha_{AP} \end{aligned}\right\} \tag{7-19}$$

2. 计算实例

计算实例如表 7.9 所示，与前方交会法类似，为检查观测错误和控制点坐标抄录错误等，需测量三条边，组成两个距离交会图形，解出 P 点两组坐标，在满足限差条件下，取两组坐标平均值作为 P 点的坐标。

表 7.9　　　　　　　　　　**距离交会坐标计算**

三角形编号	边名	边长	点名	坐标 x	坐标 y	略图
Ⅰ	$AP(D_b)$	321.180	$A(A)$	524.767	919.750	P Ⅰ Ⅱ A B C
	$AB(D_{AB})$	301.065	$B(B)$	479.593	1217.407	
	$BP(D_a)$	312.266	$P(P)$	776.161	1119.644	
Ⅱ	$BP(D_b)$	312.266	$B(A)$	479.593	1217.407	
	$BC(D_{AB})$	260.722	$C(B)$	700.433	1355.991	
	$CP(D_a)$	248.177	$P(P)$	776.163	1119.650	
	P 点最后坐标			776.162	1119.647	
辅助计算	$\alpha'_{AB} = 98°37'47''$ $-)\ \angle A' = 60°08'24''$ $\alpha'_{AP} = 38°29'23''$		$\alpha''_{AB} = 32°06'34''$ $-)\ \angle A'' = 50°21'11''$ $\alpha''_{AP} = 341°45'23''$		$\delta_x = -0.002$　$\delta_y = -0.006$ $e = 0.006$　$M = 1000$ $e_{容} \leqslant \pm 0.2 \times 10^{-3}M = \pm 0.2$	

本章小结

本单元学习了小区域平面控制测量的基本方法和要求，重点学习了导线测量和交会定点的两种常用方法。

导线测量分为外业和内业两部分。外业工作主要有踏勘、选点、测角、量边等工作。内业工作主要包括角度闭合差计算与调整、方位角推算、坐标增量计算、坐标闭合差的计算与调整、各点的坐标计算。角度闭合差的调整原则是将闭合差反号平均分配到观测角上，而坐标增量闭合差调整原则是将闭合差反号按边长成比例分配到各坐标增量上。

当平面控制点的密度不能满足测量要求时，需要加密控制点。加密控制点通常采用测角交会和测边交会。测角交会分为前方交会、侧方交会、后方交会。

通过本章的学习，要求具备导线的选点、观测和平差计算的能力，具备常用交会定点的测量和计算能力。通过相应实训项目的训练，培养学生具备在实际工程中建立小区域平面控制网的综合能力。

习题和思考题

1. 控制测量有何作用？控制网有哪几种布设形式？

2. 导线有哪几种布设形式？选定导线点应注意哪些问题？

3. 小三角网有哪几种形式？它的外业工作有哪些？

4. 交会定点有哪几种形式？思考各种交会定点方法的适用情况。

5. 在某施工区域内施测一闭合导线，已知数据是：$X_1 = 1000.00\text{m}$，$Y_1 = 1000.00\text{m}$，$\alpha_{12} = 125°30'30''$，$\beta_1 = 89°36'36''$，$\beta_2 = 107°48'34''$，$\beta_3 = 73°00'18''$，$\beta_4 = 89°33'42''$；观测的是左角。$D_{12} = 105.22\text{m}$，$D_{23} = 80.18\text{m}$，$D_{34} = 129.34\text{m}$，$D_{41} = 78.16\text{m}$。画出其略图，并在图上标出相关数据，列表计算 2、3、4 点的坐标。

6. 在某建筑区域内施测一条附合导线，已知数据是：$x_A = 347.310\text{m}$，$y_A = 347.310\text{m}$；$x_B = 700.000\text{m}$，$y_B = 700.000\text{m}$；$x_C = 655.369\text{m}$，$y_C = 1256.061\text{m}$；$x_D = 422.497\text{m}$，$y_D = 1718.139\text{m}$。$\beta_B = 120°30'18''$，$\beta_1 = 212°15'12''$，$\beta_2 = 145°10'06''$，$\beta_C = 170°18'24''$，$D_{B1} = 297.26\text{m}$，$D_{12} = 187.81\text{m}$，$D_{2C} = 93.40\text{m}$。观测的是右角，画出其略图，并在图上标出相关数据，列表计算 1、2 点的坐标。

7. 前方交会观测数据如图 7.12 所示，已知 $x_A = 1112.342\text{m}$，$y_A = 351.727\text{m}$，$x_B = 659.232\text{m}$，$y_B = 355.537\text{m}$，$x_C = 406.593\text{m}$，$y_C = 654.051\text{m}$，求 P 点的坐标。

8. 距离交会观测数据如图 7.13 所示，已知 $x_A = 1223.453\text{m}$，$y_A = 462.838\text{m}$，$x_B = 770.343\text{m}$，$y_B = 466.648\text{m}$，$x_C = 517.704\text{m}$，$y_C = 765.162\text{m}$，求 P 点的坐标。

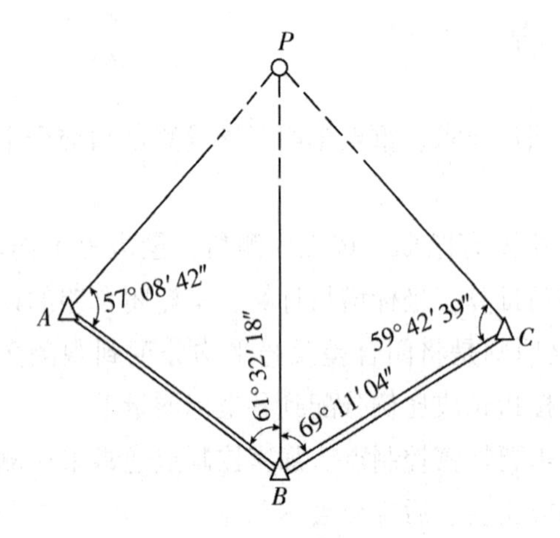

图 7.12　前方交会计算

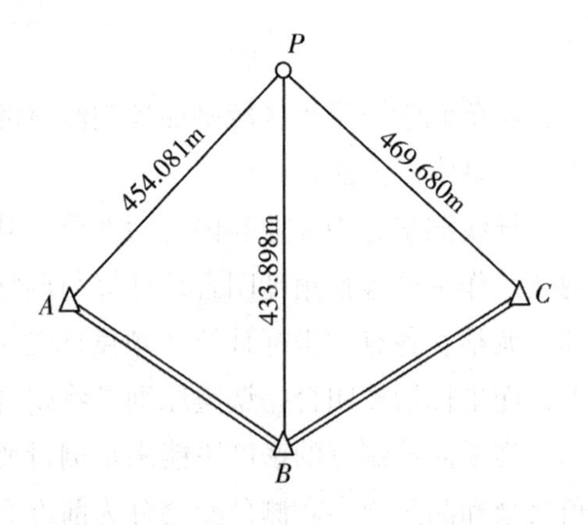

图 7.13　距离交会计算

第 8 章　大比例尺地形图测绘

【教学目标】学习本章，要通过学习地形图的概念、地形图的比例尺、地形图的图名、图号和图廓、地形图的分幅与编号方法等内容去全面掌握地形图的基础知识，能够了解地形图图式的分类并读懂地形图图式，掌握传统手工测绘大比例尺地形图的基本方法，了解如何进行地形图的拼接、检查、整饰与验收。

8.1　地形图的基础知识

8.1.1　地形图的概念

地球表面的形状十分复杂，物体种类繁多，地势起伏形态各异，但总体上可分为地物和地貌两大类。具有明显轮廓、固定性的自然形成或人工构筑的各种物体称为地物，如河流、湖泊、草地、森林等属于自然地物，道路、房屋、电线、水渠等属于人工地物，地球表面的自然起伏，变化各异的形态称为地貌，如山地、盆地、丘陵、平原等，地物和地貌统称为地形。

应用相应的测绘方法，通过实地测量，将地面上的各种地形沿铅垂方向投影到水平面上，并按规定的地形图图式符号和一定的比例尺缩绘成图称为地形图。地形图在图上既表示地物的平面位置，又表示地面的起伏状态，即地貌的情况。在图上仅表示地物平面位置的称为地物图。

地形图能客观地反映地面的实际情况，特别是大比例尺地形图是各项工程规划、设计和施工必不可少的基础资料，所以要全面学习地形图的基础知识，才能正确识读和应用地形图，正确进行地形图的测绘工作。

8.1.2　地形图的比例尺

1. 比例尺的概念

地形图上任一线段的长度与地面上相应线段的实际水平长度之比，称为地形图的比例尺。当图上 1cm 代表地面上水平长度 10m(即 1000cm)时，比例尺就是 1∶1000。

2. 比例尺的表示方法

比例尺可分为数字比例尺和图示比例尺。

(1)数字比例尺。

数字比例尺有分数式和比例式两种。分数式比例尺一般用分子为 1 的分数形式表示。设图上某一直线的长度为 d，地面上相应线段的长度为 D，则该图的比例尺为：

$$\frac{d}{D}=\frac{1}{\frac{D}{d}}=\frac{1}{M} \tag{8-1}$$

式中 M 为比例尺分母。分母就是将图上的长度放大到与实地长度一样时的放大倍数。比例式比例尺是用一个比例式 1 : M 来表示的。如 1 : 500、1 : 1000 等。

比例尺的大小是以比例尺的比值来衡量的，分母越大，比值越小，比例尺也越小；反之分母越小，比值越大，比例尺也越大。为了满足经济建设和国防建设的需要，需测绘和编制各种不同比例尺的地形图，通常称 1 : 100 万、1 : 50 万、1 : 20 万为小比例尺地形图；1 : 10 万、1 : 5 万、1 : 2.5 万、1 : 1 万为中比例尺地形图；1 : 5000、1 : 2000、1 : 1000、1 : 500 为大比例尺地形图。按照地形图图式规定，比例尺需标注在外图廓线正下方处。大比例尺地形图的比例尺一般用数字比例尺以比例式来表示，如 1 : 500、1 : 1000，也可以用分数式来表示。

比例尺确定后，即可进行图上长度和实际长度的相互换算。例如，在比例尺为 1 : 500 的地形图上，如两点代表的实地距离为 25m，则该两点的图上长度为 5cm。如已知两点间的图上距离为 2cm，则该两点的实际长度为 10m。

(2)图示比例尺。

为了直接而方便地进行图上与实地相应水平距离的换算并消除由于图纸伸缩引起的误差，常在地形图图廓的下方绘制图示比例尺，用以直接量测图内直线的实际水平距离。最常见的图示比例尺为直线比例尺，图 8.1(a)、图 8.1(b)分别表示 1 : 500、1 : 2000 两种直线比例尺。它是在图纸上画两条间距为 2mm 的平行直线，再以 2cm 为基本单位，将直线等分为若干大格，然后把左端的一个基本单位分成 20 等份，以量取不足整数部分的数。在小格和大格的分界处注以 0，其他大格分划上注以 0 至该分划按该比例尺计算出的实地水平距离。

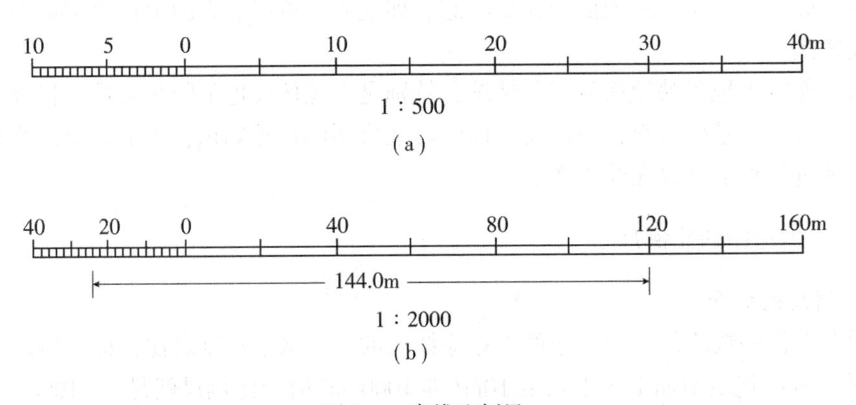

图 8.1 直线比例尺

量测时，先用分规在地形图上量取某线段的长度，然后将分规的右针尖对准直线比例尺 0 右边的某整分划线，使左针尖处于 0 左边的毫米分划小格之内以便读数。如图 8.1(b)中，右针尖处于 120m 分划处，左针尖落在 0 左边的 24.0m 分划线上，则该线段所代表的实地水平距离为 120+24.0=144.0(m)。

3. 比例尺精度

在正常情况下，人们用肉眼能分辨出图上两点间的最小距离为 0.1mm，因此一般在图上量度或在实地测图绘制时，就只能达到图上 0.1mm 的精确性，因此把地形图上 0.1mm 所代表的实地水平距离，称为比例尺精度，用 ε 表示，即：

$$\varepsilon = 0.1\text{mm} \times M \tag{8-2}$$

式中 M 为比例尺分母。

显然比例尺大小不同，则其比例尺精度的高低也不同，如表 8.1 所示。

不同的测图比例尺有不同的比例尺精度。图的比例尺越大，其表示的地物地貌就越详细，精度也越高，但测图的时间、费用消耗也将随之增加。因此，采用哪一种比例尺测图，应从工程规划、施工实际需要的精度出发，用图部门可依工程需要参照《城市测量规范》(GJJ8—1999)规定的各种比例尺地形图的适用范围(见表 8.2)选择测图比例尺，以免比例尺选择不当造成浪费。

表 8.1　**相应比例尺的比例尺精度**

比例尺	1∶500	1∶1000	1∶2000	1∶5000	1∶10000
比例尺精度(m)	0.05	0.1	0.2	0.5	1.0

比例尺精度的概念，对测图和设计用图都有重要的意义。例如，测绘 1∶2000 比例尺的地形图时，测量碎部点距离的精度只需达到 0.1mm×2000=0.2m，因为若量得再精细，图上也是表示不出来的。又如某项工程设计，要求在图上能反映出地面上 0.05m 的精度，则所选图的比例尺就不能小于 1∶500。

表 8.2　**测图比例尺的选用**

比例尺	用　途
1∶10000	城市规划设计(城市总体规划、厂址选择、区域位置、方案比较)等
1∶5000	
1∶2000	城市详细规划和工程项目的初步设计等
1∶1000	城市详细规划、管理、地下管线和地下普通建(构)筑工程的现状图、工程项目的施工图设计等
1∶500	

8.1.3　地形图的图名、图号和图廓

1. 地形图的图名

图名即本幅图的名称，一般以本图幅中的主要地名、厂矿企业或村庄等的地理名称来命名。

2. 地形图的图号

为了区别各幅地形图所在的位置关系，每幅地形图上都有图号，图号是根据地形图分幅和编号方法编定的，图名和图号标在北图廓上方的中央。如图 8.2 所示，其中“建设新村”是图名，“31.05-54.05”是按图廓的西南角纵横坐标所编的图号。

3. 地形图的接合图表

为了便于查取相邻图幅，通常在图幅的左上方绘有该图幅和相邻图幅的接合图表，以

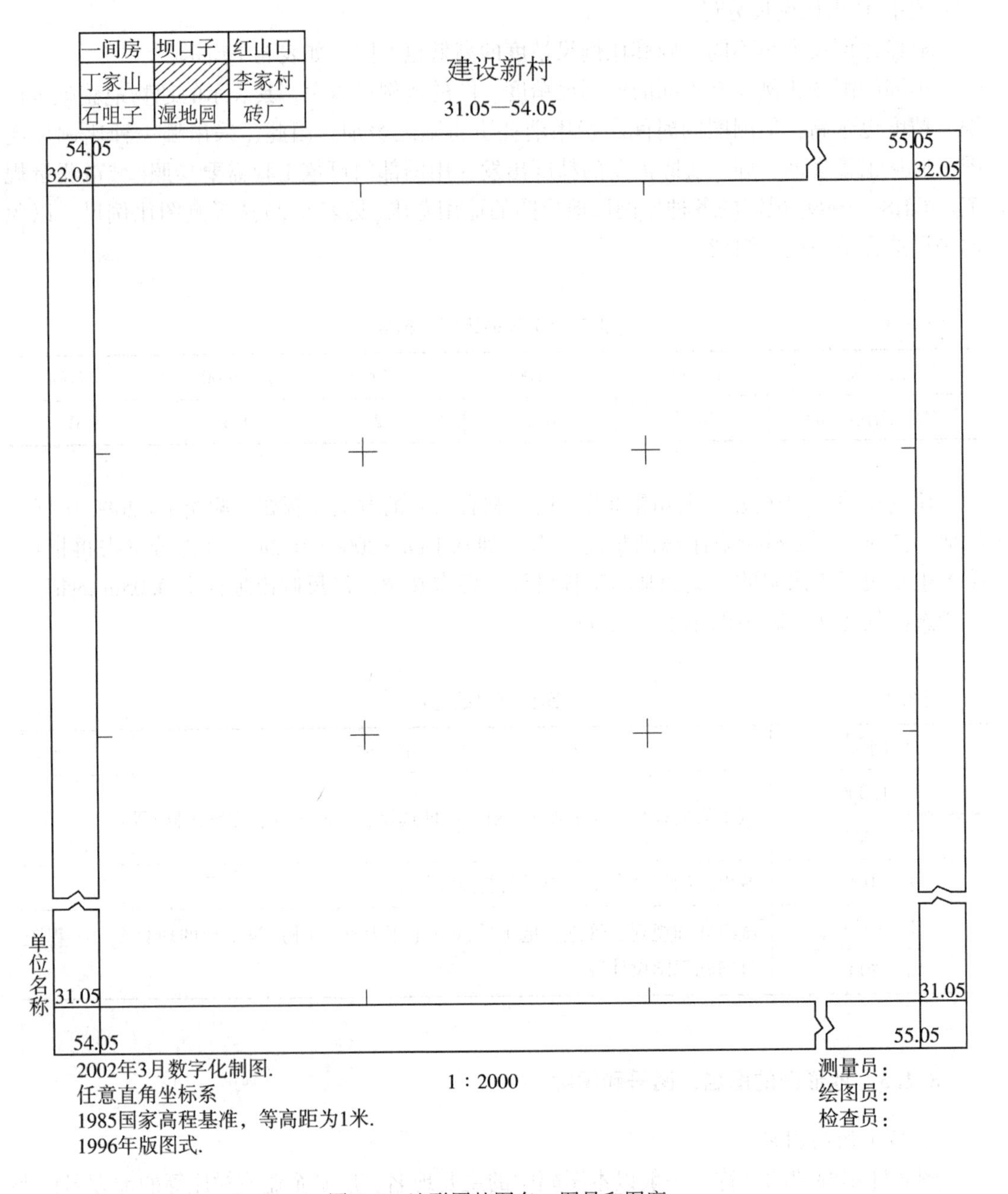

图 8.2　地形图的图名、图号和图廓

表明本图幅与相邻图幅的联系。如图 8.2 所示，接图表中间矩形块画有斜线的代表本幅图，其余为其四邻图幅，四邻图幅分别注明相应的图名或图号。在中比例尺地形图上，除了接图表外，把相邻图幅的图号分别注在东、南、西、北图廓线中间，进一步表明与四邻图幅的相互关系。在图 8.2 中，通过接图表可知，该图幅的正西方是“丁家山”、正北方是“坝口子”、正东方是“李家村”、正南方是“湿地园”。

4. 地形图的图廓

图廓是地形图的边界线，有内、外图廓之分。如图 8.2 所示，正方形图幅外图廓线以粗线描绘，内图廓线以细线描绘，它也是坐标格网线。内、外图廓相距 12 mm，在其四角标有以 km 为单位的坐标值。图廓内以“+”表示 10 cm×10 cm 方格网的交点，以此可量测图上任何一点的坐标值。

5. 图廓注记

在内图廓的四个角点上所注记的数字是各点的纵横坐标值，其数值以千米为单位表示。在图 8.2 中，右上角的坐标为：$x = 32.05 \times 1000(\mathrm{m})$，$y = 55.05 \times 1000(\mathrm{m})$。

外图廓的左下侧方位置的“单位名称”为测绘该地形图的具体测绘机构名称。外图廓的左下方分别为“地图的施测时间和施测方法”、“所采用的平面坐标系统”、“所采用的高程系统及等高距”、“采用何种图式”。在图 8.2 中，该地形图是 2002 年 3 月采用数字化方法施测成图；平面坐标系统任意平面直角坐标系；高程采用 1985 年国家高程基准，等高距为 1m；采用 1996 年版图式。

外图廓的右下方分别表示测量员、绘图员和检查员等参与测绘工作的技术人员名字。

8.1.4 地形图的分幅与编号方法

我国幅员广大、地域辽阔，各种比例尺地形图数量巨大。为了便于测绘、使用和管理，必须将不同比例尺的地形图分别按国家统一的规定进行分幅和编号。分幅是按照一定的规则和大小，将地面划分成整齐的、大小一致的系列图块，每一个图块用一张图纸测绘，叫做一幅图；分幅规格称为图幅。编号是给每一个图幅确定一个有规则的统一的号码，以示区别。地形图分幅的方法有两种，一种是按经纬线分幅的梯形分幅法，另一种是按坐标格网划分的矩形分幅法，前者用于国家基本图的分幅，后者则用于工程建设大比例尺图的分幅。

1. 梯形图幅的分幅与编号

梯形分幅是一种国际性的统一分幅方法，各种比例尺图幅的划分，都是从起始子午线和赤道开始，按不同的经差(两经度之差)和纬差(两纬度之差)来确定的，并将各图幅按一定规律编号。这样就能使各图幅在地球上的位置与其编号一一对应。只要知道某地区或某点的经纬度，就可以求得该地区或该点所在图幅的编号。有了编号，就可以迅速地找到需要的地形图，并确定该图幅在地球上的位置。

我国基本比例尺地形图是以国际 1：100 万地形图分幅为基础进行的，其梯形图幅的地形图的比例尺序列依次为：1：100 万、1：50 万、1：25 万、1：10 万、1：5 万、1：2.5 万、1：1 万、1：5000、1：2000。

(1)1：100 万地形图的分幅与编号。

1：100 万地形图的分幅与编号是国际统一的，它是其他各种比例尺地形图分幅和编号的基础，如图 8.3 所示，国际分幅是将地球用经纬线分成格网状。统一规定：自赤道向北或向南至纬度 88°止，按纬差 4°划分为 22 个横列。每横列依次用 A，B，C，D，…，V 表示。从经度 180°起自西向东按经差 6°划分为 60 个纵行，每纵行依次用 1，2，3，4，…，60 表示。这样，每幅 1：100 万地形图就是由纬差 4°和经差 6°的经纬线所围成的梯形图幅。图幅编号由该图幅所在的横列字母和纵行数字所组成，并在前面加上 N 或 S，以区别北半球和南半球，一般北半球的 N 可省略不写，我国位于北半球，在 1：100 万图幅中，首都北京位于 J 列(纬度 36°-40°)、第 50 行(经度 114°-120°)，该图幅的编号为 J-50。

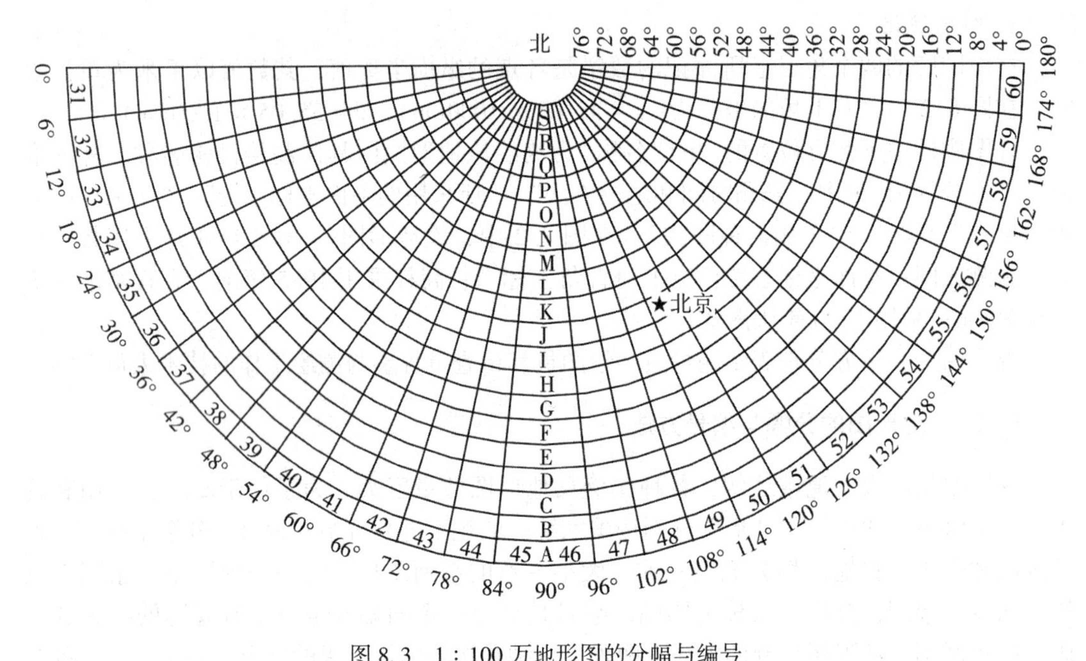

图 8.3　1：100 万地形图的分幅与编号

(2)1：50 万、1：25 万、1：10 万地形图的分幅与编号。

1：50 万、1：25 万、1：10 万地形图的分幅与编号都是以 1：100 万地形图的分幅与编号为基础的。

将一幅 1：100 万地形图按纬差 2°、经差 3°可划分为 4 个 1：50 万地形图图幅，分别以 A、B、C、D 表示。将 1：100 万图幅的编号加上字母，就是 1：50 万地形图图幅的编号。如图 8.4 中画有斜线的阴影部分 1：50 万地形图图幅编号为 J-50-D。

将一幅 1：100 万地形图按纬差 1°、经差 1°30′可划分为 16 个 1：25 万地形图图幅，分别以[1]，[2]，[3]，…，[16]表示。加在 1：100 万地形图编号后面，就是 1：25 万地形图图幅的编号。如图 8.4 中画有点划线的阴影部分 1：25 万地形图图幅编号为 J-50-[4]。

将一幅 1：100 万地形图按纬差 20′、经差 30′可划分为 144 个 1：10 万地形图图幅，分别以 1，2，3，…，144 表示。加在 1∶100 万地形图编号后面，就是 1∶10 万地形图图幅的编号。如图 8.4 中画有格网线的的阴影部分 1∶10 万地形图图幅编号为 J-50-78。

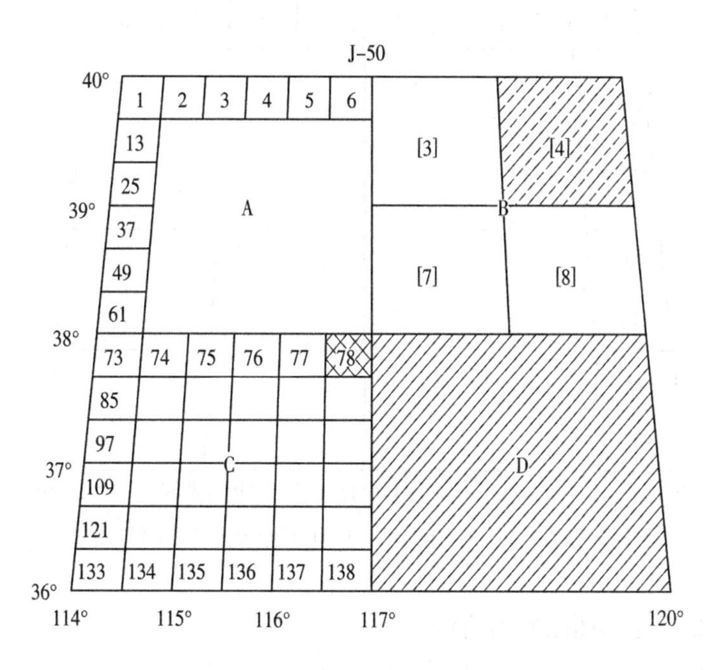

图 8.4　1∶50 万、1∶25 万、1∶10 万地形图的分幅与编号

(3)1∶5 万、1∶2.5 万、1∶1 万地形图的分幅与编号。

1∶5 万、1∶2.5 万、1∶1 万地形图的分幅与编号都是以 1∶10 万地形图的分幅与编号为基础的。

一幅 1∶10 万的地形图可划分成 4 幅 1∶5 万的地形图，分别用 A、B、C、D 表示，加在 1∶10 万地形图编号后面，就是 1∶5 万地形图图幅的编号。一幅 1∶5 万的地形图又可分为 4 幅 1∶2.5 万的地形图，分别用 1、2、3、4 表示，加在 1∶5 万地形图编号后面，就是 1∶2.5 万地形图图幅的编号。

一幅 1∶10 万的地形图分为 64 幅 1∶1 万的地形图，分别用(1)、(2)、…、(64)表示，加在 1∶10 万地形图编号后面，就是 1∶1 万地形图图幅的编号。如图 8.5 所示：在 1∶10万地形图 J-50-78 图幅中，左下角 1∶5 万图幅的编号为 J-50-78-C，画斜线的阴影部分1∶2.5万图幅的编号为 J-50-78-D-1，点填充的阴影部分 1∶1 万图幅的编号为 J-50-78-(6)。

(4)1∶5000 和 1∶2000 地形图的分幅与编号。

1∶5000 和 1∶2000 地形图的分幅与编号都是以 1∶1 万地形图的分幅与编号为基础的。

一幅 1∶1 万的地形图可划分成 4 幅 1∶5000 的地形图，分别用 a、b、c、d 表示，加在 1∶1 万地形图编号后面，就是 1∶5000 地形图图幅的编号。一幅 1∶5000 的地形图又可分为 9 幅 1∶2000 的地形图，分别用 1，2，3，…，9 表示，加在 1∶5000 地形图编号

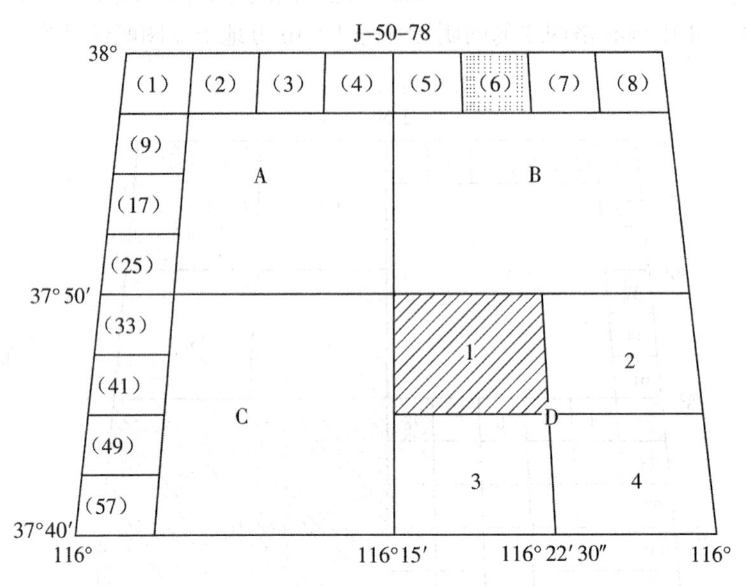

图 8.5　1∶5 万、1∶2.5 万、1∶1 万地形图的分幅与编号

后面，就是 1∶2000 地形图图幅的编号。

2. 矩形分幅

用于各种工程建设的大比例尺地形图，一般采用矩形分幅，矩形分幅有正方形分幅和长方形分幅两种。即以平面直角坐标的纵、横坐标线来划分图幅，使图廓成长方形或正方形。矩形分幅的规格见表 8.3。

表 8.3　**矩形分幅的规格**

比例尺	长方形分幅		正方形分幅			图廓坐标值（m）
	图幅大小（cm）	实地面积（km^2）	图幅大小（cm）	实地面积（km^2）	分幅数	
1∶5000	50×40	5	40×40	4	1	1000 的整倍数
1∶2000	50×40	0.8	50×50	1	4	1000 的整倍数
1∶1000	50×40	0.2	50×50	0.25	16	500 的整倍数
1∶500	50×40	0.05	50×50	0.0625	64	50 的整倍数

矩形分幅的编号方法有坐标编号法、流水编号法和行列编号法。

坐标编号法是以该图廓西南角点的纵横坐标的千米数来表示该图图号。如一幅 1∶2000比例尺地形图，其西南角点坐标 $x=84\text{km}$，$y=62\text{km}$，则其图幅编号为 84.0-62.0。

测区不大，图幅不多时，可在整个测区内按从上到下、从左到右采用流水数字顺序编号，如图 8.6 所示。

行列编号法是将测区所有的图幅，以字母为行号，以数字为列号，以图幅所在行的字母和所在列的数字作为该图幅的编号，如图 8.7 所示。

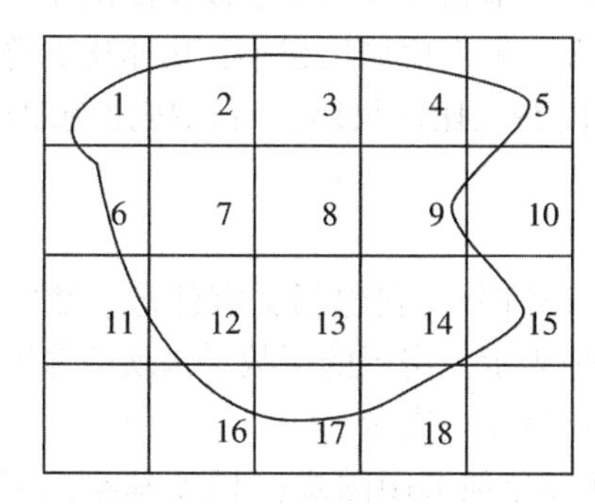

图 8.6　流水编号法

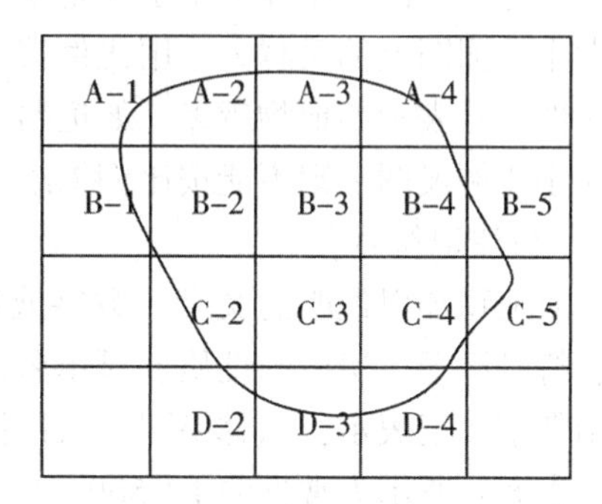

图 8.7　行列编号

如图 8.8 所示的 1∶5000 图的编号为 40-50。一幅 1∶5000 图可分为 4 幅 1∶2000 的图，分别以Ⅰ、Ⅱ、Ⅲ、Ⅳ编号。一幅 1∶2000 图又分成 4 幅 1∶1000 图，一幅 1∶1000 图再分成 4 幅 1∶500 图，均以Ⅰ、Ⅱ、Ⅲ、Ⅳ进行编号。各种比例尺图的编号的编排顺序均为自西向东，自北向南。图中 P 点所在 1∶2000 比例尺图幅的编号为 40-50-Ⅳ，所在 1∶1000 比例尺图幅的编号为 40-50-Ⅳ-Ⅱ，所在 1∶500 比例尺图幅的编号为 40-50-Ⅳ-Ⅱ-Ⅲ。

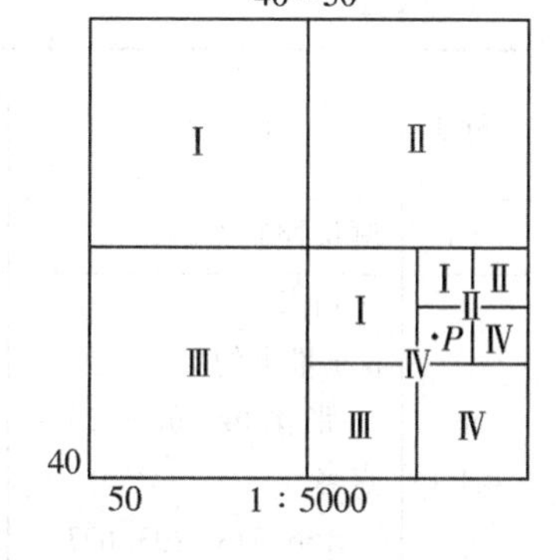

图 8.8　坐标编号法

8.2　地形图图式

地形图测绘的主要内容是测区内的地物和地貌，为了便于测图和用图，常用简单明了、准确、易于判断实物的符号表示实地的地物和地貌，这些符号总称为地形图图式。

1. 地物符号

地物分为自然地物和人工地物，在地形图中，地物的类别、形状、大小及其在图中的位置，是用地物符号表示的。根据地物的形状大小和描绘方法的不同，一般将地物符号分为比例符号、非比例符号、线性符号和注记符号等。

(1)比例符号。

把地物的平面轮廓按测图比例尺缩绘在图上的符号，称为比例符号，它不但能反映地物的位置也能反映其大小与形状。如房屋、湖泊、农田、操场等。

(2)非比例符号。

当地物较小，很难按测图比例尺在图上画出来，就要用规定的符号来表示，这种符号称为非比例符号，它只能表示地物在图上的中心位置。如控制点、电杆、路灯、独立树等。

(3)线性符号。

对于一些带状地物，其长度可按比例尺缩绘，但宽度不能按比例尺缩绘，则需按线性符号表示，它只能表示地物中心线在图上的位置。如公路、围墙、电力线、管道等。

上述符号的使用界限不是固定不变的，这主要取决于地物本身的大小以及测图比例尺的大小，测图比例尺越大，用比例符号描绘的地物越多，测图比例尺越小，用非比例符号和线性符号表示的地物越多，如道路、河流等，其宽度在大比例尺图上可以按比例缩绘，而在小比例尺图上则不能按比例缩绘。

(4)注记符号。

对地物加以说明的文字、数字或特有符号称为注记符号。它包括文字注记、数字注记、符号注记。房屋的性质、村镇名称等需用文字注记表示，房屋的层数、沟坎的深度等需用数字注记表示，森林果园、农田植被的类别需用符号注记表示。

表 8.4 所示为常见的 1∶500、1∶1000、1∶2000 部分地形图图式(《国家基本比例尺地图图式第一部分 1∶500　1∶1000　1∶2000 地形图图式》GB/T 20257.1—2007)。

表 8.4　**常见地形图图式(部分)**

编号	符号名称	符号式样			符号细部图	多色图色值
		1∶500	1∶1000	1∶2000		
4.1	测量控制点					
4.1.1	三角点 a.土堆上的 张湾岭、黄土岗—点名 156.718、203.623—高程 5.0—比高	3.0 张湾岭/156.718 a 5.0 黄土岗/203.623			1.0 0.5 1.0	K100
4.1.2	小三角点 a.土堆上的 摩天岭、张庄—点名 294.91、156.71—高程 4.0—比高	3.0 摩天岭/294.91 a 4.0 张庄/156.71			1.0 0.5 1.0	K100
4.1.3	导线点 a.土堆上的 Ⅰ16、Ⅰ23—等级、点号 84.46、94.40—高程 2.4—比高	2.0 Ⅰ16/84.46 a 2.4 Ⅰ23/94.40				K100

续表

编号	符号名称	符号式样			符号细部图	多色图色值
		1∶500	1∶1000	1∶2000		
4.1.4	埋石图根点 a.土堆上的 12、16—点号 275.46、175.64—高程 2.5—比高	2.0 12/275.46 a 2.5 16/175.64			2.0 0.5 0.5 1.0	K100
4.1.5	不埋石图根点 19—点号 84.47—高程	2.0 19/84.47				K100
4.1.6	水准点 Ⅱ—等级 京石 5—点名、点号 32.805—高程	2.0 Ⅱ京石5/32.805				K100
4.1.7	卫星定位等级点 B—等级 14—点号 495.263—高程	2.0 B14/495.263				K100
4.1.8	独立天文点 照壁山—点名 24.54—高程	4.0 照壁山/24.54				K100
4.2	水系					
4.2.1	地面河流 a.岸线 b.高水位岸线 清江—河流名称	0.5 3.0 1.0 b a 清 江				a.C100 面色 C10 b.M40Y100 K30
4.2.2	地下河段及出入口 a.不明流路的 b.已明流路的	a b 1.6 0.3			R=d d 1.0	C100 面色 C10

续表

编号	符号名称	符号式样			符号细部图	多色图色值
		1∶500	1∶1000	1∶2000		
4.2.3	消失河段	1.6 0.3				C100 面色 C10
4.2.4	时令河 a.不固定水涯线 (7—9)—有水月份	a 3.0 1.0 (7—9)				C100 面色 C10
4.2.5	干河床(干涸河)	3.0 1.0				M40Y100 K30
4.2.6	运河、沟渠 a.运河 b.沟渠 b1.渠首	a 0.25 b b1 0.3				C00 面色 C10
4.3	居民地及设施					
4.3.1	单幢房屋 a.一般房屋 b.有地下室的房屋 c.突出房屋 d.简易房屋 混、钢—房屋结构 1、3、28—房屋层数 -2—地下房屋层数	a 混1 b 混3-2 0.5 2.0 1.0 c 钢28 d 简		3 1.0 c 28		K100
4.3.2	建筑中房屋	建				K100
4.3.3	棚房 a.四边有墙的 b.一边有墙的 c.无墙的	a 1.0 b 1.0 c 1.0 1.0 0.5				K100

续表

编号	符号名称	符号式样			符号细部图	多色图色值
		1∶500	1∶1000	1∶2000		
4.3.4	破坏房屋	 破 2.0 1.0				K100
4.3.5	架空房 3、4—楼层 /1、/2—空层层数	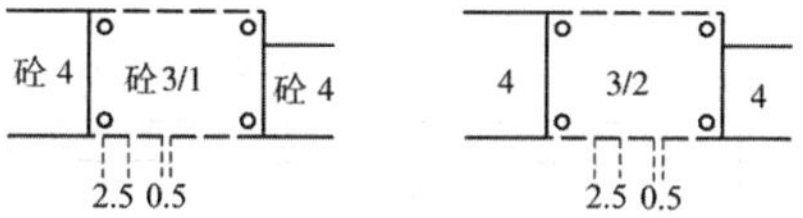 砼4 砼3/1 砼4 2.5 0.5		4 3/2 4 2.5 0.5		K100
4.3.6	廊房 a.廊房 b.飘楼	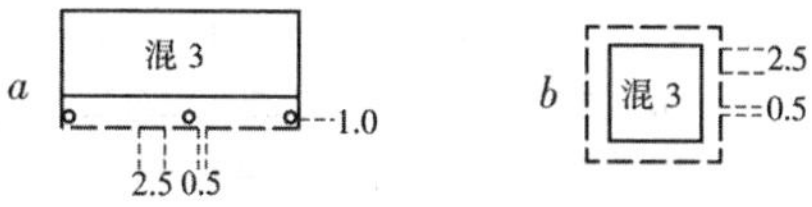 a 混3 1.0 2.5 0.5		b 混3 2.5 0.5		K100
4.3.7	窑洞 a.地面上的 a1.依比例尺的 a2.不依比例尺的 a3.房屋式的窑洞 b.地面下的 b1.依比例尺的 b2.不依比例尺的	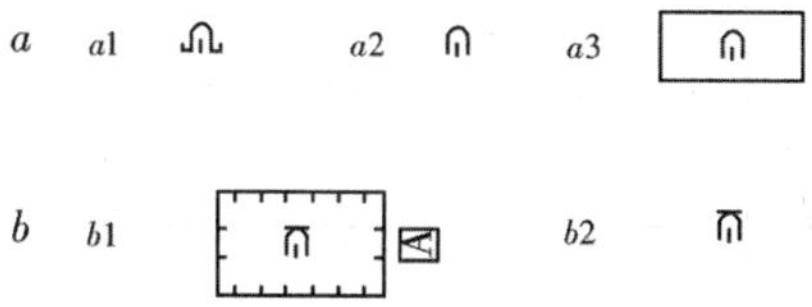 a a1 a2 a3 b b1 b2			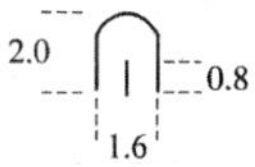 2.0 0.8 1.6	K100
4.4.1	标准轨铁路 a.一般的 b.电气化的 b1.电杆 c.建筑中的	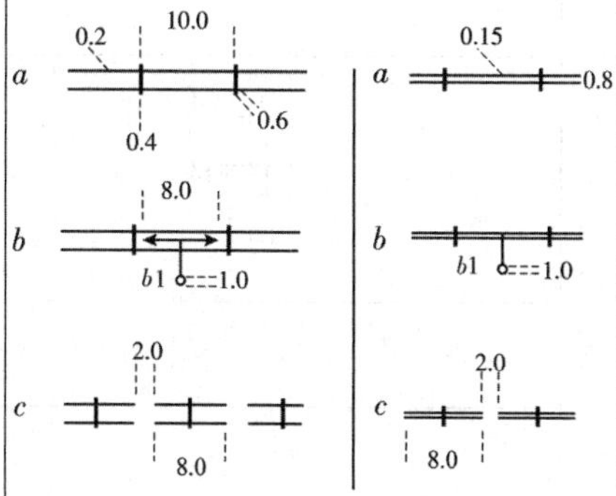 a 0.2 10.0 0.6 0.4 b 8.0 b1 1.0 c 2.0 8.0		a 0.15 0.8 b b1 1.0 c 2.0 8.0		K100
4.4.4	高速公路 a.临时停车点 b.隔离带 c.建筑中的	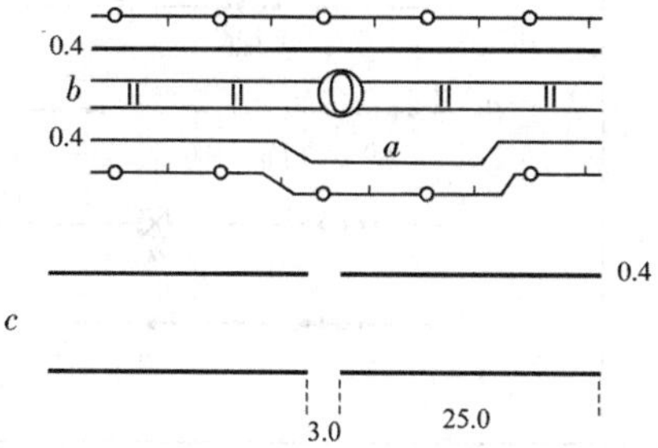 0.4 b 0.4 a c 0.4 3.0 25.0				K100

续表

编号	符号名称	符号式样			符号细部图	多色图色值
		1：500	1：1000	1：2000		
4.4.16	阶梯路	1.0				K100
4.4.17	机耕路(大路)	8.0 2.0 0.2				K100
4.4.18	乡村路 a.依比例尺的 b.不依比例尺的	a 4.0 1.0 0.2 b 8.0 2.0 0.3				K100
4.4.19	小路、栈道	4.0 1.0 0.3				K100
4.4.20	长途汽车站(场)	3.0 0.8				K100
4.4.21	汽车停车站	2.0 3.0 1.0 1.0				K100
4.5	管线					
4.5.1 4.5.1.1 4.5.1.2 4.5.1.3	高压输电线 架空的 a.电杆 35—电压(kV) 地面下的 a.电缆标 输电线入地口 a.依比例尺的 b.不依比例尺的	a 35 4.0 a 8.0 1.0 4.0 a b			0.8 30° 0.8 1.0 1.0 0.4 0.2 0.7 2.0 0.3 1.0 1.0 2.0 0.6	K100

续表

编号	符号名称	符号式样 1:500	符号式样 1:1000	符号式样 1:2000	符号细部图	多色图色值
4.5.2 4.5.2.1 4.5.2.2 4.5.2.3	配电线 架空的 a.电杆 地面下的 a.电缆标 配电线入地口	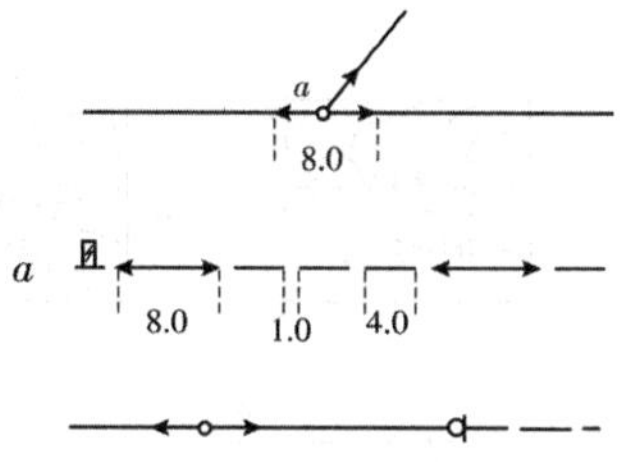 a 8.0 a 8.0 1.0 4.0			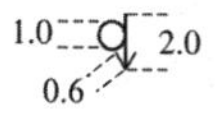 1.0 2.0 0.6	K100
4.5.3 4.5.3.1 4.5.3.2 4.5.3.3 4.5.3.4 4.5.3.5 4.5.3.6	电力线附属设施 电杆 电线架 电线塔(铁塔) a.依比例尺的 b.不依比例尺的 电缆标 电缆交接箱 电力检修井孔	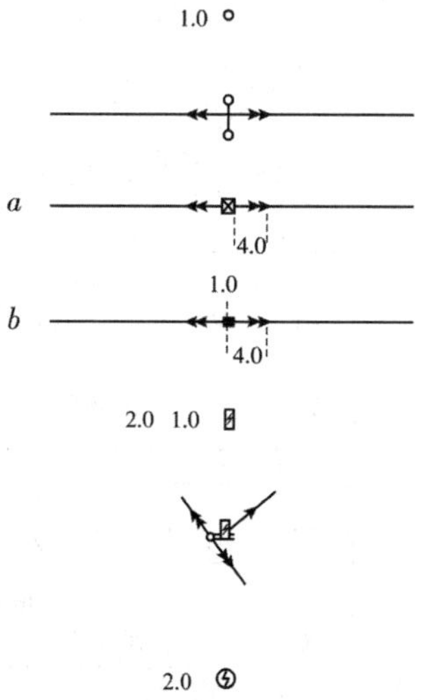 1.0 a 4.0 1.0 b 4.0 2.0 1.0 2.0			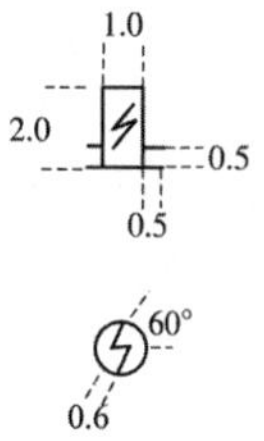 1.0 2.0 0.5 0.5 60° 0.6	K100
4.5.4	变电室(所) a.室内的 b.露天的	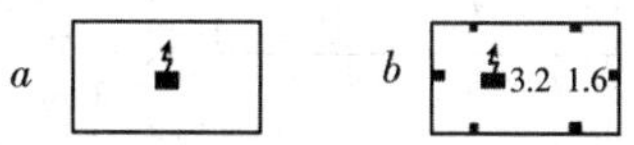 a b 3.2 1.6			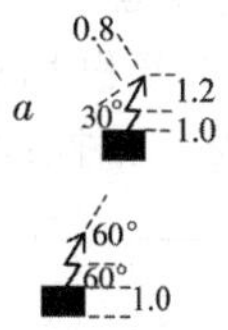 a 0.8 1.2 30° 1.0 60° 60° 1.0	K100
4.7	地貌					
4.7.1	等高线及其注记 a.首曲线 b.计曲线 c.间曲线 25—高程	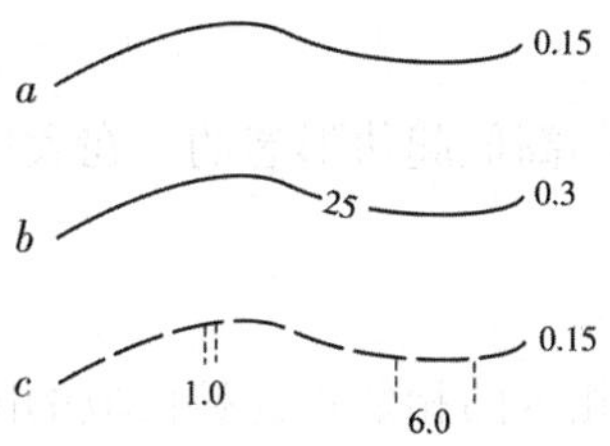 a 0.15 b 25 0.3 c 1.0 6.0 0.15				M40Y100 K30

续表

编号	符号名称	符号式样			符号细部图	多色图色值
		1∶500	1∶1000	1∶2000		
4.7.15	陡崖、陡坎 a.土质的 b.石质的 18.6、22.5—比高	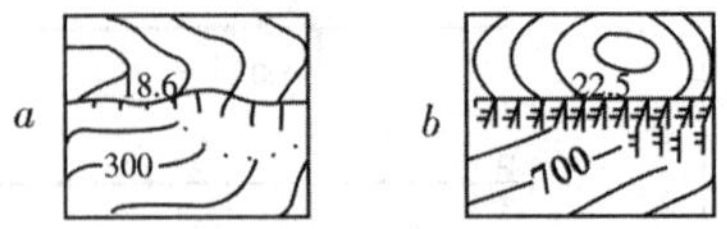			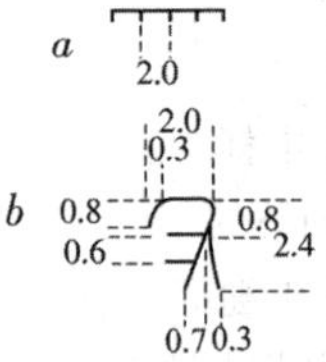	M40Y100 K30
4.8	植被与土质					
4.8.1	稻田 a.田埂	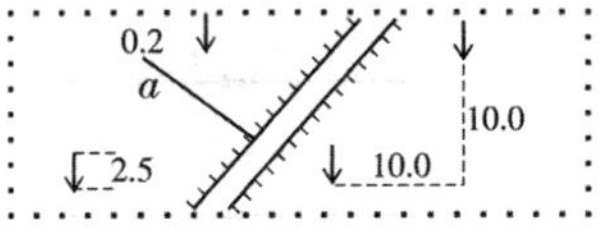			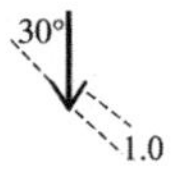	C100Y100
4.8.2	旱地	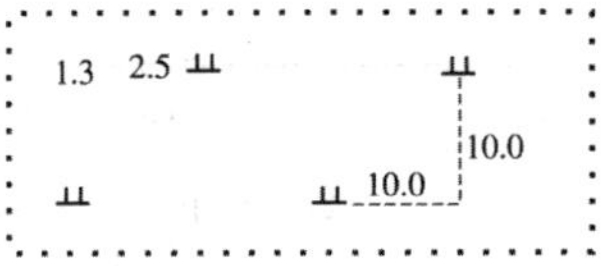				C100Y100
4.8.3	菜地	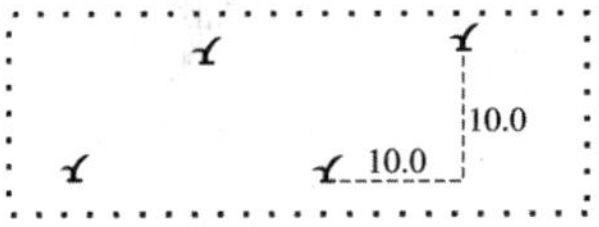			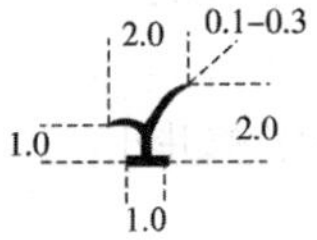	C100Y100
4.8.4	水生作物地 a.非常年积水的 菱—品种名称	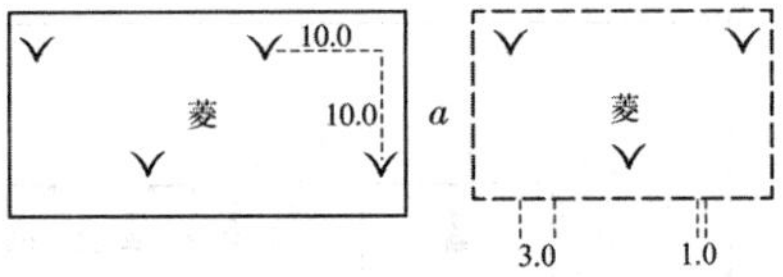			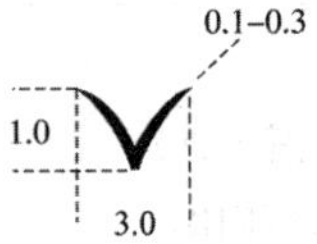	C100Y100
4.8.5	台田、条田	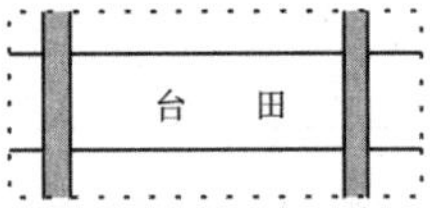				C100

2. 地貌符号

地形图中地貌是反映地形的高低起伏形态的，在大比例尺地形图上，用等高线和规定的地貌符号来表示地貌。

(1) 等高线的概念。

等高线就是将地面上高程相等的相邻点连接而成的闭合曲线。如图 8.9 所示，假设有一座位于平静湖水中的小山头，山顶被湖水恰好淹没时的水面高程为 100m。然后水面下降 5m 露出山头，此时水面与山坡就有一条交线，而且是闭合曲线，曲线上各点的高程是相等的，这就是高程为 95m 的等高线。随后水位又下降 5m，山坡与水面又有一条交线，这就是高程为 90m 的等高线。依此类推，水位每降落 5m，水面就与地表面相交留下一条等高线，从而得到一组高差为 5m 的等高线。各水平面上的等高线沿铅垂方向投影到一个水平面 H 上，并按一定的比例尺缩绘到图纸上，就得到用等高线表示的该地地貌图。这些等高线的形状是由地面的高低起伏状态决定的，并具有一定的立体感。

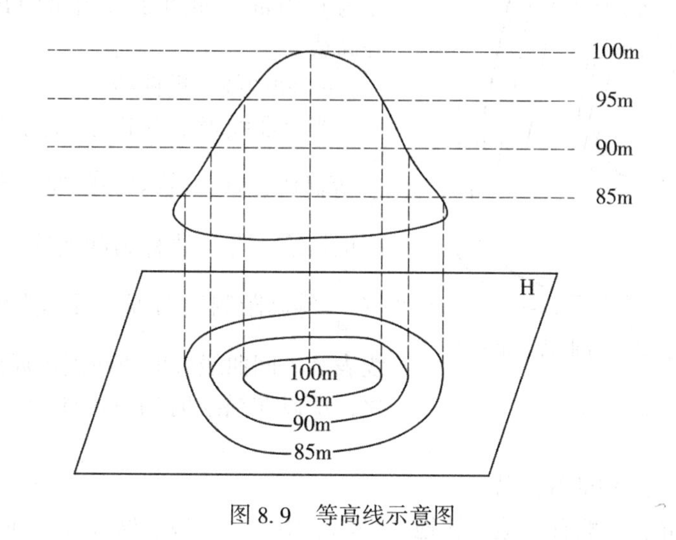

图 8.9　等高线示意图

（2）等高距和等高线平距。

相邻两条等高线的高差称为等高距，用 h 表示。同一幅地形图内，等高距是相同的。等高距的大小应综合考虑测图比例尺、地面起伏情况和用图要求等因素确定。见表 8.5 所示。

表 8.5　**地形图的基本等高距（m）**

比例尺	地形类别			
	平地	丘陵地	山地	高山地
1∶500	0.5	0.5	0.5 或 1	1
1∶1000	0.5	0.5 或 1	1	1 或 2
1∶2000	0.5 或 1	1	2	2

相邻等高线间的水平距离，称为等高线平距，用 d 表示。因为同一幅地形图中，等高距是相同的，所以等高线平距的大小是由地面坡度的陡缓所决定的。如图 8.10 所示，地面坡度越陡，等高线平距越小，等高线越密；地面坡度越缓，等高线平距越大，等高线越稀，坡度相同则平距相等，等高线均匀。

（3）等高线分类。

a. 首曲线

在地形图上按基本等高距勾绘的等高线称为基本等高线，也称首曲线。首曲线是用线

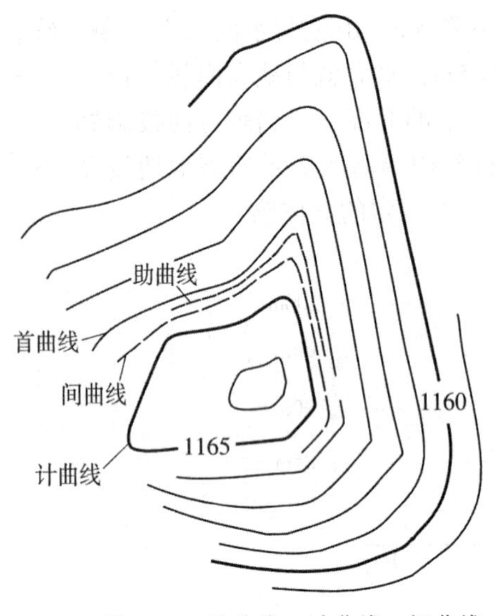

图 8.10　首曲线、计曲线、间曲线

宽 0.15mm 的细实线描绘，如图 8.10 中高程为 1161m、1162m、1163m、1164m 的等高线。

b. 计曲线

为了识图方便，每隔四条首曲线加粗描绘一条等高线，称为计曲线。计曲线上注记高程，线宽为 0.3mm，如图 8.10 中的 1160m、1165m 的等高线。

c. 间曲线、助曲线

当首曲线表示不出局部地貌形态时，则需按 $\frac{1}{2}$ 等高距，甚至 $\frac{1}{4}$ 等高距勾绘等高线。按 $\frac{1}{2}$ 等高距勾绘的等高线称为间曲线，用长虚线表示。按 $\frac{1}{4}$ 等高距测绘的等高线称为助曲线，用短虚线表示。间曲线或助曲线表示局部地势的微小变化，所以在描绘时均可不闭合。如图 8.10 中的虚线所示。

（4）几种基本地貌的等高线。

地貌形态各异，一般有山地、洼地、平原、山脊、山谷、鞍部等几种基本地貌。如果掌握了这些基本地貌等高线的特点，就能比较容易地根据地形图上的等高线辨别该地区的地面起伏状态或是根据地形测绘地形图。

a. 山地和洼地（盆地）

凸起而高于四周的高地称为山地，凹入而低于四周的低地称为洼地，图 8.11 为一山地的等高线，图 8.12 为一洼地的等高线。它们都是一组闭合曲线，但等高线的高程降低方向相反。山地外圈的高程低于内圈的高程，洼地则相反，内圈高程低于外圈高程。如果

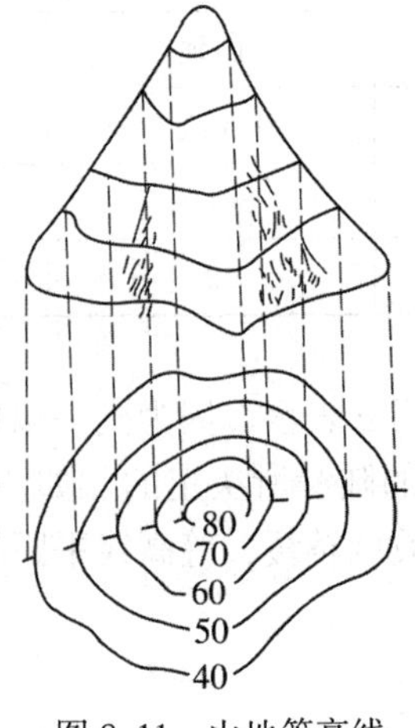

图 8.11　山地等高线

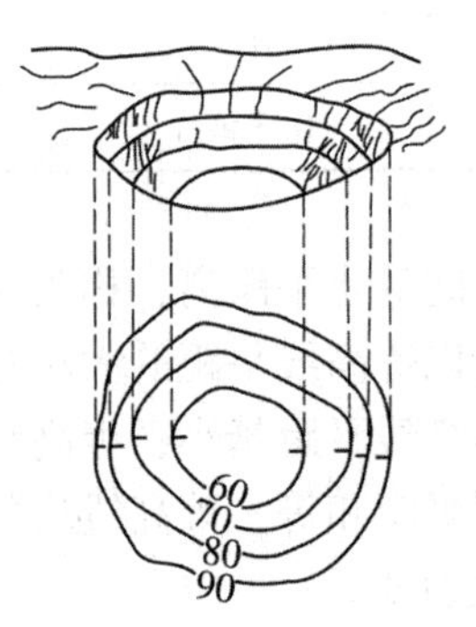

图 8.12　洼地等高线

等高线上没有高程注记，区分这两种地形的办法是在某些等高线的高程下降方向垂直于等高线画一些短线，来表示坡度方向，这些短线称为示坡线。

b. 山脊和山谷

沿着一个方向延伸的山脉地称为山脊。山脊最高点的连线称为山脊线或分水线。两山脊间延伸的洼地称为山谷。山谷最低点的连线称为山谷线或集水线。山脊和山谷的等高线均为一组凸形曲线，前者凸向低处（见图 8.13），后者凸向高处（见图 8.14）。山脊线和山谷线与等高线正交，它们是反映山地地貌特征的骨架，称为地性线。

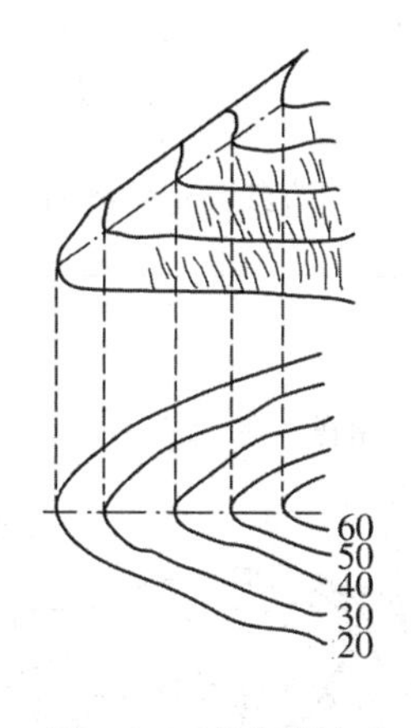

图 8.13　山脊等高线

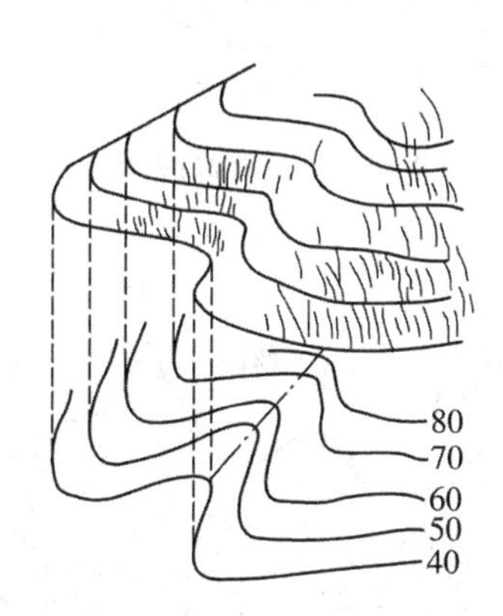

图 8.14　山谷等高线

c. 鞍部

相邻两山头之间的低凹部分，形似马鞍，俗称鞍部。鞍部是两个山脊和两个山谷会合的地方。它的等高线由两组相对的山脊与山谷等高线组成。如图 8.15 所示。

此外，一些坡度很陡的地貌，如绝壁、悬崖、冲沟、阶地等不便用等高线表示，则按大比例尺地形图图式所规定的符号表示。

（5）等高线的特性。

等高线具有以下特征：

等高性，同一条等高线上各点的高程必然相等。

闭合性，等高线是闭合曲线。如不在本图幅内闭合，则在相邻图幅内闭合。所以，勾绘等高线时，不能在图内中断。

非交性，除遇绝壁、悬崖外，不同高程的等高线不能相交。

陡缓性，同幅图内，等高距相同，等高线平距的大小反映地面坡度变化的陡缓。地面坡度越陡，平距越小，等高线越密；坡度越缓，平距越大，等高线就越稀；地面坡度相同，平距相等，等高线均匀。

正交性，等高线过山脊、山谷时与山脊线、山谷线正交，如图 8.16 所示。

图 8.17 为一综合性地貌及其等高线。

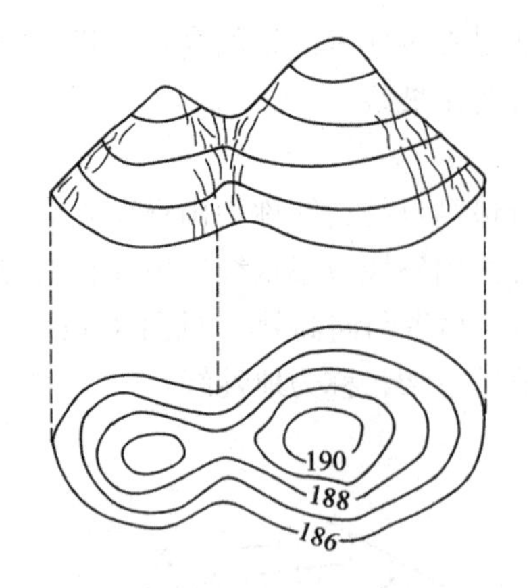

图 8.15 鞍部等高线

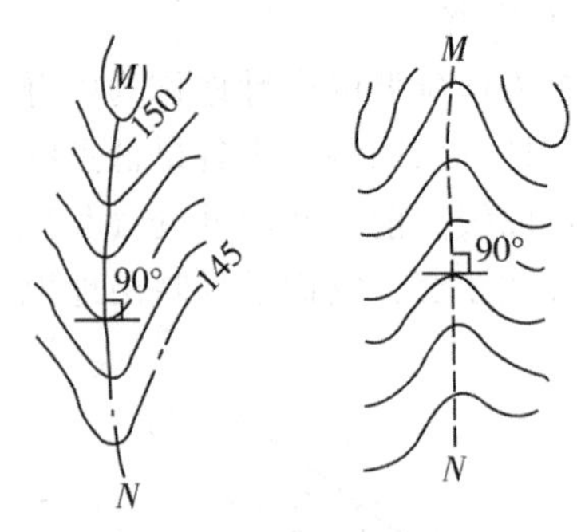

图 8.16 等高线与地性线的相交

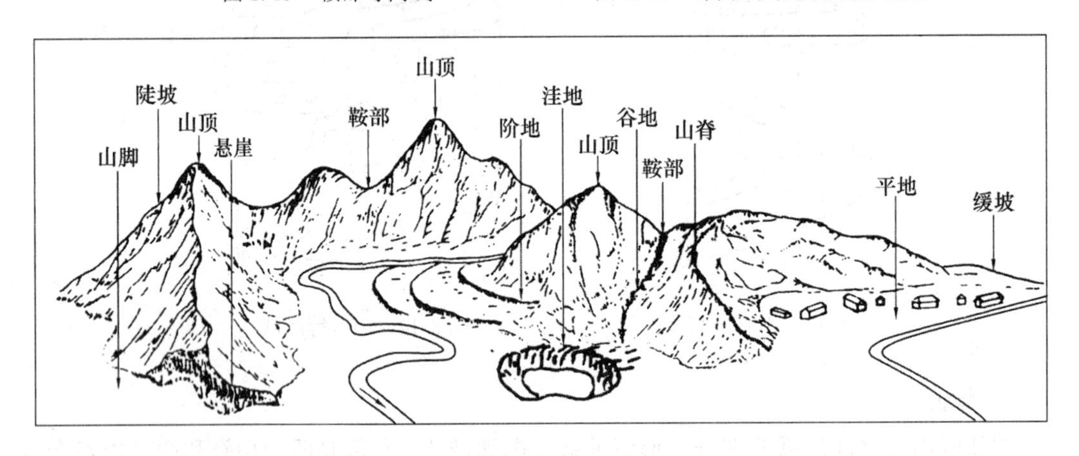

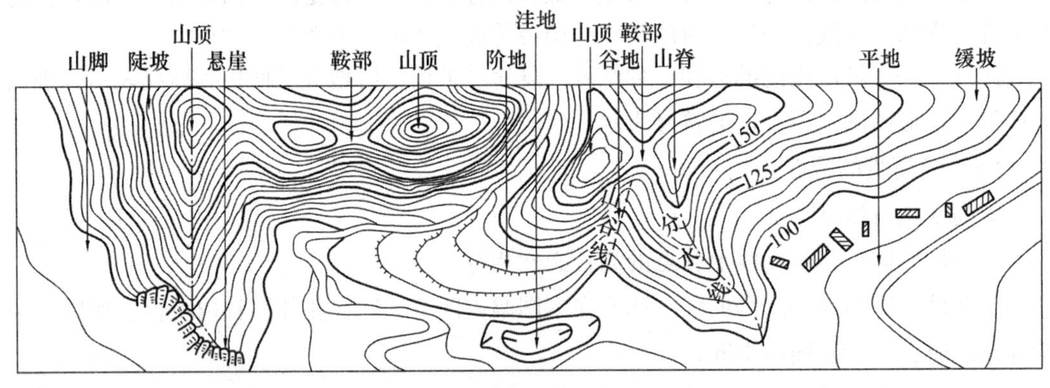

图 8.17 综合性地貌及其等高线

8.3 地形测图的准备工作

大比例尺地形图传统的测绘手段是采用经纬仪测绘成图。控制测量工作结束后，就可根据图根控制点逐站进行碎部测量，将所测地物地貌按相应的图式符号和规定的比例尺缩绘成地形图。传统的手工白纸测图前应做好测图技术资料的收集整理，测图所用仪器及工具的准备工作，测图板的准备工作，包括图纸的准备及展绘控制点等工作。

8.3.1 编写技术设计书

技术设计的目的是制定切实可行的技术方案，保证测绘产品符合技术标准和用户要求，并获得最佳的社会效益和经济效益。技术设计书的编写一般应包含以下内容：概述、作业区自然地理概况和已有资料情况、引用文、成果主要技术指标和规格、设计方案等部分。

1. 任务概述

说明地形测量任务的来源、测区范围、地理位置、行政隶属、成图比例尺、测量内容、任务量等基本情况。

2. 作业区自然地理概况和已有资料情况

(1) 测区自然地理情况。

根据需要说明与设计方案或作业有关的测区自然地理概况。内容包括测区高程、相对高差、地形类别、困难类别和居民地、水系、植被、交通等要素的分布与主要特征；说明气候、风雨季节及生活条件等情况。

(2) 已有资料的分析、评价和利用。

说明已有资料的施测年代和施测单位，采用的技术依据、平面和高程基准、比例尺、等高距，资料的数量、形式，主要质量情况和评价，利用的可能性和利用方案。

3. 引用文

说明专业技术设计书编写中所引用的标准、规范和其他技术文件。

4. 成果主要技术指标和规格

说明作业或成果的比例尺、平面和高程基准、投影方式、成图方法、成图基本等高距，数据精度、格式、基本内容以及其他主要技术指标等。

5. 设计方案

根据地形测量项目的设计依据对地形图和测图过程的规定（比如测图比例尺、等高距、成图方法、对提交成果的要求等），拟定具体的测绘实施方案。设计方案内容主要包括：

(1) 图根控制测量方案设计。

a. 设计图根控制测量的布网方案

包括首级图根控制测量布网方案设计，加密图根控制测量布网方案。图根控制测量的布网方案设计又包括图根平面控制测量布网方案设计、图根高程控制测量布网方案设计。图根控制测量的布网方案设计内容应该包括布网形式、等级、标志设置和起算数据等。

b. 设计图根控制测量的施测方案

包括观测方案设计和计算方案设计。

观测方案设计：包括测量标志的选择、埋设；观测使用的仪器、数量、精度指标及对仪器的检定要求；观测方法、观测限差等技术要求。

计算方案设计：包括计算设备、应用软件；观测数据的检查、整理；计算精度要求、计算结果评价等。

(2) 外业地形数据采集方案设计。

外业地形数据采集方案设计，包括采集地形数据的方法（如用光学经纬仪、全站仪、GPS RTK 等采集数据方法）、使用仪器选择，数据采集的内容、数据编码与数据管理规定，综合与取舍的要求，点密度和精度的测量要求，图边测图要求等。

(3) 地形图成图方案设计。

图纸选择或成图软件选择，绘图工具准备及要求，图根控制点展绘方法及要求，碎部点编码、展绘及要求，碎部点高程注记要求，地形与地形图符号的配合与使用规定。地形图的清绘、注记与整饰要求。

(4) 地形图的检查、验收及成果提交。

地形图的检查方法及要求，地形图的质量评价方法，应提交成果的内容、数量、形式等要求。

8.3.2 图根控制测量

大比例尺地形图是依据图根控制点进行测绘的。图根控制测量是直接供测图使用的平面和高程控制点。图根控制点一般用图根导线、GPS 测量和交会定点方式进行加密布设。

测绘不同比例尺地形图，对图根控制点的密度要求不同，一幅地形图范围内解析图根点的数量，一般地区不宜少于表 8.6 的规定。

表 8.6　**一般地区解析图根点的数量**

测图比例尺	图幅尺寸（cm）	解析图根点数量（个）		
		全站仪测图	GPS-RTK 测图	平板测图
1：500	50×50	2	1	8
1：1000	50×50	3	1~2	12
1：2000	50×50	4	2	15
1：5000	40×40	6	3	30

测区内已有的国家或城市测量控制点的密度远远不能满足大比例尺地形图测绘的需要，所以在测绘地形图之前，应以测区原有高级控制点为基础，在测区范围内布置一些图根控制点，用一定的几何关系（比如导线网、三角网、水准网及三角高程网）将这些点联系起来，进行图根控制测量，确定这些点的坐标和高程。图根控制点的精度，相对于临近等级控制点的点位中误差不应大于图上 0.1mm，高程中误差不应大于基本等高距的 1/10。图根平面控制和高程控制测量，可以同时进行，也可以分别施测。

8.3.3 测图准备

1. 测图技术资料的收集整理

测图前，应收集有关的测量规范、地形图图式和相应的任务书及计划书，整理测区内的图根控制点的坐标及高程成果，做好测区内地形图的分幅及编号工作。

2. 测图仪器及工具的准备

根据拟使用的测图方法去准备相应要用的仪器及工具，并提前做好检验校正工作。

3. 展绘控制点

展绘控制点之前，先根据测区所在图幅的位置，用测图比例尺将坐标格网线的坐标值注在相应图廓的外侧，如图 8. 18 所示。

展绘时，先确定控制点所在的方格，如控制点 A 的坐标为 x_A = 723. 64m、y_A = 789. 53m，H_A = 96. 273m。根据 A 点的坐标可知，A 在 $mnlk$ 方格内，然后从 m 点和 n 点分别向上量取 23. 64m 在图上的长度得 a、b 两点，再从 k、m 两点分别向右量取 89. 53m 在图上的长度得 c、d 两点，ab 和 cd 连线的交点即为 A 的位置。

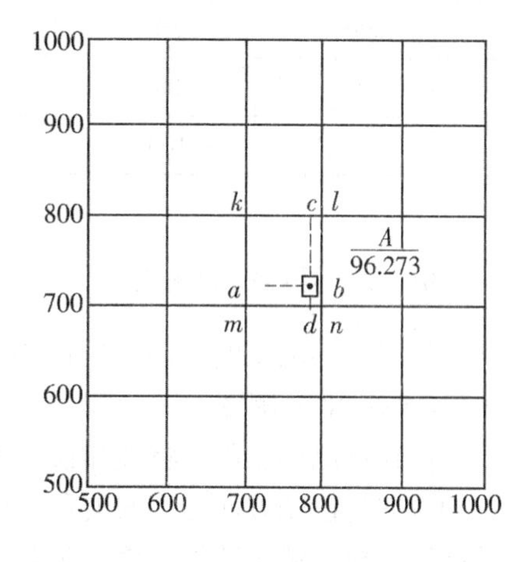

图 8. 18　控制点的展绘

同法可将其他各控制点展绘在坐标方格网内。因为展点的精度与成图质量有着密切的关系，各点展绘后应认真进行检查。其方法为：用比例尺量取各相邻控制点之间的距离和已知的边长相比较，其最大误差范围在图上不应超过±0. 3mm，否则应重新展绘。

当控制点的平面位置绘在图纸上后，应加上控制点的符号，并在其右侧画一横线，在横线上方注明点号，在横线下方注明高程。

8. 4　地形图的测绘

大比例尺地形测图的准备工作做好以后，即可使用相应的仪器工具进行地物、地貌特征点的采集绘制工作。地形测图是以图根控制点为基础，将地物地貌特征点按相应的图式符号和规定的比例尺测绘到图纸上。地物、地貌的特征点称为碎部点，测绘地物地貌特征点的工作称为地形碎部测绘。

8. 4. 1　碎部点的选择

地物特征点主要有房屋轮廓线的转折点，池塘、河流、湖泊岸边线的转弯点，道路的交叉点和转弯点，管线、境界线的起点、终点、交叉点、转折点，耕地、草地、森林等的边界线转折点，独立地物的中心点等。连接这些特征点，便得到与实地相似的地物形状。

对于地貌来说，碎部点应选在最能反应地貌特征的山脊线、山谷线等地性线上。地貌特征点主要有山丘的顶点、鞍部的中心点、坡脊线方向和坡度的变化点、山脊、山谷、山脚的转弯点和交叉点等。根据这些特征点的高程勾绘等高线，即可将地貌在图上表示出来。为了能真实地表示实地情况，在地面平坦或坡度无显著变化地区，碎部点的间距和测碎部点的最大视距，应符合表 8. 7 的规定。

表 8.7　　碎部点的最大间距和最大视距

测图比例尺	地貌点最大间距（m）	最大视距（m）			
		主要地物点		次要地物点和地貌点	
		一般地区	城市建筑区	一般地区	城市建筑区
1∶500	15	60	50（量距）	100	70
1∶1000	30	100	80	150	120
1∶2000	50	180	120	250	200
1∶5000	100	300	—	350	—

8.4.2　经纬仪测图法

地形碎部测绘的方法，按使用仪器的不同，分为经纬仪测图、大平板仪测图、全站仪、GNSS RTK 测图。

经纬仪测图法就是将经纬仪安置在测站上，绘图板安置于测站旁，用经纬仪测定碎部点的方向与已知方向之间的夹角，再用视距测量方法测出测站点至碎部点的平距及碎部点的高程。根据测定数据。用量角器和比例尺把碎部点的平面位置展绘在图纸上，并在点的右侧注明其高程，再对照实地描绘地形。一个测站上的测绘工作步骤如下：

1. 安置仪器

如图 8.19 所示，将经纬仪安置在测站点 A 上，对中、整平，量取仪器高度 i 。

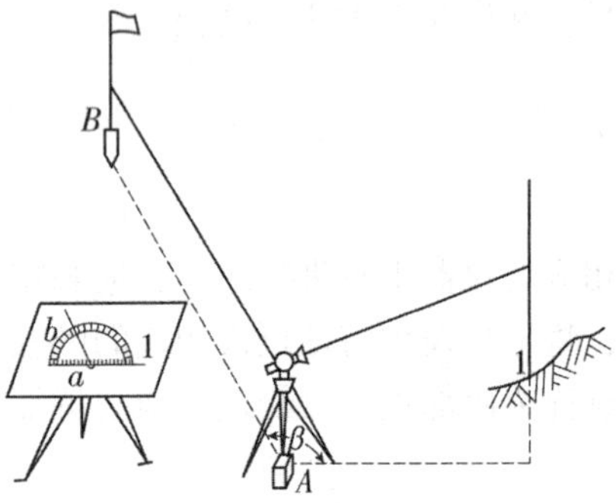

图 8.19　经纬仪小平板的安置

2. 定向

用经纬仪盘左位置瞄准另一控制点 B ，设置水平度盘读数为 0°00′00″ 。B 点称为后视点，AB 方向称为起始方向或后视方向。将小平板安置在测站附近，使图纸上控制边方向与地面上相应控制边方向大致一致。连接图上相应控制点 a 、b ，并适当延长 ab 线，ab 即为图上起始方向线。然后用小针通过量角器圆心的小孔插在 a 点，使量角器圆心固定在 a 点上。

3. 立尺

在立尺之前，立尺员应根据实地情况及本测站实测范围，按照“概括全貌、点少、能检核”的原则选定立尺点，并与观测员、绘图员共同商定跑尺路线。然后依次将视距尺立在地物、地貌的特征点上。

4. 观测

观测员转动经纬仪照准部，瞄准 1 点视距尺，读视距读数 l 、中丝读数 v 、竖盘读数及水平角 β 。同法观测 2，3，…各点。

5. 记录与计算

将测得的视距读数、中丝读数、竖盘读数及水平角依次填入地形碎部点测量手簿

（表 8.8）。根据测得数据按视距测量计算公式计算水平距离 D 和高程 H。对特殊的碎部点，如道路交叉口、山顶、鞍部等，还应在备注中加以说明。

表 8.8　　**地形碎部点测量手簿**

测站点：A　　后视点：B　　$i_A = 1.46\text{m}$　　指标差 $x = 0$

测站高程：$H_A = 56.43\text{m}$　　视线高程：$H_{视} = H_A + i_A = 57.89\text{m}$

点号	视距读数（m）	中丝读数（m）	竖盘读数（°　′）	竖直角（°　′）	高差（m）	水平角（°　′）	平距（m）	高程（m）	备注
1	0.28	1.460	93　28	-3　28	-1.70	114　00	28.00	54.73	山脚
2	0.414	1.460	74　26	15　34	10.70	129　25	38.42	67.13	山顶
…									

6. 展绘碎部点

转动量角器，将量角器上等于 β 角值（碎部点 1 为 114°00′）的刻划线对准起始方向线 ab，如图 8.20 所示。此时量角器的零方向便是碎部点 1 的方向。然后在零方向线上，根据测图比例尺按所测的水平距离定出点 1 的位置，并在点的右侧注明其高程。同法，将其余各碎部点的平面位置及高程绘于图上。

为了检查测图质量，仪器搬到下一站时，应先观测前站所测的某些明显碎部点，以检查由两站测得该点的平面位置和高程是否相符。如相差较大，则应查明原因，纠正错误，再继续进行测绘。

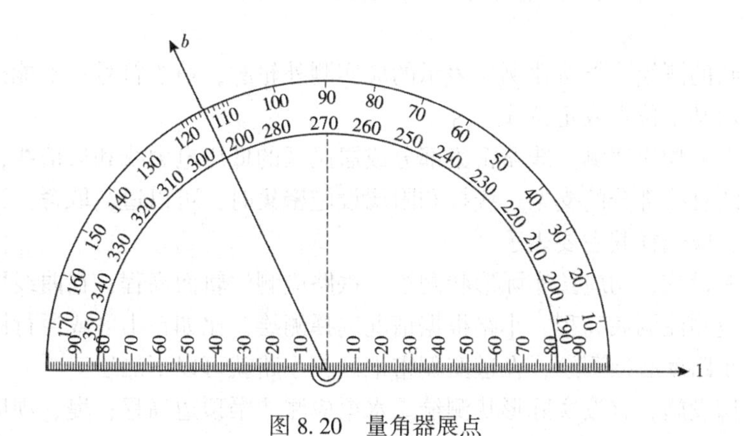

图 8.20　量角器展点

立尺员在各碎部点的跑尺好坏，直接影响着测图的速度和质量。立尺员除须正确选择地物轮廓点外，还应结合地物分布情况，采用适当的跑尺方法，尽量做到不漏测、不重复、并便于测绘，使劳动强度最小，测图效率最高。在进行碎部测量时应注意以下事项：

（1）测图前，用一已知方向定向或配置水平度盘后，应用另一已知方向检查，误差小于允许值后方可进行测图；否则应检查展点及定向或配置水平度盘有无错误。

（2）测图时，先地物后地貌；先主要地物，后次要地物。对开展 1∶200、1∶500、1∶1 000地形图的地物测量时，应直接丈量距离，以保证地物间的相对关系。

（3）碎部测图时，立尺员立尺应有一定的规律，不要东立一个点，西立一个点，要尽可能测完一个地物后，再测另一个地物，立尺时应将标尺竖直，随时观察立尺点周围情况，弄清碎部点之间的关系，地形复杂时还需绘出草图。当地物较多时，应分类逐个依次立尺，以免绘图员连错。例如，先沿道路立尺，测完视距范围内的道路立尺点之后，再立尺测绘房屋，测完一幢房屋后，再测绘其他房屋。当一类地物或一个地物尚未测完时，不应转到另一类或另一个地物上去立尺；地物较少时，可从测站附近开始，由近到远，采用螺旋形的跑尺法跑尺。当仪器搬到相邻测站后，立尺员再由远到近，跑回测站；若两人跑尺，可采用分层跑尺法，一远一近交替跑尺，便于测绘。也可采用按地物类别分工跑尺或分区包干跑尺等方法。

（4）绘图人员要注意图面正确整洁，注记清晰，能做到随测点，随展绘，随检查。

（5）测图过程中，每测一定数量的碎部点之后，应重新检查零方向，同时应及时检查图上碎部点之间的相对位置与实地有无矛盾，所绘地物与实地是否一致等。

8.4.3 地物的测绘

地物应按《地形图图式》规定的符号及表示方法绘制，并与实地的情况核对及时描绘。如房屋按其轮廓用直线连接；河流、道路的弯曲部分则用圆滑曲线连接。对于不能按比例描绘的地物，应按相应的非比例符号表示。

各类建（构）筑物宜用其外轮廓表示，房屋外轮廓以墙角为准。当建（构）筑物轮廓凸凹部分在 1∶500 比例尺图上小于 1mm 或在其他比例尺图上小于 0.5mm 时，可以用直线连接。

独立性地物的测绘，能按比例尺表示的应实测外轮廓，填绘符号；不能按比例尺表示的，应准确表示其定位点或定位线。

管线转角部分均应实测。线路密集部分或居民区的低压电力线和通信线，可选择主干线测绘；当管线直线部分的支架、线杆和附属设施密集时，可以适当取舍；当多种线路在同一杆柱上时，应选择其主要表示。

交通及附属设施，均应按实际形状测绘。铁路应测注轨面高程，在曲线段应测注内轨面高程；涵洞应测注洞底高程。小路根据情况选择测绘，比如在山区或通行困难的森林地区、沼泽地，小路就必须测绘，在道路稠密地区，小路就可以不测绘。

水系及附属设施，宜按实际形状测绘。水渠应测注渠顶边高程；堤、坝应测注顶部及坡脚高程；水井应测注井台高程；水塘应测注塘顶边及塘底高程。当河沟、水渠在地形图上的宽度小于 1mm 时，可以用单线表示。

各种管线的检修井，电力线路、通信线路的杆（塔），架空管线的固定支架，应测出其位置并适当测注高程点。对于地下建（构）筑物，可只测量其出入口和地面通风的位置和高程。

植被的测绘，应按其经济价值和面积大小适当取舍。农业用地的测绘按稻田、旱地、菜地、经济作物地等进行区分，并配置相应符号；地类界和线状地物重合时，只绘线状地物符号；梯田坎的坡面投影宽度在地形图上大于2mm时，应实测坡脚；小于2mm时，可以量注比高。当两坎间距在1：500比例尺地形图上小于10mm、在其他比例尺图上小于5mm时或坎高小于基本等高距的1/2时，可以适当取舍；稻田应测出田间的代表性高程，当田埂宽度在地形图上小于1mm时，可以用单线表示。

8.4.4 地貌的测绘

地貌虽然复杂多变，但从几何的观点分析，可以概括它是由许多不同形状、不同方向、不同坡度和不同大小的面组成的。这些面相交的棱线，称为地性线。地性线有两种，一种是由两个不同走向的坡面相交而成的棱线，称为方向变换线，如山脊线和山谷线；另一种是由两个不同的倾斜的坡面相交而成的棱线，称为坡度变换线，如陡坡与缓坡的交界线、山坡与平地交界的山脚线等。地性线的端点、交点、方向或坡度变换点等，称为地貌特征点。

测绘出地貌特征点并确定地性线，地貌的形态就容易表示出来了。故地貌的测绘，主要是测绘这些地貌特征点及其地性线，可分为测绘地貌特征点、连接地性线、确定等高线的通过点和按实际地貌勾绘等高线。

1. 测定地貌特征点

地貌特征点有山顶点、盆地的最低点、谷口点、谷源点、鞍部点、山脚点、方向和坡度变换点等。首先应根据地形的实际情况，正确确定特征点的位置，用碎部点的测量方法测定这些特征点在图上的平面位置，用小点表示，并在点旁注记高程。

2. 连接地性线

当测绘出一定数量的特征点后，依据实际情况，在图上连接地性线。地性线应随着地貌特征点的陆续测定而随时连接，以防连错。当然，熟练的测绘员也可以不连地性线，直接勾绘等高线。

3. 确定等高线通过点

等高线通过的地面点的高程一定是整米数或半米数，而测得的地貌点不一定恰好在等高线上，因此必须在图上相邻地貌点间内插出高程为整米或半米的等高线通过的点，再将高程相同的相邻点用圆滑的曲线连接起来，即绘成等高线。

连接地性线后（图8.21（a）），即可在同一条地性线上的相邻点之间内插其他等高线所通过的点位。如图8.21（b）所示，地性线上有相邻的A、B两点，高程分别为10.6m和14.3m，两点间的高差为3.7m，两点间的平距在图上量得为2.8m，以平距为横轴，以高差为纵轴，绘成断面图，即恢复出AB两点间的实地坡形。若地形图的等高距为1m，根据A、B点的高程，可以判断出在AB之间能找出11m、12m、13m和14m等高线所通过的位置。在两相邻碎部点之间找等高线通过的点是根据相似三角形的原理，采用“先取头定尾，再中间等分”的方法内插分点。例如，求得B点到14m等高线的高差为0.3m，由11m等高线到A点的高差为0.4m，则B点到14m等高线和A点到11m等高线的平距为x_1和x_2可以根据相似三角形的比例关系得：

$$\frac{x_1}{0.3}=\frac{0.028}{3.7} \qquad x_1=\frac{0.028\times0.3}{3.7}=0.0023(\mathrm{m})=2.3(\mathrm{mm})$$

$$\frac{x_2}{0.4}=\frac{0.028}{3.7} \qquad x_2=\frac{0.028\times0.4}{3.7}=0.0030(\mathrm{m})=3.3(\mathrm{mm})$$

在图上从 b 点开始沿 BC 地性线方向量取 2.3mm，即得到 14m 等高线通过点 f；从 a 点开始沿 ab 方向量取 3.0mm，即得到 11m 等高线通过点 c，然后将 11m 和到 14m 等高线之间的长度 3 等分，就得到 12m、13m 等高线通过的点 d 和 e。

用同样的方法，可以内插出地性线上所有相邻碎部点之间各条等高线通过的点位，如图 8.21（c）所示。在实际作业中，用此方法求算等高线通过的点，将会大大降低测图效率，因此整米高程点一般是用目估法内插求得。目估法是根据等高线比例内插原理结合实地地貌形态描绘的。首先确定地形点间首尾两条等高线的通过点，再等分内插，确定其余等高线的通过点。

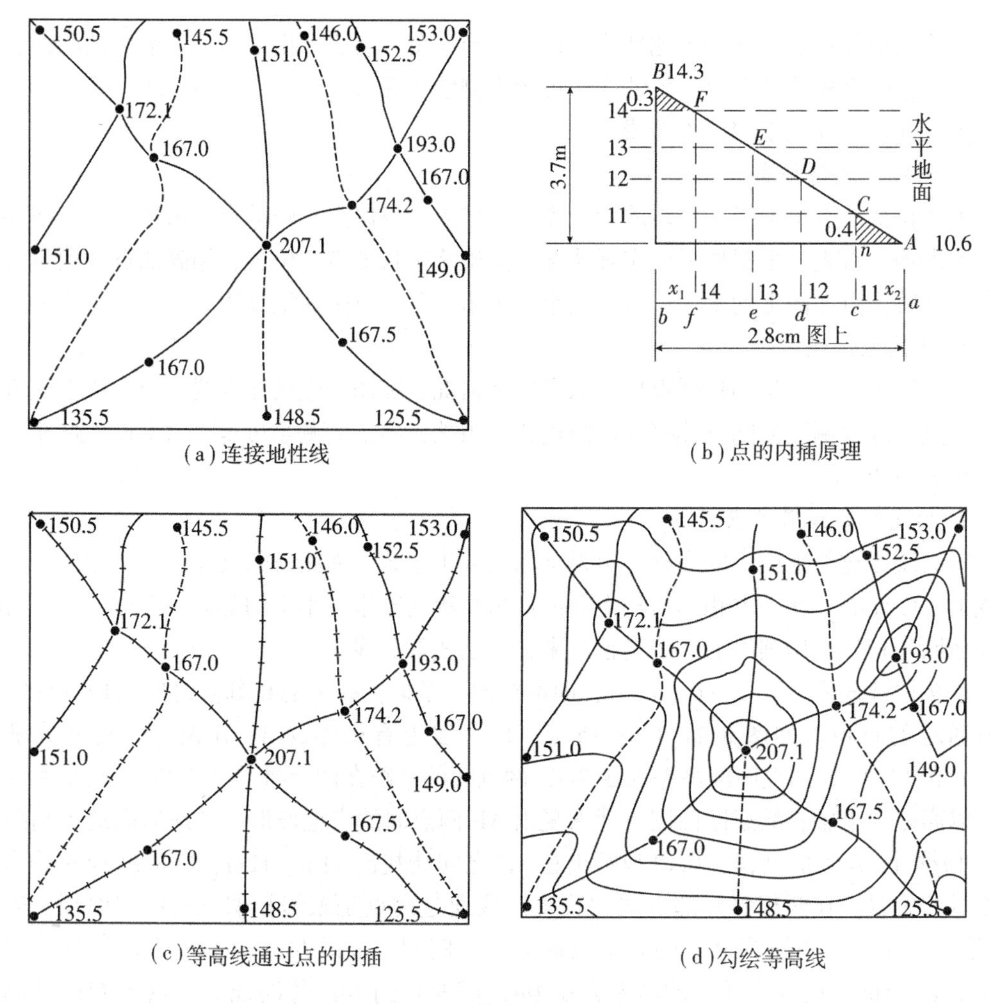

(a) 连接地性线

(b) 点的内插原理

(c) 等高线通过点的内插

(d) 勾绘等高线

图 8.21　等高线的勾绘

4. 依实际地貌勾绘等高线

在各相邻地形点内插确定各等高线的通过点后，即可依实际地貌，用圆滑的曲线依次连接同高程的各点，便得到一系列等高线，如图 8.21（d）所示。最后将计曲线加粗，并选择适当位置在计曲线上加注高程。地形图等高距的选择与测图比例尺和地面坡度有关，如表 8.9 所示。

表 8.9 **等高距的选择**

地面倾斜角	比例尺				备注
	1∶500	1∶1000	1∶2000	1∶5000	
0°~6°	0.5m	0.5m	1m	2m	等高距为 0.5m 时，地形点高程可注至 cm，其余均注至 dm
6°~15°	0.5m	1m	2m	5m	
15°以上	1m	1m	2m	5m	

5. 等高线的勾绘注意事项

（1）应对照实地情况现场勾绘，这样绘制出的等高线才会更加真实地逼近实际地形，并且应该一边求等高线通过点，一边勾绘等高线，不要等到把全部等高线通过点都求出后再勾绘等高线。

（2）等高线为光滑曲线，注意加粗计曲线。

（3）碎部点高程注记字头朝北，等高线在注记处应断开。计曲线的高程注记字头朝上坡方向。

实际在地形测图中，等高线应随测随插绘，并要求尽量现场结合实际地貌勾绘。如果因时间来不及勾绘，至少也应勾绘出计曲线。回到室内后应及时勾绘出其余首曲线。待等高线勾绘完毕后，所有地性线应全部擦除。

8.5 地形图的拼接与整饰

1. 地形图的拼接

当测区面积较大时，整个测区的地形图是分幅施测的。为保证相邻图幅的互相拼接，每一幅的四边均须测出图廓外 5mm。

用白纸测图拼接时，将图边蒙绘于透明纸上，在上面绘出相应的图廓线及坐标格网线，并注出坐标数值，然后映绘图廓内外所有地物、地貌（图内绘出 1~1.5cm，图外按图边规定的所测宽度）并注明相应图幅的编号、接图日期。为了区分不同图幅的地物、地貌，透绘时可用不同的颜色。由于测量误差的存在，使得地物、地貌在连接处不能完全吻合（如图 8.22 所示），其差值称为接边差。当接边差小于表 8.10 和表 8.11 所规定的平面与高程中误差的 $2\sqrt{2}$ 倍时，取地物和等高线的平均位置加以改正。改正后的地物和地貌还应保持它们的合理走向，对于超限的部分，应通过外业检查解决。

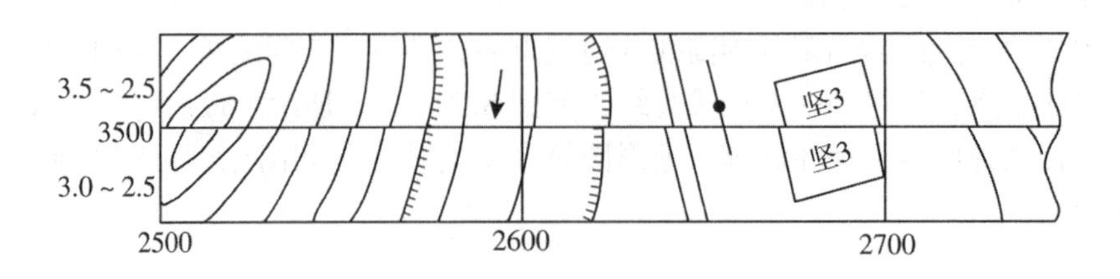

图 8.22　地形图的拼接

表 8.10　　等高线插求点的高程中误差

地形类别	平　地	丘陵地	山　地	高山地
等高线高程中误差（等高距）	≤1/3	≤1/2	≤2/3	≤1

表 8.11　　地物点位置和高程的中误差及地物点间距中误差

地区分类	点位中误差（图上 mm）	地物点间距中误差（图上 mm）	地区分类	高程中误差（m）
城市建筑区和平地丘陵地	≤0.5	≤0.4	城市建筑区和平坦地区铺装地面的高程注记点	≤0.07
旧街坊内部设站施测困难和山地、高山地	≤0.75	≤0.6	城市建筑区和平坦地区的一般高程注记点	≤0.15

2. 地形图的整饰

实测原图经过拼接和检查后，即可进行整饰。整饰的目的是使图面更加清晰、规范、合理。整饰应遵循先图内后图外，先地物后地貌，先注记后符号的原则进行。工作顺序为：内图廓、坐标格网、控制点、地形点符号及高程注记，独立物体及各种名称、数字的绘注，居民地等建筑物，各种线路、水系等，植被与地尖界，等高线及各种地貌符号等。图外的整饰包括图廓线、坐标网、经纬度、接图表、图名、图号、比例尺，坐标系统及高程系统、施测单位、测绘者及施测日期等。图上地物以及等高线的线条粗细、注记字体大小应按相应比例尺的地形图图式描绘。整饰后图面会更加清晰、美观。

8.6　地形图的检查验收与质量评定

地形图的检查验收工作是测绘生产中不可缺少的一个重要环节，是技术管理工作的一项重要内容。对地形图实行二级检查（测绘单位对地形图的质量实行过程检查和最终检查），一级验收（验收工作应由生产任务的委托单位组织实施，或由该单位委托具有检验资格的检验机构验收）。

在检查验收前一般先进行自检，就是在测图过程中，作业组人员在每一个环节上都要按前述的要求随时进行检查，做到当站工作当站清，当天工作当天清，一幅测完一幅清。测图完毕后，由本作业组人员进行全面地自我检查，然后组织各作业组进行互检，最后由生产单位组织作业队和专门质量管理机构进行过程检查和最终检查。

8.6.1 基本要求

（1）被检验的地形图批成果应由相同技术要求下生产的同一测区、同一比例尺单位成果集合组成；

（2）检验使用仪器设备的精度指标不低于生产所使用仪器设备的精度指标；

（3）地形图检验的内容主要为自我检查、详查和概查；

（4）详查内容包括样本单位成果的数字精度、数据结构正确性、地理精度、整饰质量、附件质量以及批成果的附件质量；

（5）概查内容包括成图范围、区域的符合性，基本等高距的符合性，图幅分幅与编号、测图控制覆盖面、密度的符合性，测图控制施测方法的符合性，详查以外图幅的重要或特别关注的质量要求或指标，或系统性的偏差、错误；

（6）质量问题应记载在检查意见记录表中。检验记录应整洁、清晰，质量问题应描述完整、指标明确，质量问题所属错漏类别应明确。

8.6.2 提交资料

测图工作结束后，应将有关的测绘资料整理并装订成册，供最后的检查验收使用和甲方今后保管与使用。提交的资料一般包括以下内容：

1. 控制测量部分

（1）所使用测绘仪器的检验校正报告。

（2）测区的分幅及其编号。

（3）控制点展点图、埋石点点之记。

（4）水准路线图。

（5）各种外业观测手簿。

（6）平面和高程控制网计算表册。

（7）控制点成果总表。

2. 地形测图部分

（1）地形图原图。

（2）碎部点记载手簿。

（3）接图边。

（4）图历表或图历卡（记录地形图成图过程中的档案材料，包括对地形原图的外业检查、图幅接边以及对成图质量的评定等）。

3. 综合资料

（1）测区技术设计书。

经对测区进行踏勘和收集有关的测绘资料后编写的测区技术设计书。内容主要包括任务来源、测区范围、测图比例尺、等高距、对已有测绘资料的分析利用、作业技术依据、开工和完工日期及地形测量平面、高程、地形测图的施测设计方案、各种设计图表等。

（2）技术总结。

技术总结主要内容包括一般说明、对已有测绘资料的检查和实际使用情况、各级控制测量施测情况、地形测图质量等。

8.6.3 地形图检查

1. 室内检查

地形图室内检查的内容主要包括：应提交的资料是否齐全；控制点数量是否符合规定、记录、计算是否正确；控制点、图廓、坐标格网展绘是否合格；图内地物、地貌表示是否合理，符号是否正确；各种注记是否正确、完整；图边拼接有无问题等。如果发现有疑问或错误可作为野外检查的重点。

2. 室外检查

室外检查是在室内检查的基础上进行的，分野外巡视检查和野外仪器检查两种方法。

（1）野外巡视检查。

巡视检查就是携带图板在测区内沿预定路线巡视，将原图上描绘的地物和地貌与相应的地面地物、地貌对照检查。主要的检查内容是：查看地物、地貌有无遗漏，形状是否相似；新增加的地物和变化了的地貌是否按规定进行了补测；地物、地貌综合取舍是否适宜，符号运用是否恰当，等高线表示的地貌是否逼真，走向是否合理、是否有遗漏；各种注记是否齐全；名称注记是否与实地一致。

野外巡视检查是原图检查的主要方法。大比例尺测图中，应在测区100%的范围内进行检查。

（2）野外仪器检查。

仪器检查除对室内检查和室外巡视检查中发现的错误、遗漏和疑问进行检查和补测外，还要有目的地选择部分地貌、地物点进行仪器检查。采用测定碎部点同样方法检查，其点位较差不应大于中误差的$2\sqrt{2}$倍，并且接近限值者应为少数。检查的具体方法分为三种：

①散点法。散点法是对一些地物、地貌点重新立尺，测定这些点的平面位置和高程，然后与图板上相应点位进行比较，以检查其精度是否符合要求。

②方向法。方向法适用于检查主要地物点的平面位置有无偏差。检查时需要在测站上安置仪器，根据后视方向测定被检查点的方向，以此检查图板上相应地物点的方向是否偏离。

③剖面法。剖面法可以用与原测图时的同类仪器和方法，也可利用水准仪采用视线高法沿测站某个方向每隔一定距离（等间距或不等间距）选定立尺点，测定其平面位置和高程，然后再与地形图上相应的地物点、等高线通过点进行比较。即可检查地物点和等高线的精度。剖面法检查还可用在实地丈量的两点间距离与图解的距离进行比较，用水准仪直接测定的两点间高差与图上所注记的两点高程之差进行比较。

检查过程中若发现有不符合要求的测绘成果，应及时地予以纠正。错误较多时，就要补测或重测。

8.6.4 地形图的验收

根据国家测绘局发布的《测绘成果质量检查与验收》（GB/T 24356—2009）的有关规定，地形测量产品按图根控制测量、地形测图和图幅质量 3 项内容进行质量评定和验收。地形测量产品的质量实行优级产品、良级产品、合格产品和不合格产品 4 级评定制。若产品中出现一个严重缺陷（如伪造成果、中误差超限、使用了误差超限控制点进行测图等），则该成果为不合格。合格产品标准的统一规定是：符合技术标准、技术设计和技术规定的要求，但不满足良级产品的全部条件；产品中有个别缺陷，但不影响产品基本质量；技术资料齐全、完整；良级品、优级品的标准除满足合格品的要求外，还应满足各自的条件。

地形测绘资料经检查认为符合要求后，便可予以验收，并进行质量评定，最后编写检查、验收报告。检查报告由生产单位编写，其内容包括：

（1）任务概况。

（2）检查工作概况。

（3）检查技术依据。

（4）主要质量问题及处理意见。

（5）对遗留问题的处理意见。

（6）质量统计和评价等。

验收报告由验收单位编写，其内容包括：

（1）验收工作情况。

（2）验收中发现的主要问题及处理意见。

（3）质量统计（含与生产单位检查报告中质量统计数的变化及其原因）。

通过对产品质量中成绩、缺点、问题的分析，对整个作业区的产品质量做出客观地评价，给出验收结论。

（4）其他意见和建议

检查验收工作是对成果成图进行的最后鉴定。通过这项工作，不仅要评定其质量，而且更重要的是最后消除成图中可能存在的错误，保证各项测绘资料的正确、清晰、完整，真实地反映地物、地貌。

本 章 小 结

本章主要介绍了大比例尺地形图的基础知识，地形图图式，地形测图的准备工作，地形碎部测绘，地形图的拼接、检查、整饰与验收工作。

大比例尺地形图的基础知识包括地形图的概念；地形图的比例尺和比例尺精度；地形图的图名、图号和图廓；地形图的分幅与编号等内容，要全面了解和掌握才能更好的识读与应用地形图。地形图图式包括地物符号和地貌符号，地物符号分为比例符号、非比例符号、线性符号和注记符号等。地貌符号一般用等高线表示。

传统的手工白纸测图前应做好测图技术资料的收集整理，测图所用仪器及工具的准备工作，测图板的准备工作，包括图纸的准备，展绘控制点等工作。传统的地形图的测绘方法主要介绍了经纬仪测图的作业方法，分别从经纬仪测图法的测图步骤、碎部测量的注意事项、手工绘制地形图的方法及步骤等几个方面进行了说明。

地形图测绘完成后应及时进行拼接、检查、整饰与验收工作。

习题和思考题

1. 何谓地形图？试述地形图的主要用途。

2. 地物、地貌、地形、地形图分别怎么解释？

3. 什么是地形图比例尺？它有几种类型？什么是比例尺精度？它对测图和设计用图有什么意义？什么是比例尺精度，它在测图工作中有何用途？

4. 什么是等高线？等高距？等高线平距？它们与地面坡度有何关系？等高线特性是？

5. 进行碎部测量时，如何正确选择地物地貌特征点？

6. 手工测图前的准备工作包括哪几步？检查方法是什么？

7. 简述经纬仪测图法在一个测站上的作业步骤及方法。

8. 何谓山脊线？山谷线？鞍部？试用等高线绘之。

9. 在图 8.23 中，按指定符号表示出山顶、鞍部、山脊线、山谷线（山脊线用点画线表示，山谷线用虚线表示，山顶用“▲”表示，鞍部用“0”表示）。

图 8.23　局部地形图

10. 测图前应做哪些准备工作？控制点展绘后，怎样检查其正确性？

11. 简述在实地如何选择地形碎部点。

12. 图 8.24 为某丘陵地区所测得的各个地貌特征点，图上已标明了山脊线、山谷线、山顶及鞍部（符号与第 9 题相同）。试根据这些地貌特征点，按等高距 $h = 5\text{m}$，用比例内插法勾绘等高线。

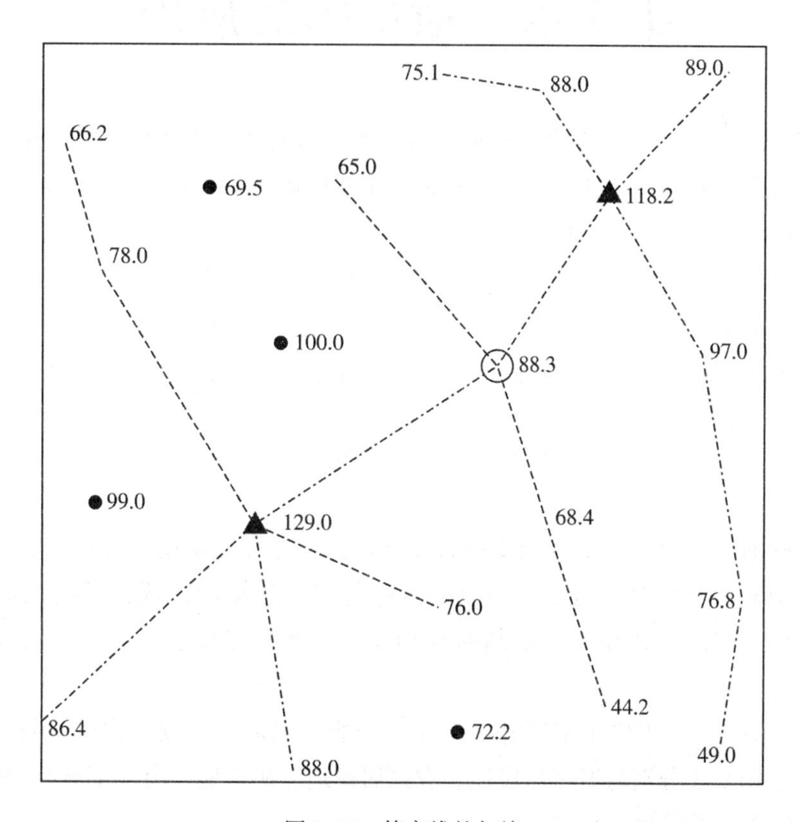

图 8.24　等高线的勾绘

13. 图幅的拼接与整饰有哪些要求？

14. 为了确保地形图质量，应采取哪些主要措施？

15. 通过上网搜索查询，请详细查询了解地形测量优级产品、良级产品、合格产品和不合格产品质量评定的各项标准和要求。

第9章　地形图的应用

【教学目标】学习本章，要在掌握地形图基本知识的基础上能够正确阅读地形图，掌握地形图的基本应用及地形图在工程设计中应用的各项内容及方法。要具备在各项实际工程中能够准确灵活的应用地形图的能力。

在各项工程建设的规划设计中，地形图是不可缺少的地形资料，它比较全面客观的反映地面情况，是设计时确定点位及计算工程量的主要依据，各种工程都能依据相应地形图进行合理的规划和设计。因此，我们要学习地形图的应用内容及对应的方法。

9.1　地形图的识读

为了正确的应用地形图，首先要能看懂地形图。地形图是用各种规定的符号和注记表示地物、地貌和其他有关资料，通过对这些符号及注记的识读，可使地形图成为展现在人们面前的实地立体模型，以判断其相互关系和自然形态，这就是地形图识读的主要目的。

阅读地形图时，首先要了解图外一些注记内容，然后再阅读图内的地物、地貌。图9.1、图9.2、图9.3分别为城区居民地、农村居民地、矿区地形图（部分）。通过对这三幅地形图的解读，说明阅读的过程和方法。

1. 图廓外注记

阅读时，从图廓外的注记了解这幅图的图名、图号、比例尺、所采用的平面坐标和高程系统、等高距以及图式版本、测图日期、测图人员等内容。在图的左上方标有相邻图幅接合图表，以便查取相邻的图幅。图的方向以纵坐标轴向上为正北方。

2. 地物分布

在熟悉地物符号的基础上阅读地物。在图9.1中，永春路横贯图的南北方向，并有安海路从北沿西方向、泉州路从东沿西方向与永春路相交，道路两边大部分用围墙封闭。在各道路的拐弯处、通视开阔的地方分别布设了点Ⅱ418、Ⅱ217、Ⅱ219、Ⅱ244、DI30等导线控制点。图中，主要地物为建筑物，有宗教建筑物三一堂，日光岩幼儿园；在图9.2中，主要有殷家船闸与青龙港相连，河道两侧分布行道树。有多处鱼塘，有单线沟和双线沟渠与之相连。在船闸的道路上立有杆式路灯，一变压器与高压输电线相连。图9.3主要有厂房和铁轨。

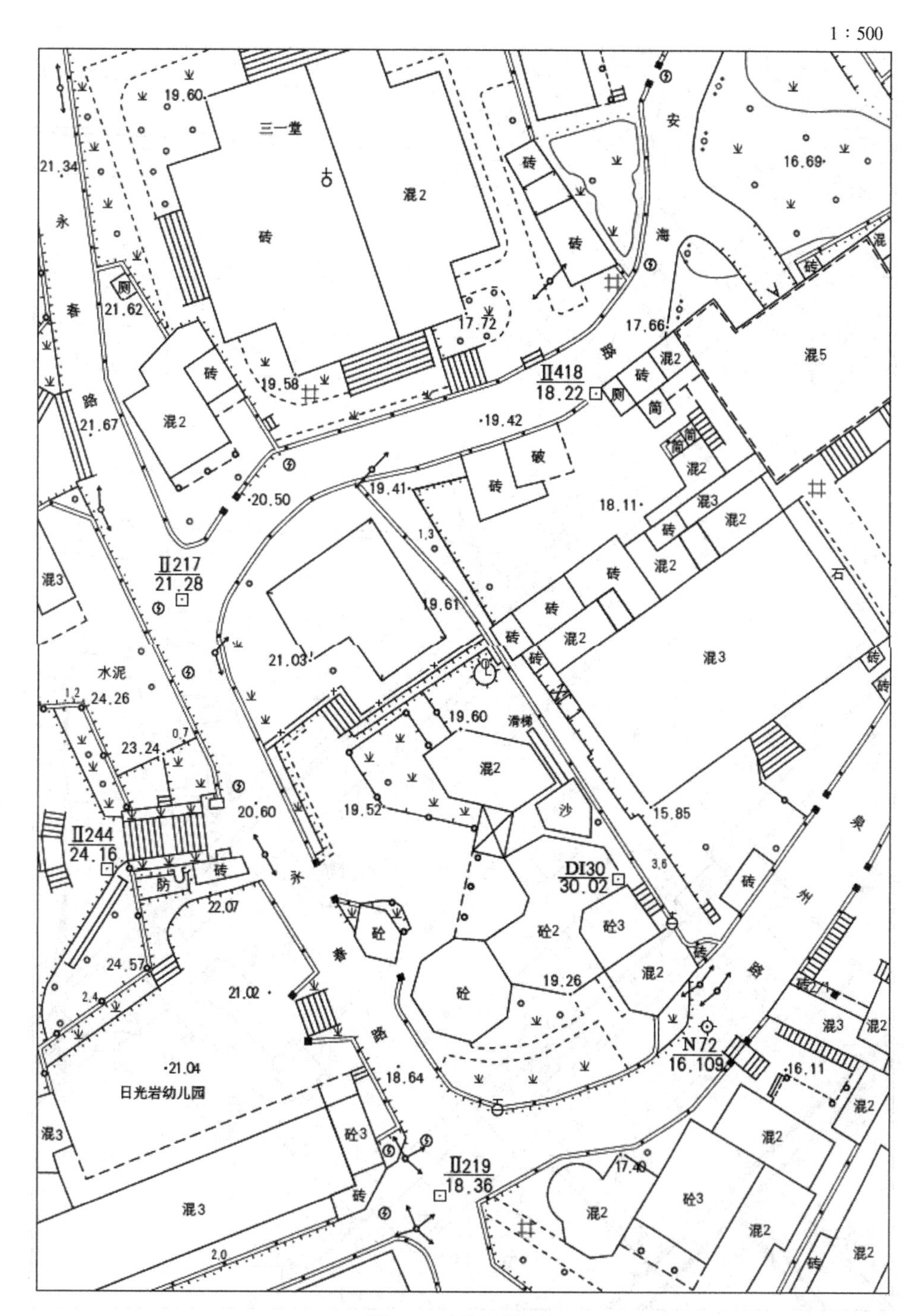
1 : 500
19.60
三一堂
21.34
砖
混2
永
春
路
厕
21.62
17.72
19.58
混2
砖
21.67
安
16.69
海
砖
17.66
路
Ⅱ418
18.22
厕
简
混5
19.42
破
20.50
19.41
18.11
混3
Ⅱ217
21.28
1.3
石
19.61
21.03
水泥
1.2
24.26
0.7
23.24
19.60
滑梯
19.52
20.60
沙
15.85
泉
Ⅱ244
24.16
防
DI30
30.02
3.6
22.07
砼
砼2
砼3
24.57
21.02
19.26
2.4
N72
16.109
16.11
·21.04
日光岩幼儿园
18.64
Ⅱ219
18.36
17.40
2.0

图 9.1　城区居民地

1：1000

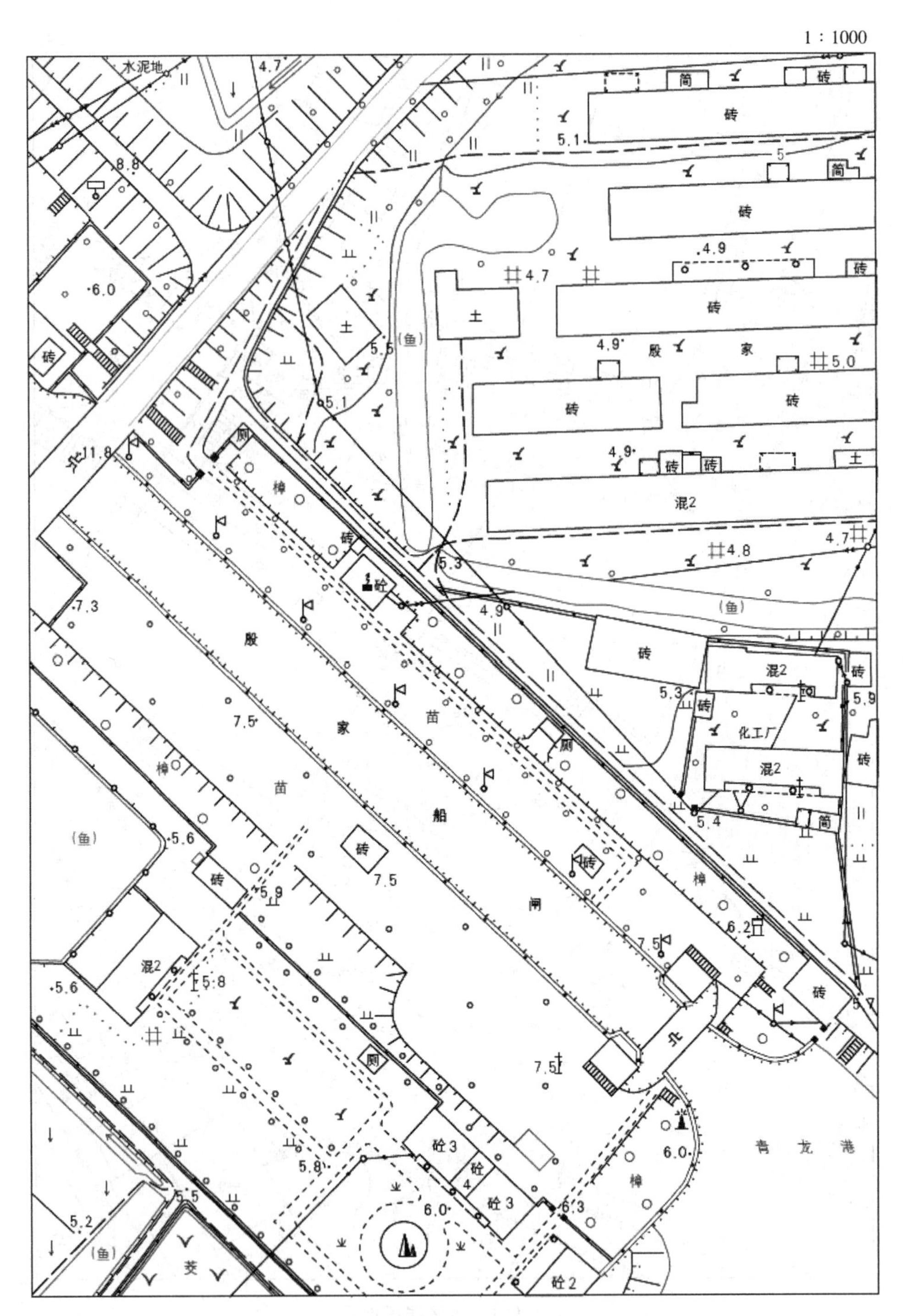

图 9.2　农村居民地

1 : 1000

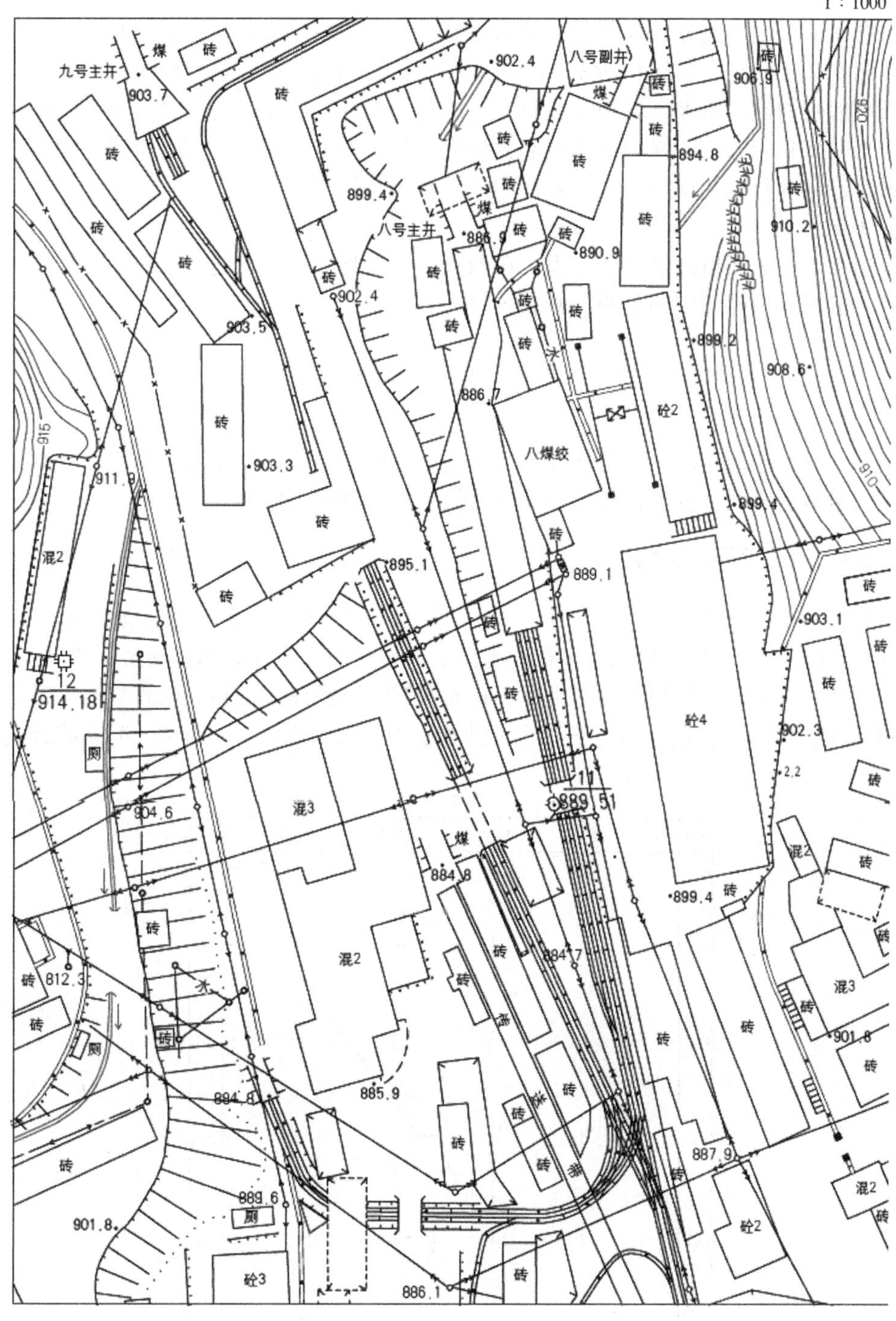
九号主井
煤
砖
903.7
902.4
八号副井
906.9
920
899.4
八号主井
886.9
890.9
894.8
910.2
902.4
903.5
899.2
908.6
886.7
砼2
915
八煤绞
903.3
910
911.9
899.4
895.1
889.1
混2
903.1
12
914.18
厕
砼4
902.3
混3
11
889.51
904.6
884.8
899.4
混2
884.7
812.3
水
901.8
885.9
884.8
887.9
889.6
901.8
砼3
886.1
砼2

图 9.3　矿区

3. 地貌分布

在图 9.1 中，东北方向地势低，永春路的西侧有加固陡坎，日光岩幼儿园周边地势高；在图 9.2 中，整个测区内地势较为平坦，起伏不大，在殷家船闸处有 5m 等高线穿过。殷家船闸西侧有斜坡，坡顶与坡脚下方的鱼塘有 3m 左右高差；图 9.3 中，矿区内地形高差相对变化较大，图幅中央厂房部分地势平坦，有铁轨分布。两边地形呈台阶形式，地形升高，东北角有陡崖和山坡。3 个图幅内均匀地注记了高程点。

4. 植被分布

在图 9.1 中主要植被是绿化花圃，在图 9.2 中主要植被是菜地和草地，殷家船闸的西侧苗圃有散村。两幅图中的公路两侧有行树。

9.2 地形图的基本应用

地形图的基本应用内容包括在地形图上进行点位平面坐标的量测、高程的量测，两点间距离的量测，直线坐标方位角的量测及直线坡度的确定等内容。

9.2.1 点位平面坐标的量测

点的平面坐标可以根据地形图上坐标格网的坐标值确定。大比例尺地形图上 10cm×10cm 的坐标格网线交点，均用十字标绘于图上，并在图廓上注有纵、横坐标值。

如图 9.4 所示，要量测 p 点的坐标，首先根据图廓坐标注记和 p 点的图上位置绘出坐标方格 $abcd$，然后过 p 点分别作平行于 x 轴和 y 轴的两条直线，量取 af 和 ak 的长度，即

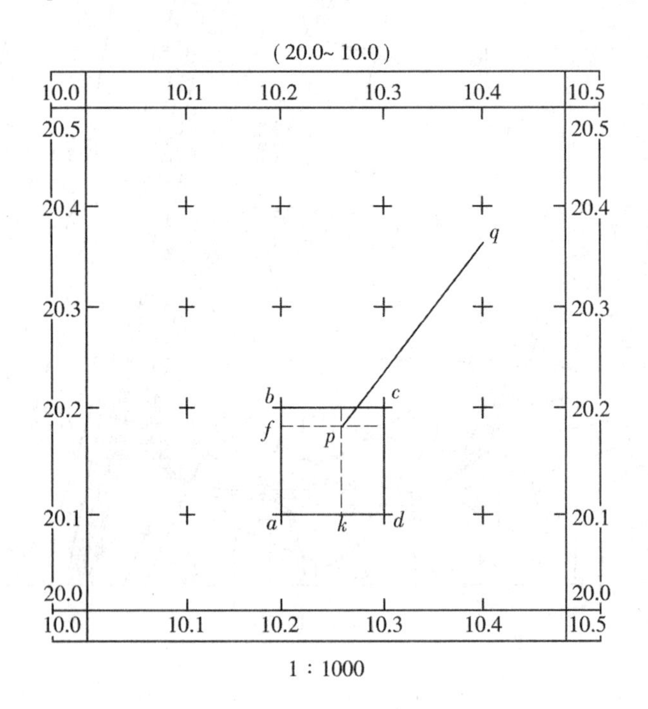

图 9.4　量测点位平面坐标

可计算出 p 点的坐标（x_p，y_p）。

$$\left.\begin{aligned} x_p &= x_a + af \times M \\ y_p &= y_a + ak \times M \end{aligned}\right\} \tag{9-1}$$

如 $af=8.02\text{cm}$，$ak=5.03\text{cm}$，则

$$x_p=20100+0.0802\times1000=20180.2\text{m}$$

$$y_p=10200+0.0503\times1000=10250.3\text{m}$$

若考虑图纸的伸缩变形，还应量取 ab 和 ad 的长度，即可按下式计算出 p 点的坐标：

$$\left.\begin{aligned} x_p &= x_a + \frac{l}{ab} \cdot af \cdot M \\ y_p &= y_a + \frac{l}{ad} \cdot ak \cdot M \end{aligned}\right\} \tag{9-2}$$

式中：l 为坐标方格边长，为 10cm；

M 为地形图比例尺分母。

如果有电子版的地形图，则可用地形图绘图软件打开图形，直接用查询点坐标的方式可快速获取图上任意点的平面坐标，注意点位捕捉的正确性。

9.2.2 点位高程的量测

地形图上的任一点，可以根据等高线及高程标记确定其高程。如果所求点恰好在等高线上，如图 9.5 中的 p 点，它的高程与所在等高线的高程相同，从图上看应为 $H_p=31.0\text{m}$。如果所求点不在等高线上，如图中的 k 点，这时，就要过 k 点作一条大致垂直于相邻等高线的线段 mn，量取 mn 的长度 d，再量取 mk 的长度 d_1，k 点的高程 H_k 就可按比例内插法求得

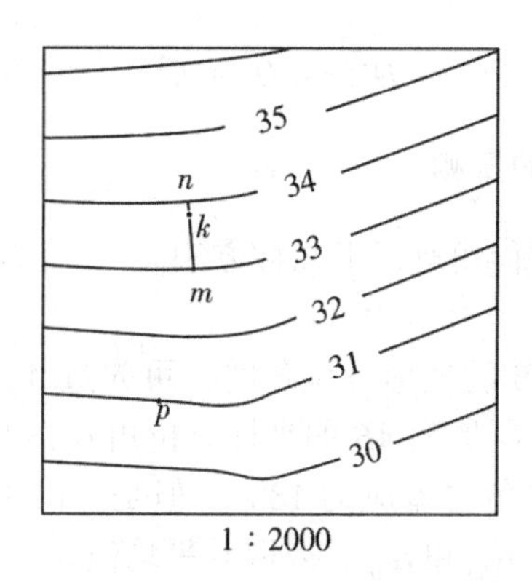

图 9.5 量测点位高程

$$H_k = H_m + h = H_m + \frac{d_1}{d}h \tag{9-3}$$

式中：H_m 为 m 点的高程，单位为米；

h 为等高距（该图 h 等于 1m），单位为米。

假设 d 的长度为 13.5mm，d_1 为 11.0mm，则 k 点的高程为

$$H_k = 33.0 + \frac{11.0}{13.5} \times 1 \approx 33.8 \text{ (m)}$$

求图上某点的高程时，在精度要求不高时也可根据等高线的高程用目估法求取。

如果有电子版的地形图，则可用地形图绘图软件打开图形，直接用查询指定点高程的方式可快速获取图上任意点的高程，需要输入对应高程点数据文件名。

9.2.3　两点间距离的量测

确定两点间的水平距离有以下几种方法。

1. 直接量测

用卡规在图上直接卡出线段的长度，再与图示比例尺比量，即可得其水平距离。当精度要求不高时，也可用三棱尺直接在图上量取。

2. 根据两点的坐标计算水平距离

当两点间距离较长时，为了消除图纸变形的影响以提高精度，可用两点的坐标计算距离。如图 9.4 所示，求 qp 的水平距离时，首先按式（9-1）求出 q、p 两点的坐标值 x_q、y_q 和 x_p、y_p。然后按下式计算 qp 的水平距离。

$$D_{qp} = \sqrt{(x_p - x_q)^2 + (y_p - y_q)^2} = \sqrt{\Delta x_{qp}^2 + \Delta y_{qp}^2} \tag{9-4}$$

3. 查询法

如果有电子版的地形图，则可用地形图绘图软件打开图形，直接用查询两点距离的方式可快速获取图上任意两点间的水平距离，注意点位捕捉的正确性。

如果地面坡度较大，需要计算两点间的倾斜距离 D'，则可根据两点间的水平距离 D 和高差 h 求出，即：

$$D' = \sqrt{D^2 + h^2} \tag{9-5}$$

9.2.4　直线坐标方位角的量测

确定两点间直线的坐标方位角有以下几种方法。

1. 图解法

如图 9.6 所示，求直线 AB 的坐标方位角时，可先过 A、B 两点精确地作平行于坐标格网纵线的直线，然后用量角器量测 AB 的坐标方位角 α_{AB} 和 BA 的坐标方位角 α_{BA}。

同一直线的正反坐标方位角之差应为 180°，但是，由于量测中存在误差，一般将其误差之半按不同符号分别改正 α_{BA} 和 α_{AB}，或取其平均值。

$$\alpha_{AB} = \frac{1}{2}(\alpha_{AB} + \alpha_{BA} \pm 180°) \tag{9-6}$$

2. 解析法

先量测出 A、B 两点的坐标，然后再按下式计算 AB 的坐标方位角。

$$\tan\alpha_{AB} = \frac{y_B - y_A}{x_B - x_A} = \frac{\Delta y_{AB}}{\Delta x_{AB}}$$

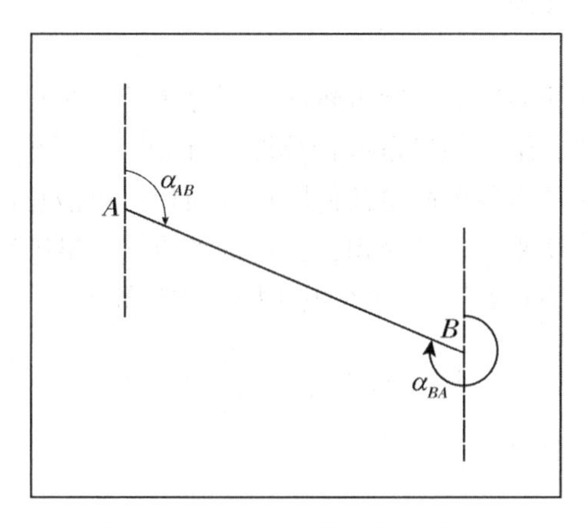

图 9.6　确定一直线坐标方位角

$$\alpha_{AB} = \arctan\frac{y_B - y_A}{x_B - x_A} = \arctan\frac{\Delta y_{AB}}{\Delta x_{AB}} \tag{9-7}$$

求出 α_{AB}角后，要注意用 Δx_{AB}和 Δy_{AB}的符号来判定 AB 直线所在的象限，然后才能求算出方位角 α_{AB}值。从图上量测某直线的距离和方位角时，图解法常用于直线两端点位于同幅图内，解析法常用于两端点不位于同幅图内。

3. 查询法

如果有电子版的地形图，则可用地形图绘图软件打开图形，直接用查询两点方位的方式可快速获取图上任意两点间的坐标方位角，注意点位捕捉的正确性及点位选择的顺序。

9.2.5　确定两点间直线的坡度

在地形图上求得两点间直线的实地水平距离 D 及其两点间的高差 h，高差与水平距离之比即为坡度，用 i 表示，则 i 可用下式计算：

$$i = \frac{h}{D} = \frac{h}{d \times M} \tag{9-8}$$

式中：d 为图上两点的水平距离，以米为单位；

M 为地形图比例尺的分母。

坡度 i 有正有负，“+”为上坡，“-”为下坡。坡度通常用千分率（‰）或百分率（%）的形式表示，如图 9.3 中，$mn=0.013\text{m}$，$h=+1\text{m}$，$M=5\ 000$，则：

$$i = \frac{h}{d \cdot M} = \frac{+1}{0.013 \times 5\ 000} = +\frac{1}{65} = +1.5\%$$

9.2.6　量算图形面积

在规划设计和工程建设中，常需要知道某一范围地块的面积。例如：平整土地的填、挖面积，规划设计城市某一区域的面积，厂矿用地面积，渠道和道路工程中的填、挖断面的面积等。量测图形面积的方法很多，随着测绘仪器及计算机绘图技术的发展，图形面积的量测也变得快捷简便了许多。

1. 几何图形法

若图形是由直线连接的多边形，则可将图形划分为若干种简单的几何图形，如图 9.7 中的三角形、梯形等。然后用比例尺量取计算图形面积时所需的元素（长、宽、高），应用相应图形面积计算公式求出各个简单几何图形的面积，再汇总出多边形的面积。

如图 9.8 所示，要计算曲线内的面积，先将毫米透明方格纸覆盖在图形上，数出图形内整方格数 n_1 和不完整的方格数 n_2，则面积 A 按下式计算

$$A = \left(n_1 + \frac{1}{2}n_2\right)\frac{M^2}{10^6}\,(\mathrm{m}^2) \tag{9-9}$$

式中：M 为地形图比例尺分母。

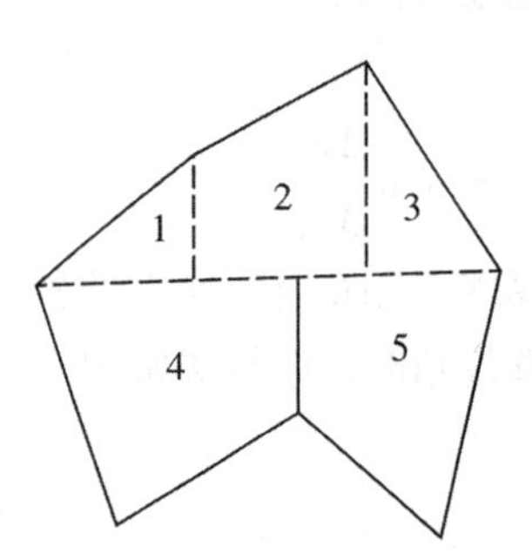

图 9.7　几何图形法量算面积

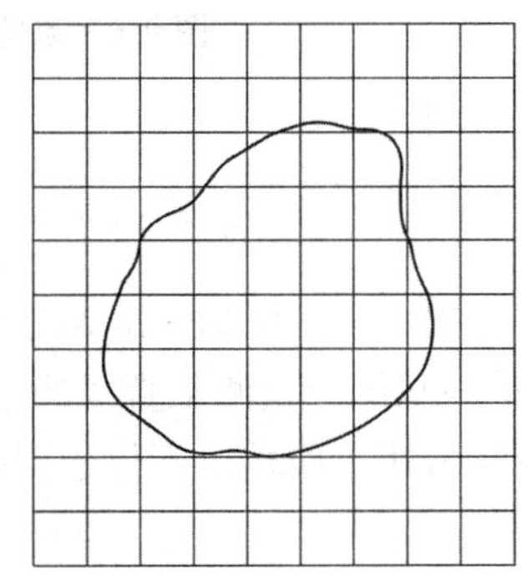
图 9.8　透明方格纸量算面积

2. 全站仪外业测量法

应用全站仪的面积测量功能可进行土地面积测量工作，并能自动计算显示所测地块的面积，特别适合于小范围的土地面积测量。当仪器距离待测点位斜距小于 1km 时，点位精度都可以达到三等界址点的精度（±0.15m）要求。全站仪尽量安置于待测面积区域的中心位置，选用面积测量功能，然后依次按顺时针或逆时针方向测量各个转折点，直到多边形图形闭合，则仪器可直接计算出该闭合多边形图形面积。

3. 查询法

如果在纸质地形图上量测某一图形的面积，则首先需解析出边界特征点坐标，应用 AutoCAD 等绘图软件展绘各个边界特征点，然后应用多义线按顺序（顺时针或逆时针）连接各点，组成闭合多边形，即可查询到图形面积及周长以及各边长等数据。

如果有电子版的地形图，则可用地形图绘图软件打开图形，直接用查询面积的方式可快速获取图上任意闭合多边形的面积，注意所选图形必须为一闭合实体，如采用逐点捕捉的方式应注意点位捕捉的正确性及点位顺序。

4. 求积仪法

求积仪是一种专门供图上量算面积的仪器，其优点是操作简便、速度快、适用于任意曲线图形的面积量算。

电子求积仪是采用集成电路制造的一种新型求积仪，可靠性高，操作简单方便。图

9.9 是日本牛方商会生产的 X-PLAN360 型电子求积仪。这种求积仪不仅可以测定面积，而且可以同时测定线长，量测多边形时，不需描迹各边，只要依次描对各顶点，就可以正确地得到图形的面积和线长（周长）。

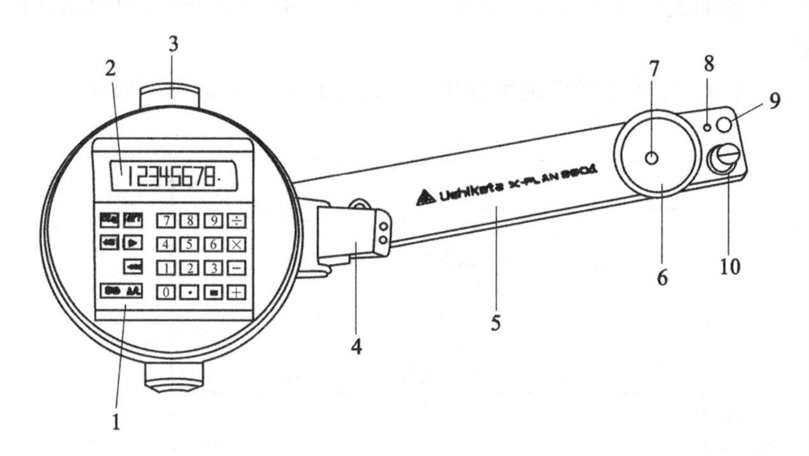

1—键盘；2—显示器；3—滚轮；4—描杆固定扳手；5—描杆；6—描迹放大镜；7—描点；8—LED 显示；9—测定方式变换开关；10—START/POINT 开关

图 9.9 电子求积仪

9.3 地形图在工程设计中的应用

9.3.1 地形图在建筑设计中的应用

1. 根据地形图确定建筑物的面积和形状

在城镇建筑设计之前，首先使用反映拟建场地及其周围地形的大比例尺地形图，根据地形的有关情况及城市规划要求拟定建筑物的形状和面积，上报城市规划部门审批。

2. 根据地形来确定建筑物±0 的标高及其构造形式

（1）根据地形图上拟建地面标高及排污管道的标高来确定建筑物±0 的标高。

（2）±0 标高确定以后，根据地形高差状况来确定±0 以下的构造形式。

3. 依据建筑总平面图进行建筑物的定位放线

建筑物定位放线所依据的建筑总平面图就是在拟建地区的地形图上进行设计的，它能反映建设用地面积、总建筑面积、建筑密度等。

9.3.2 地形图在管线设计、施工中的应用

1. 绘制设计方向线的纵断面图

在各种管线工程设计中，为了进行填挖方量的概算，合理确定管线的坡度，都需要了解沿线方向的地面起伏情况，为此常利用地形图绘制指定方向的纵断面图。如图 9.10 所示，pq 的方向已定，要作出 pq 方向的断面图，可先将 pq 直线与图上等高线的交点以及山

脊和山谷的方向变化点 b、e 标明，然后按该地形图的比例尺，把图上 p、a、b、c、d、e、f、g、h、q 点转绘在一水平线上。过水平线上各点，作水平线的垂线，在各垂线上按比例尺截取出各点相应的高程，最后用平滑曲线连接这些顶点，便得到 pq 线的断面图。为了使断面图能明显地表示地面的起伏情况，常把高程的比例尺增大为距离比例尺的 10 倍或 20 倍来描绘。

图 9. 11 所示为一电子版带状地形图中的管线设计及其对应纵断面图。

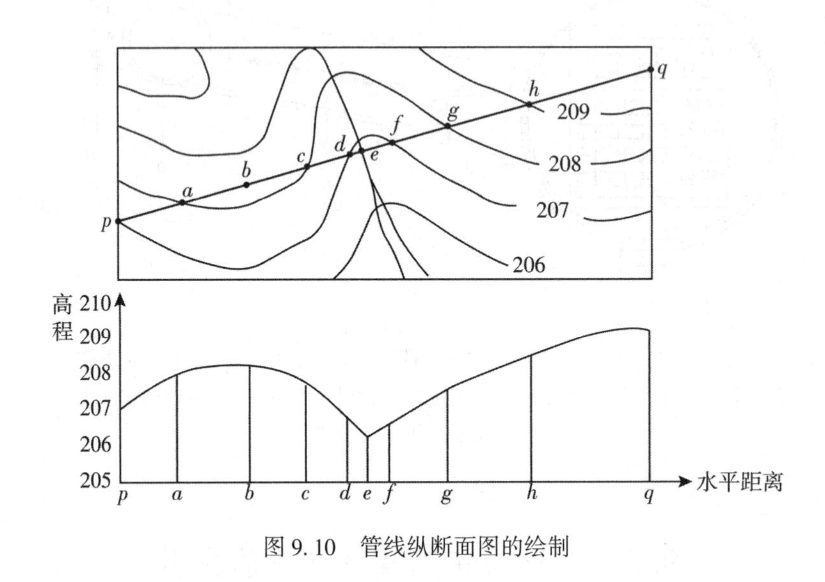

图 9. 10　管线纵断面图的绘制

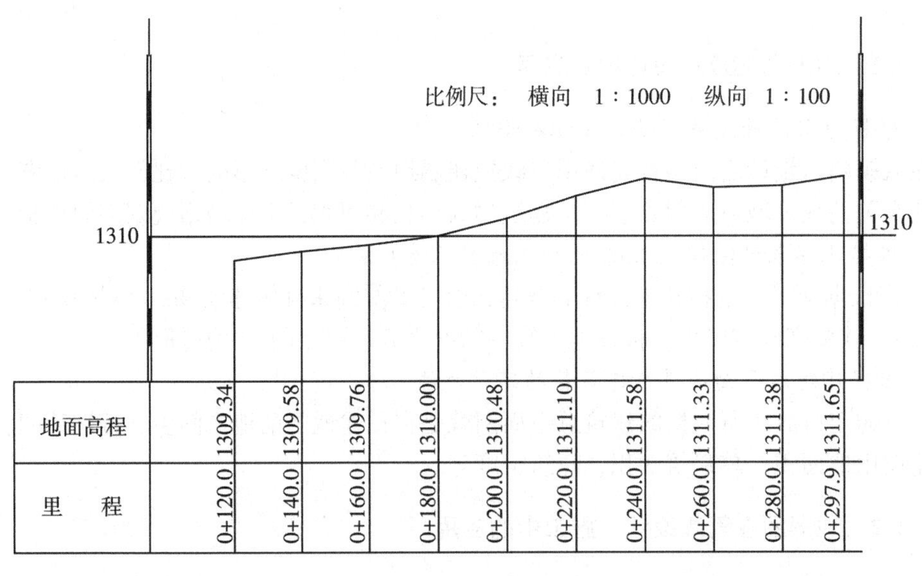

图 9. 11　设计管线及其纵断面

2. 根据地形图进行管线的设计

（1）根据地形图上地物、地貌情况，通过对客观容许范围内多条线路的比较，选择距离既短土方量又少的路线。

（2）路线选定后进行设计时，在符合管线坡度要求的范围内，根据纵断面图，选择最佳管线坡度，使土方量和架空工程量最少，亦即造价最低。

3. 地形图在管线施工中的应用

（1）应用地形图，根据管线的设计标高及挖宽计算土方工程量。

（2）在精度允许条件下，可用图解法在地形图上求出主点的测设数据。

9.3.3 地形图在道路规划、设计中的应用

1. 选线

根据地形图，在满足坡度要求的情况下选择最短且土方量最少的路线。

（1）按限制坡度选定最短路线

如图 9.12 所示，地形图比例尺为 1∶2 000，等高距为 1m，要求从公路旁 A 点到山头 B 点先定一条路线，限制坡度为 5%，为了满足限制坡度的要求，要先求出该路线通过相邻两条等高线的最小等高平距：

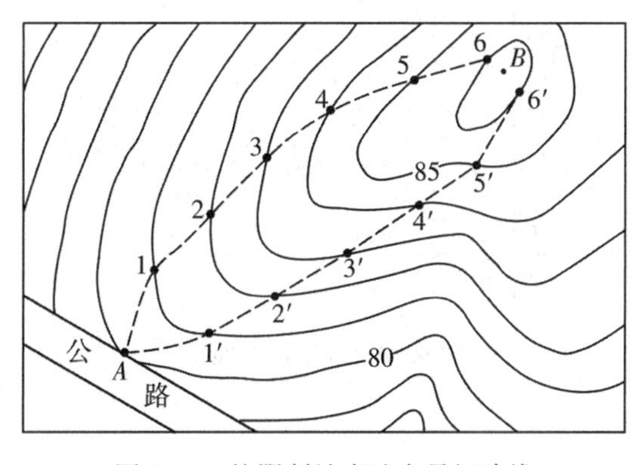

图 9.12　按限制坡度选定最短路线

$$d=\frac{h}{i\cdot M}=\frac{1}{0.05\times 2\,000}=10\text{mm}$$

然后，用卡规张开 10mm，先以 A 点为圆心作圆弧，交 81m 等高线于 1 点；再以 1 点为圆心作圆弧，交 82m 等高线于 2 点；依此类推，直至 B 点。连接相邻点，便得同坡度路线 A-1-2-…-B。若所作圆弧不能与相邻等高线相交，则与最小等高线平距直接相连，这样，该线段为坡度小于 5%的最短路线，符合设计要求。在图上尚可沿另一方向定出第二条路线 A-1′-2′-…-B，可以作为比较方案。在实际工作中，还需在野外考虑工程上其他因素，如少占居民地或耕地、避开塌方或崩裂地带、工程费用最少等，最后确定一条最佳路线。

（2）应用地形图绘制横断面图。

在进行道路土方量计算时，单有纵断面图是不够的，还要用到横断面图。横断面图就是垂直于纵断面方向的剖面图，其画法与纵断面图完全一样。横断面图的纵横向绘图比例

一致。

2. 应用地形图确定汇水面积

在修筑道路跨越河流或山谷地段时，必须修建桥梁或涵洞以排泄水流。设计时，桥梁、涵洞孔径的大小应根据流经该地段的水流量来决定，汇集水流量的面积称为汇水面积。由于雨水是沿山脊线（分水线）向两侧山坡分流，所以汇水面积的边界线是由一系列的山脊线连接而成的。如图 9.13 所示，由分水线 *BC*、*CD*、*DE*、*EF* 及道路 *MN* 所围成的面积即为汇水面积。量测该面积的大小，再结合气象水文资料，可进一步确定流经公路 *A* 处的水量，从而对桥梁或涵洞的孔径设计提供依据。确定汇水面积的边界时应注意，各分水线处处都与等高线垂直，且经过一系列的山头和鞍部，并与河谷的指定断面（图 9.13 中 *A* 处的直线）闭合。

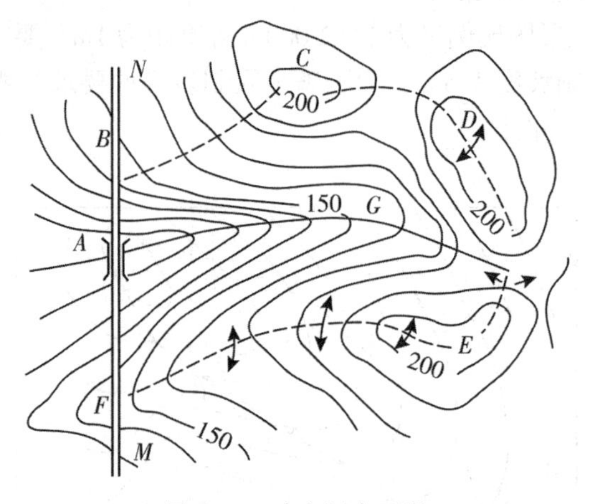

图 9.13　确定汇水面积

9.4　地形图在平整土地中的应用

在各项工程建设中，往往要对拟建地区的原地形作必要的改造，以便于布置和修建各类建筑物，排泄地面积水以及满足交通运输和敷设地下管线的要求，这种改造地形的工作称为场地平整。那么在场地平整之前，必须先在地形图上进行平整后的标高设计，以及计算施工中的填挖方量，尽量降低施工成本，提高经济效益。要想降低成本，只有减少填挖方量和运距，要做到这两点就必须遵守填挖方量平衡的原则，使工程量最少。通常情况下，根据设计要求，建筑场地一般要求平整成水平面或倾斜面。场地平整的方法很多，下面介绍应用方格网法进行水平面或倾斜面的平整方法。

1. 平整成水平面

平整场地需先作“场平设计”，确定平整后的场地高程，并应作土方计算。其具体步骤如下。

（1）在地形图上绘制方格网。

在场地地形图上拟建范围内绘制方格网，方格大小根据地形复杂程度、地形图比例尺以及土方概算的精度要求而定。方格的边长以10~40m为宜（一般多用20m）。根据等高线用内插法计算各方格顶点的高程，称为“地面高程”，标注于各顶点的右上角。方格网编号，横向按1，2，3，…编，纵向按A，B，C，…编，方格用Ⅰ，Ⅱ，Ⅲ，…编，如图9.14（a）所示，各方格顶点编号即用纵横向编号来编定，标注在该点的左下角，如图9.14（b）所示。

场地平整后的地面高程称为“设计高程”，标注于方格顶点的右下角。原地面标高与设计高程之差称为“填挖数”，规定挖方为“+”，填方为“-”，标注在方格顶点的左上角，如图9.14（b）所示。

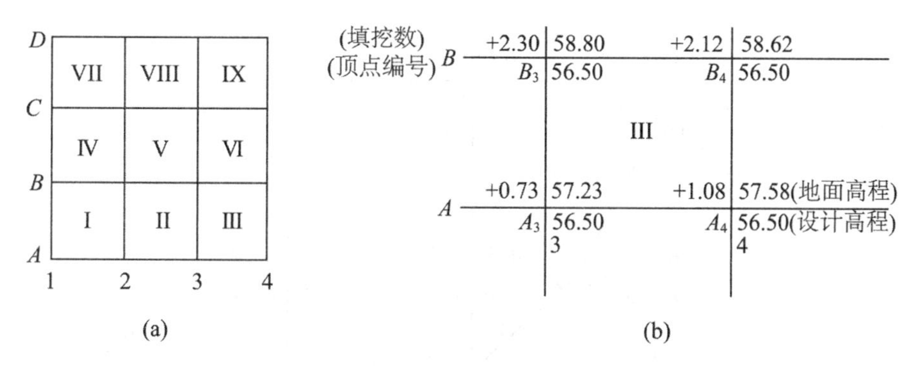

图9.14　方格网的编号及角点数据标注与计算

（2）计算设计高程。

要使工程量最少，必须使填挖土方量平衡，即需要算出使填挖土方量平衡的设计高程。计算时，先将每一小方格顶点的高程加起来除以4，就得到各方格的平均高程H_i，再把每一方格的平均高程相加除以方格总数，就得到设计高程$H_{设}$。

$$H_{设} = \frac{\sum H_i}{n} (i = 1,\ 2,\ \cdots) \tag{9-10}$$

式中：H_i为每一方格的平均高程，单位为m；

n为方格总数，单位为“个”。

把设计高程标注于各顶点的右下角。

（3）计算各方格点的填挖高度。

由各方格点的地面高程与设计高程就可计算出每一方格顶点的填挖高度，

$$填挖高度 = 地面高程 - 设计高程 \tag{9-11}$$

将图中各方格顶点的填挖高度填写于相应方格顶点的左上方，“+”表示下挖，“-”表示上填。

（4）求出填挖边界线。

用内插法在方格网上求出高程为$H_{设}$的点，把各点相连即为填挖边界线，在该线上既不填也不挖即填挖数为零，该线也称为零线。在该线高程低的一侧画上小短线，以示填方区，另一侧则为挖方区，如图 9. 15 所示的 $O_1—O_2—O_3—O_4$线。

(5) 计算土方量。

由填挖边界线把方格网分割成以下三种形式。

①全挖的方格。该方格的下挖土方量为各方格点下挖数的平均值与方格面积的乘积。

$$V_{挖i} = \frac{1}{4}\sum h_{挖i} \times A \tag{9-12}$$

式中：A 为每方格的面积，m^2。

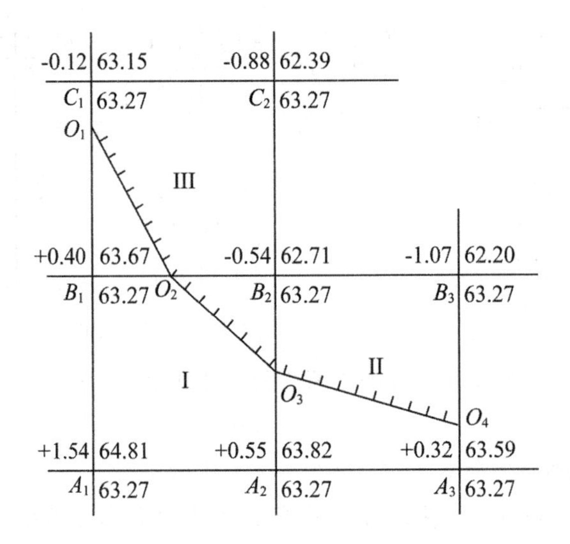

图 9. 15　确定填挖边界线

②全填的方格。该方格的上填土方量为各方格点上填数的平均值与方格面积的乘积。

$$V_{填i} = \frac{1}{4}\sum h_{填i} \times A \tag{9-13}$$

式中：A 为每方格的面积，m^2。

③既有填也有挖的方格。由于填挖边界线穿过该方格，使得该方格内既有填方区，也有挖方区，计算土方量时各自分开计算。根据填挖边界线所分割的不同几何图形，计算出其面积乘以该图形各顶点填挖数的平均值，即为相应的填（挖）土方量。

填挖边界线穿过方格时，有两种分割情况，一种是将一完整方格分成两个梯形，另一种是将一完整方格分成一个三角形和一个五边形。梯形、三角形、五边形的面积都可实际算出，对应的填挖土方量就可用面积乘以各角点的平均填挖高度计算出来。

所有填方区的土方量累加即为总填方量，所有挖方区土方量累加即为总挖方量，平整成同一水平面时二者数量应接近相等。

2. 计算实例

试计算图 9.15 中填挖的土方量。

解：(1) 首先根据式 (9-10) 计算出场地设计高程为 63.27m。

(2) 再根据式 (9-11) 计算出各点的填挖高度，按正确位置标注于图中。

(3) 按内插法确定填挖边界线的位置。

如在Ⅲ方格中的 C_1B_1 边，一端为填方，另一端为挖方，故中间必有一零点，

$$\frac{C_1O_1}{C_1B_1}=\frac{|0.12|}{|0.12|+|0.40|}$$

$C_1B_1=20\text{m}$，则 $C_1O_1=4.62\text{m}$，$O_1B_1=15.38\text{m}$。

同理，可计算出 B_1O_2 长为 8.51m，O_2B_2 长为 11.49m；O_3B_2 长为 9.91m；O_3A_2 长为 10.09m；O_4B_3 长为 15.40m，O_4A_3 长为 4.60m。

(4) 分别计算各填方区及挖方区的面积及土方量。

Ⅰ方格的填方量为 10.25m^3，挖方量为 170.85m^3，Ⅱ方格的填方量为 101.87m^3，挖方量为 31.95m^3，Ⅲ方格的填方量为 103.04m^3，挖方量为 8.73m^3。

(5) 计算总填挖出土方量。

总的填方量为　10.25+101.87+103.04=215.16 (m^3)

总的挖方量为　170.85+31.95+8.73=211.53 (m^3)

两者相差 3.63m^3，占总土方量的 1.7%，在工程实际中是容许的，可认为填、挖土方量基本上是平衡的。

3. 设计成一定坡度的倾斜场地

如图 9.16 所示，根据原地形情况，欲将方格网范围内平整成从北到南的坡度为 -0.5%，从西到东坡度为-3%的倾斜平面，倾斜平面的设计高程应填挖土方量基本平衡。其设计步骤如下：

(1) 绘制方格网，按设计要求方格网长为 20m，用内插法求出各点地面高程，并标注于图上各方格点的右上角，左下角标注点号。

(2) 按填挖方平衡的原则计算出设计高程，根据式 (9-10) 计算出设计高程 $H_{设}$ = 93.15m，也就是场地的几何图形重心点 G。

(3) 从重心点 G，根据其高程，各方格网点的间隔及设计坡度，沿方格方向，向四周推算各方格点的设计高程。

如图 9.16 所示，南北两方格点间的设计高差 $h=20\times0.5\%=0.10$ (m)；东西两方格点间设计高差 $h=20\times3\%=0.60$ (m)。

重心点 G 的设计高程为 93.15m，其北 B_3 点的设计高程为 $H_{B3}=93.15+0.10=93.25$ (m)，A_3 的设计高程为 $H_{A3}=93.25+0.10=93.35$ (m)，其南 D_3 的设计高程为 H_{D3} = 93.15-0.10=93.05 (m)，$H_{E3}=93.05-0.10=92.95$ (m)。同理可推得其余各方格点的设计高程，并注在方格点右下角。

对于各点推算出的设计高程应按下列方法进行检核：从一个角点起沿边界逐点推算一

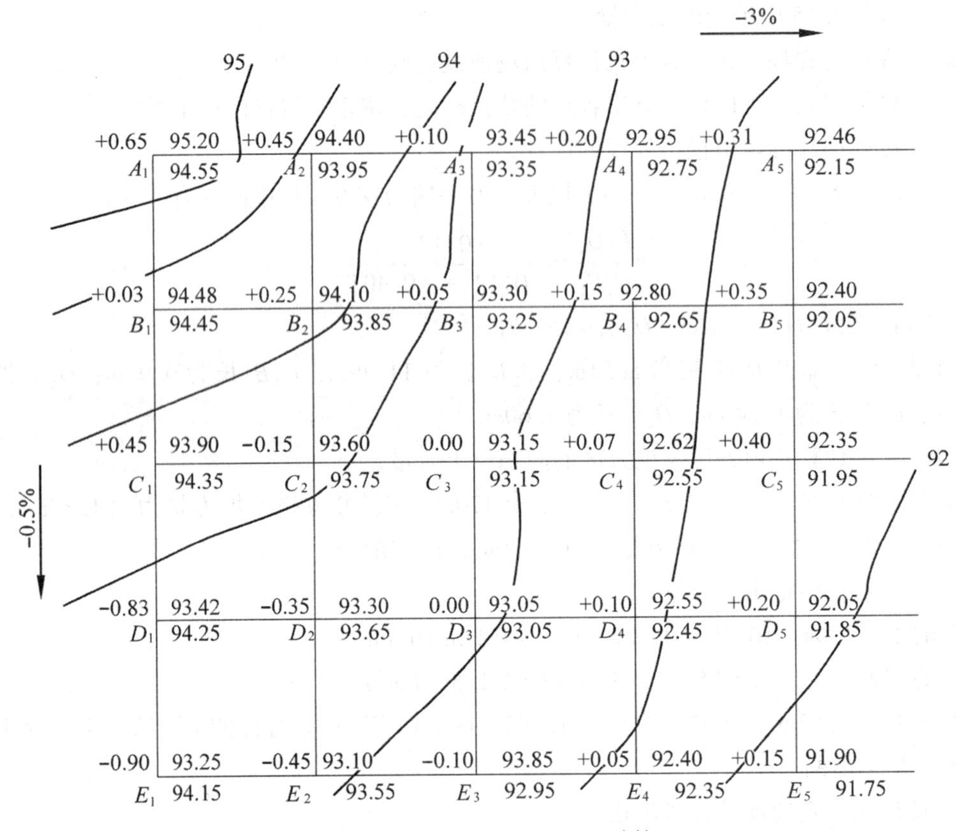

图 9.16　倾斜场地土方量的计算

周后回到起点，设计高程应该闭合；对角线上各点间设计高程的差值应相等。

（4）由各点的地面高程减去设计高程就为各点的填、挖数，标注在方格点左上角。

（5）由各方格点的填、挖数，确定出填挖的边界线，就可分别计算出各方格内的填、挖土方量及总的填、挖土方量。

本 章 小 结

测绘地形图的目的是为了使用地形图。本章主要介绍了地形图的基本应用及在实际工程中的应用。

（1）要从图廓外注记、地物分布、地貌分布、植被分布等几个步骤正确完整阅读地形图。

（2）地形图的基本应用内容包括确定地面点的平面坐标及高程、确定两点间的距离、方位角及坡度等。

（3）图形面积的量测方法有几何图形法、求积仪法、查询法、全站仪外业测量法等几种方法。

（4）地形图在工程设计中的应用包括地形图在建筑设计、线路工程规划、设计及施工中的应用等内容。

（5）方格网法是利用地形图进行场地平整、土方量计算的主要方法，场地平整可以平整成水平面，也可以按设计坡度平整成倾斜场地。

习题和思考题

1. 请仔细阅读图 9.1、图 9.2、图 9.3，并对各图的地物、地形情况进行说明。

2. 地形图的基本应用内容有哪些？请分别描述各个内容的计算方法。

3. 地形图在建筑设计中有何应用？

4. 地形图在管线设计和施工中有何应用？

5. 地形图在道路规划和设计中有何应用？

6. 图 9.17 为 1∶1000 比例尺地形图，要求以 AB 为基线设计一坡度为 -10% 的倾斜面，平整后 AB 的高程为 80m，试画出填挖边界线。

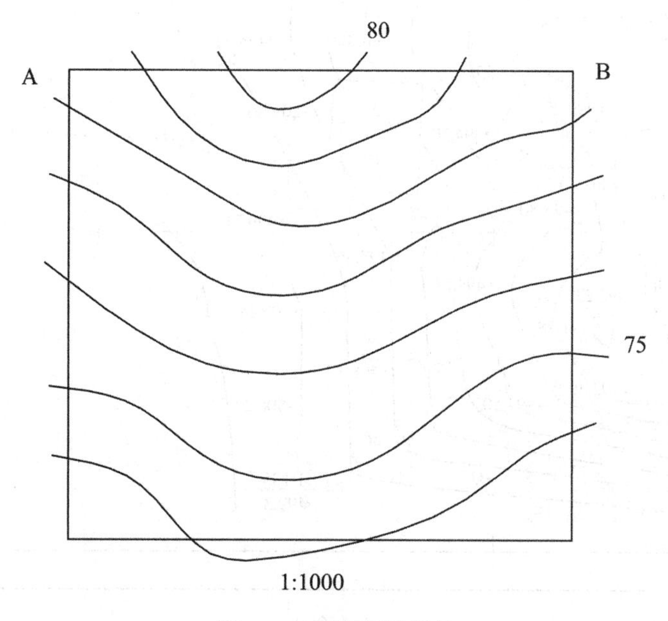

图 9.17　倾斜场地平整

7. 利用图 9.18 完成如下工作：

（1）用内插法求 P、Q 两点的高程。

（2）图解法求 P、Q 两点的坐标。

（3）求 P、Q 两点之间的水平距离。

（4）求 P、Q 两点连线的坐标方位角。

（5）求 P、Q 两点连线的坡度。

（6）求出房屋及菜地的面积。

31.10—53.10

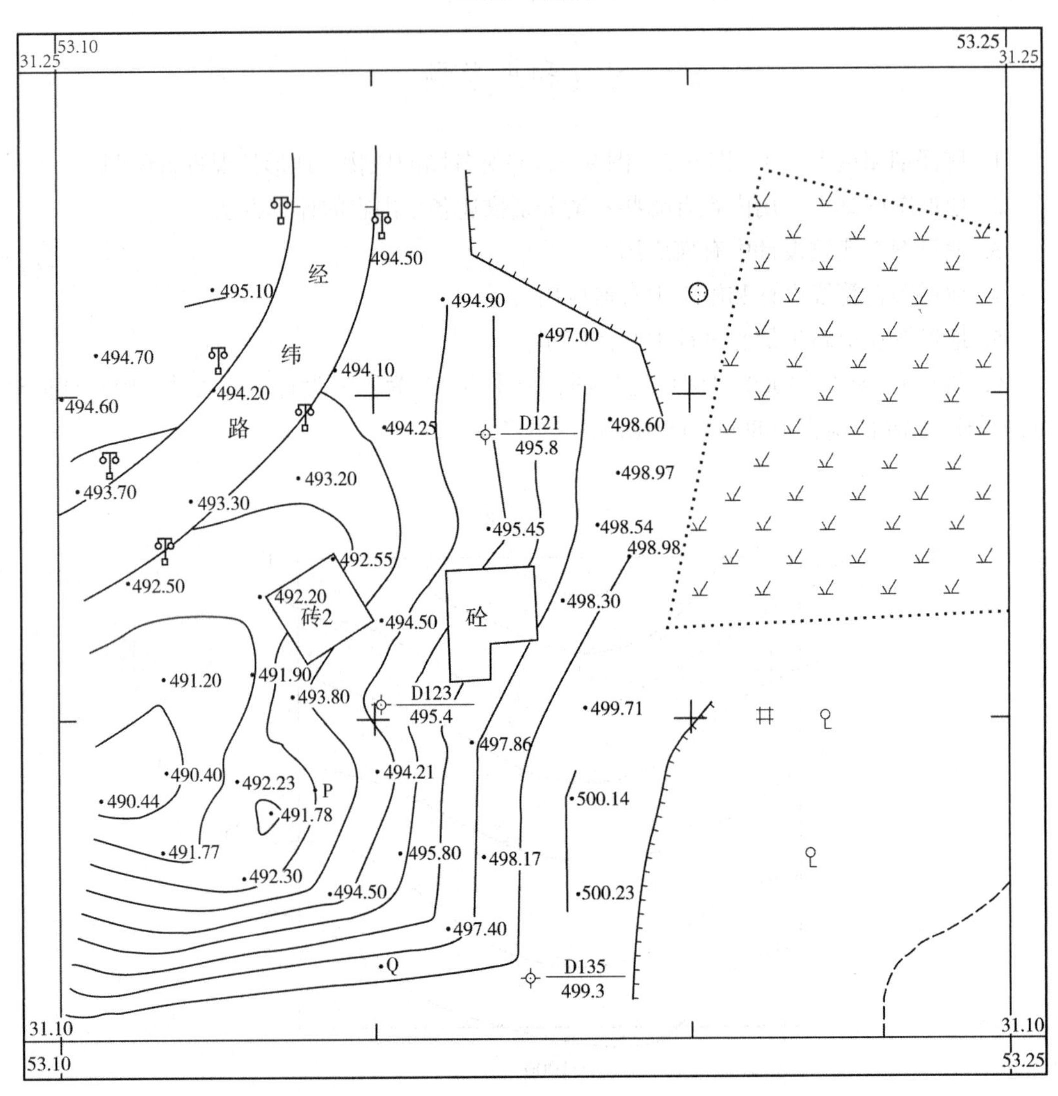

1：1000

图 9.18　习题 7 示意图

第 10 章　技能训练

【教学目标】在对测绘基础理论知识与方法学习的基础上，通过课堂实训操作，掌握测绘基本技能。本章主要以 DJ_6经纬仪和 DS_3水准仪的使用为主线，通过实训操作，掌握角度测量、水准测量、距离测量、地形测量的原理和方法，加深对相关知识的理解和体会。

本章节课程教学时，与相应的章节配合教学，实现边进行理论教学，边进行基本技能的训练，使学生能正确使用和操作 DJ_6经纬仪和 DS_3水准仪，掌握三、四等水准测量和导线测量外业观测与内业计算方法，能简单进行地形碎部点的测绘工作。

训练 1　认识与操作 DJ_6经纬仪

1.1　技能目标

（1）认识 DJ_6光学经纬仪各部件的名称及作用。

（2）掌握 DJ_6光学经纬仪对中、整平、瞄准与读数的方法。

1.2　训练准备

（1）采用分组方式进行，每组 2 人，其中一人观测、一人记录，轮换练习。

（2）DJ_6光学经纬仪 1 套，记录板和记录表格 1 套，测伞 1 把。

1.3　实训操作与注意事项

1. 了解 DJ_6经纬仪的构造

在指定位置架设 DJ_6光学经纬仪，在教师的指导下熟悉仪器各部件的名称和作用。

2. 安置经纬仪（对中、整平）

（1）在实训室地面上找一个标志点，作为测站点。

（2）松开三脚架，安置在测站上，使高度适当，架头大致水平，目估架头中心对准测站点。

（3）打开仪器箱，双手握住仪器支架，将仪器从箱中取出，置于架头上。一手紧握支架，一手拧紧连接螺旋，从对点器看测站点标志的偏离状况，调节转动脚架进行对中，踩紧三脚架，转动脚螺旋精确对中。

（4）升降脚架使圆气泡居中，同时兼顾对点器观察对中情况，并转动脚螺旋精确对中，重复两次后，转动照准部使水准管平行任意两个脚螺旋，用旋转脚螺旋精确调平长水准器；再旋转照准部 90°，用第三个脚螺旋精确调平长水准器，如图 10.1 所示。此时仪器已整平，再看对中，如果有偏离，但不大，稍微松开中心固定螺旋，两手扶住基座，在架头上平移仪器，精确对准测站点，再将中心螺旋拧紧。重复以上步骤，直到照准部转到任何方向，气泡中心不偏离水准管零点一格为止。

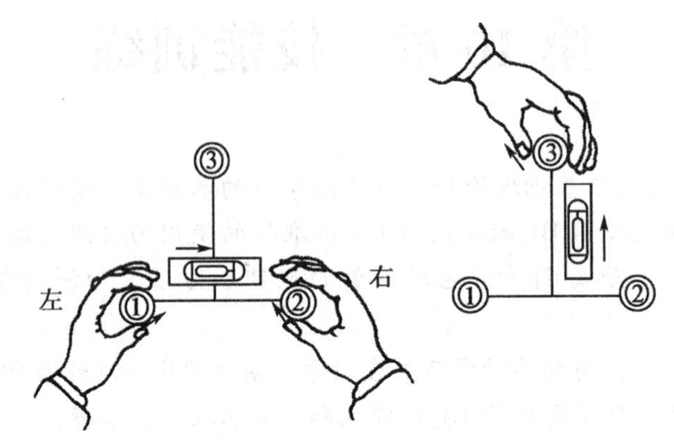

图 10.1　经纬仪整平操作方法

3. 照准目标

（1）将望远镜对向天空，转动目镜调焦螺旋使十字丝清晰。

（2）用望远镜上的瞄准器大致瞄准目标，再从望远镜中观看，若目标位于视场内，可固定望远镜制动螺旋和水平制动螺旋。

（3）转动物镜调焦螺旋使目标影像清晰，再调节望远镜和照准部微动螺旋，在靠近十字丝中心位置，使竖丝平分目标（或将目标夹在双丝中间）。

（4）眼睛左右微微移动，检查有无视差。如有，先转动目镜使十字丝影像清晰，转动物镜调焦螺旋使目标影像清晰来加以消除。

4. 读数

（1）打开反光镜，调节反光镜使读数窗内亮度适当，旋转读数显微镜的目镜，看清楚读数窗分划，仔细区分水平度盘读数窗与竖盘读数窗及测微尺最小格值。

（2）使用测微尺读数。度数、分数可以由度盘分划直接读出，在测微尺上读出小于度盘最小分划的读数。

（3）盘左瞄准一个目标，读出水平度盘读数，纵转望远镜，盘右再瞄准同一个目标读数，两次读数之差约为 180°，以此检核读数是否正确，每人按上述步骤瞄准 3 个目标进行三组读数。

5. 注意事项

（1）将经纬仪由仪器箱中取出并安放到三脚架上时，必须是一只手握住经纬仪的一个支架，另一只手托住基座的底部，并立即旋紧中心连接螺旋，严防仪器从脚架上掉下摔坏。

（2）安置经纬仪时，应使三脚架架头大致水平，以便能较快地完成对中、整平操作。

（3）操作仪器时，应用力均匀。转动照准部或望远镜时，要先松开制动螺旋，切不可强行转动仪器。旋紧制动螺旋用力要适度，不宜过紧。微动螺旋、脚螺旋均有一定的调节范围，宜使用中间部分。

（4）三脚架上移动经纬仪完成对中后，要立即旋紧中心连接螺旋。

6. 上交资料

每组上交水平度盘读数记录表一份，见表 10.1 所示。

表 10.1　　**水平度盘读数记录表**

日　　期：　　天　气：　　班　级：　　小组：

仪器型号：　　观测者：　　记录者：

目　标	盘左读数 （°　′　″）	盘右读数 （°　′　″）	备注

1.4 思考与练习

1. 经纬仪由哪些主要部分组成？各有什么作用？
2. 经纬仪分哪几类？何谓光学经纬仪？何谓电子经纬仪？
3. 安置经纬仪时，为什么要进行对中和整平？
4. 提供 DJ_6光学经纬仪一套，在规定的时间内完成对中、整平、瞄准、读数的步骤。

训练 2　测回法水平角观测

2.1 技能目标

（1）掌握 DJ_6光学经纬仪测回法测水平角的操作方法及记录、计算方法。

（2）了解同一角度在一测回观测中，上、下半测回之差和各测回角值较差的限差要求。

2.2 训练准备

（1）采用分组方式进行，每组 2 人，其中一人观测、一人记录，轮换练习。

（2）DJ_6光学经纬仪 1 台，记录板和记录表格 1 套，测伞 1 把。

2.3 实训操作与注意事项

（1）每组选一测站点安置仪器，对中、整平后，再选择两个合适的目标 A、B。

（2）盘左位置顺时针方向转动照准部并瞄准目标 A，后拨动读盘变换器，使度盘读数略大于零，读数 a_1 并记录。

(3) 顺时针方向转动照准部，瞄准第二个目标 B，读数 b_1 并记录，盘左测得 $\angle AOB$ 为 $\beta_{左} = b_1 - a_1$ 称为上半测回。

(4) 纵转望远镜，用盘右先瞄准目标 B，读数 b_2 并记录，逆时针方向转动照准部，瞄准目标 A，读数 a_2 并记录。盘右测得 $\angle AOB$ 为 $\beta_{右} = b_2 - a_2$ 称为下半测回。

(5) 若上下两个半测回角值之差不大于 $\pm 36''$，取其平均值作为所测结果，即 $\beta = \frac{1}{2}(\beta_{左} + \beta_{右})$。

(6) 观测第二测回时，应将起始方向 A 的度盘读数配置于 90° 附近，重复上述步骤。各测回之间角值之差不得超过 $\pm 24''$。

(7) 注意事项

①观测过程中，若发现气泡偏移超过 1 格时，应重新整平仪器并重新观测该测回。

②光学经纬仪在一测回观测过程中，注意避免碰动度盘变换手轮，以免发生读数错误。

③计算半测回角值时，当第一目标读数 a 大于第二目标读数 b 时，则应在第二目标读数 b 上加上 360°。

(8) 上交资料

每组上交测回法水平角观测记录与计算一份，见表 10.2 所示。

表 10.2 **测回法水平角观测记录表**

日　　期：　　天　气：　　班　级：　　小组：

仪器型号：　　观测者：　　记录者：

测站	竖盘位置	目标	水平度盘读数 (° ′ ″)	半测回角值 (° ′ ″)	一测回角值 (° ′ ″)	各测回平均角值 (° ′ ″)	备注

2.4 思考与练习

1. 什么是水平角？简述水平角的测量原理？

2. 采用盘左、盘右观测水平角，能消除哪些仪器误差？

3. 提供 DJ_6 光学经纬仪一套，记录板和记录表格及相应的工具，合理选择一个测站点、两个观测方向点，用测回法一测回完成一个水平角的观测。

训练3　方向法水平角观测

3.1　技能目标

（1）掌握用 DJ_6光学经纬仪按方向观测法观测水平角的操作方法，记录及计算方法。

（2）每人在同一测站对所选目标观测一测回，观测结果应满足相应的限差要求。

3.2　训练准备

（1）采用分组方式，每组2人，其中一人观测、一人记录，轮换练习。

（2）DJ_6光学经纬仪1套，记录板和记录表格1套，测伞一把。

3.3　实训操作与注意事项

1. 一测回操作顺序

（1）在适当位置选择测站点 O，选择 A，B，C，D 为四个目标点。

（2）将经纬仪安置于测站点 O，对中、整平。

（3）用盘左位置选定一距离适中、目标明显、成像清晰的目标点作为起始方向（零方向，设为 C 点），将水平度盘读数配置为略大于0°，在精确瞄准后读取读数。松开水平制动螺旋，顺时针方向依次照准 D、A、B 三个目标点，并读数，最后再次瞄准起始点 C，并读数。以上为上半测回。

（4）用盘右位置瞄准起始目标 C，并读数。然后按逆时针方向依次照准 B、A、D、C 各目标，并读数。以上称为下半测回。

上、下半测回合成一个测回，在同一测回内不能第二次改变水平度盘的位置。

（5）观测计算结果填入方向观测法观测手簿。

2. 第二测回观测

操作方法和步骤与上述相同，仅盘左时零方向水平度盘位置应配置在比90°稍大的读数处。当精度要求较高，需测多个测回时，各测回间应按 $180°/n$ 变换度盘起始目标的读数。

3. 计算各测回平均方向值

若同一方向各测回方向值互差不超过限差规定，则计算各测回平均方向值。

4. 注意事项

（1）应旋紧中心连接螺旋和纵轴固定螺旋，防止仪器事故。

（2）应选择距离稍远、易于照准的清晰目标作为起始方向（零方向）。

（3）为避免发生错误，同一测回过程中，切勿碰动水平度盘变换手轮，注意关上保护盖。

（4）记录员听到观测员读数后必须向观测员回报，经观测员默许后方可记入手簿，以防听错而记错。

（5）手簿记录、计算一律取至秒。

（6）观测过程中，照准部水准管气泡偏离居中位置其值不得大于1格。同一测回内若气泡偏离居中位置大于一格则该测回应重测。

（7）不允许在同一测回内重新整平仪器。不同测回，则允许在测回间重新整平仪器。

5. 上交资料

每组上交方向法水平角观测记录与计算一份，见表 10.3 所示。

表 10.3 **方向观测法水平角观测记录计算表**

日　期：　　天　气：　　班　级：　　小组：

仪器型号：　　观测者：　　记录者：

测站	测回数	目标	读数		2C （′ ″）	平均读数 （° ′ ″）	归零后方向值 （° ′ ″）	各测回归零后平均方向值 （° ′ ″）	略图
			盘左 （° ′ ″）	盘右 （° ′ ″）					
			Δ=	Δ=					
			Δ=	Δ=					

注：（1）两倍照准误差：2C = 盘左读数 －（盘右读数 ±180°）。

（2）平均读数 $= \frac{1}{2}\left[\text{盘左} + (\text{盘右读数} \pm 180°)\right]$

3.4 思考与练习

1. 试述方向法观测水平角的步骤？

2. 方向观测法中有哪些限差？

3. 水平角观测的主要误差来源有哪些？如何消除或削弱其影响？

4. 提供 DJ_6 光学经纬仪一套，记录板和记录表格及相应的工具，合理选择一个测站点三个方向观测点，用方向法两测回，完成水平角的观测。

训练4　竖直角观测

4.1　技能目标

（1）了解光学经纬仪竖盘构造、竖盘注记形式；弄清竖盘、竖盘指标与竖盘指标水准管之间的关系。

（2）能够正确判断出所使用经纬仪竖直角计算的公式。

（3）掌握竖直角的观测、记录、计算方法。

（4）了解竖盘指标差检验和校正的方法。

4.2　训练准备

（1）采用分组方式进行，每组2人，其中一人观测、一人记录、轮换练习。

（2）DJ_6光学经纬仪1套、记录板和记录表格1套、木桩1个、小锤1把、校正针1根、小螺丝刀1把。

4.3　实训操作与注意事项

1. 竖直角观测

（1）在测站点上安置经纬仪，对中、整平后，选定两个目标A、B点。

（2）上下转动望远镜，先观察一下竖直度盘的注记形式并写出竖直角的计算公式；方法是盘左将望远镜大致水平，观察竖盘读数，然后将望远镜慢慢上仰，观察读数变化，若读数变小，则竖直角的计算公式等于视线水平时的读数减去瞄准目标时的读数，反之则相反。

（3）盘左位置用十字丝中横丝切于目标的顶端，转动竖盘指标水准管微动螺旋，使气泡居中，读取竖盘读数L，记入手簿，并算出竖直角δ_L。

（4）倒转望远镜，盘右位置同法观测目标，读取盘右读数R，记录并计算竖直角δ_R。

（5）计算竖盘指标差$x=\frac{1}{2}(\delta_R-\delta_L)$或$x=\frac{1}{2}(L+R-360°)$在满足限差（$|x|\leqslant 24''$）的要求下，计算上、下半测回竖直角平均值$\delta=\frac{1}{2}(\delta_R+\delta_L)$。

（6）同法测定另一个目标的竖直角并计算出竖盘指标差，同组测得的指标差的互差不得超过规定的限差。

2. 竖直指标差的检验与校正

若在上述第5款中计算的指标差$|x|\geqslant 24''$，则应对仪器进行校正。

保持仪器位置不动，仍以盘右瞄准原目标，转动竖直指标水准管微动螺旋，将原竖盘

读数 R 调整到正确读数 $R-x$，这时竖盘指标水准管气泡不再居中，用校正针拨动竖盘指标水准管一端的校正螺丝，一松、一紧，使竖直指标水准管气泡居中。如此反复检校，直到指标差 $|x| \leqslant 24''$ 为止。

3. 注意事项

（1）光学经纬仪盘左位置，若望远镜上仰竖盘读数增大，则竖角计算公式为：$\delta_{左} = L - 90°$，$\delta_{右} = 270° - R$。反之，若望远镜上仰竖盘读数减小，则竖角计算公式为：$\delta_{左} = 90° - L$，$\delta_{右} = R - 270°$。

（2）观测过程中，对同一目标应用十字丝中丝切准同一部位。

（3）同一目标各测回竖直角指标差的互差的绝对值，光学经纬仪指标差应<24″。

（4）检校应反复进行，直到满足要求为止。

4. 上交资料

每组上交竖直角观测记录与计算一份，见表 10.4 所示。

表 10.4 **竖直角观测手簿**

日　　期：　　　　天　气：　　　　班　级：　　　　小组：

仪器型号：　　　　观测者：　　　　记录者：

测站	目标	竖盘位置	竖盘读数（° ′ ″）	半测回竖直角（° ′ ″）	指标差（′ ″）	一测回竖直角（° ′ ″）	竖盘注记形式

4.4 思考与练习

1. 什么是竖直角？

2. 简述竖直角观测原理。

3. 何谓竖直角指标差？在竖直角观测中如何消除指标差？

4. 提供 DJ_6光学经纬仪一套，记录板和记录表格及相应的工具，完成竖直角观测及竖盘指标差的检校。

训练5 经纬仪的检验与校正

5.1 技能目标

（1）掌握 DJ_6经纬仪各主要轴线及其之间应满足的几何关系。

（2）了解经纬仪常规检验与校正的操作方法。

5.2 训练准备

（1）采用分组方式进行，每组2人，其中一人观测、一人记录，轮换练习。

（2）DJ_6光学经纬仪1套、记录板和记录表格1套、木桩1个、小锤1把、校正针1根、小螺丝刀1把。

5.3 实训操作与注意事项

1. 照准部水准管轴垂直于仪器竖轴的检验与校正

（1）检验方法。

将经纬仪按常规方法整平，然后松开照准部制动螺旋，使照准部水准管平行于一对脚螺旋，转动脚螺旋使气泡居中。然后，将照准部旋转180°，这时，若气泡居中，则水准管轴垂直于竖轴。如气泡不再居中，则说明水准管轴不垂直于竖轴，需要校正。

（2）校正方法。

校正时，先旋转脚螺旋，使气泡退回偏离格数的一半。此时，竖轴已处于铅垂线位置，但水准管轴倾斜。用校正针拨动水准管一端的校正螺旋，使气泡居中，这时水准管轴即与竖轴垂直。

2. 十字丝竖丝垂直于水平轴的检验与校正

（1）检验方法。

整平仪器，用十字丝竖丝最上端精确对准远处一明显目标点，固定水平制动螺旋和望远镜制动螺旋，徐徐转动望远镜微动螺旋，若目标点始终不离开竖丝，说明此条件满足，否则应校正。

（2）检验方法。

卸下望远镜目镜处的十字丝护罩，松开四个压环螺丝，微微转动十字丝环，直至望远镜上下微动时，该点始终在竖丝上为止。然后拧紧四个压环螺丝，装上十字丝护盖。

3. 视准轴垂直于横轴的检验与校正

（1）检验方法。

选择一较为平坦的场地，设 A、B 两点。A、B 两点相距80~100m，经纬仪安置于中点 O。在 A 点与仪器同高处选择一明显目标，贴上一张白纸。盘左位置时，由望远镜瞄准 A 点，固定照准部，倒镜成盘右位置。在 B 处以十字丝交点为准，在白纸上作一标志，设为 B_1，

盘右位置时，再瞄准 A 点，固定照准部，倒镜成盘左位置。再以十字丝交点为准，

在 B 处白纸上作标志 B_2。若前后两次的标志点位重合，视准轴与横轴垂直，无视准轴误差。

（2）校正方法。

仪器在 B_1、B_2 点间定出 B_3，使 $B_2B_3=\frac{1}{4}B_1B_2$。旋出望远镜十字丝护盖后，先用校正针松上（或下）校正螺丝，然后用校正针调节左右两个校正螺丝，调节时注意先松一个，后紧另一个，使十字丝交点所对点位由 B_1 向 B_2 方向移动四分之一，即对准 B_3。

4. 注意事项

（1）实训课前，各组要准备几张画有十字线的白纸，用做照准标志。

（2）要按实验步骤进行检验、校正、不能颠倒顺序。在确认检验数据无误后，才能进行校正。

（3）校正结束后，要旋紧各校正螺丝。

（4）检验校正时应注意仪器的安全。

5. 上交资料

每组上交经纬仪检验记录一份。

5.4 思考与练习

1. 经纬仪的主要轴线需要满足哪些条件？
2. 什么是经纬仪的横轴倾斜误差？说明其对角度观测的影响。
3. 什么是经纬仪的竖轴倾斜误差？说明其对角度观测的影响。
4. 提供 DJ_6 光学经纬仪一套，记录板和记录表格及相应的工具，完成经纬仪的检验。

训练 6　全站仪的认识与基本操作

6.1 技能目标

（1）认识全站仪各部件的名称及作用，了解配套的附件及功能。

（2）学习菜单项目中的参数设置和要求，学习全站仪的程序功能，掌握基本操作要领。

6.2 训练准备

（1）采用分组方式进行，每组 2 人，其中一人观测、一人记录，轮换练习。

（2）全站仪 1 套，对中杆及棱镜各 1 套，小钢尺 1 把，控制点数据 1 份。

6.3 实训操作与注意事项

（1）在实训场地内找一个测站点安置仪器，安置方法同经纬仪的安置方法。在目标点上安置对中杆和棱镜。

（2）了解全站仪的构造。在教师的指导下熟悉仪器各部件的名称和作用。

（3）开机。在教师的指导下掌握程序（PROG）、菜单（MENU）、测距设置（EDM）、功能（FNC）等功能键的设置、操作和使用。

（4）根据程序功能中的“测量程序”的操作步骤和方法要求，进行“作业设置”、“设站”、“定向”操作。并根据提示依次输入数据信息（测站名称、测站点三维坐标、仪器高、定向点坐标、觇标高）等，并进行点的水平方向值、竖直角和坐标测量，并记录在表 10.5 中。

（5）注意事项：

①全站仪是集光、电、数据处理于一体的多功能精密测量仪器，在使用过程中应注意保护好仪器，尤其不能使全站仪的望远镜物镜受到太阳光的直射，以免损坏仪器。

②将全站仪由仪器箱中取出并安放到三脚架上时，必须是一只手握住全站仪手柄，并立即旋紧中心连接螺旋，严防仪器从脚架上掉下摔坏。

③使用各螺旋时，用力应轻而均匀。

④各项练习要认真仔细完成，并注意比较与经纬仪的区别。

⑤未经指导教师的允许，不要随意修改仪器的参数设置，也不要任意进行非法操作，以免因操作不当而发生事故。

⑥不得带电搬移仪器。远距离或困难地区应装箱搬移，并及时带走其他工具。

（6）上交资料：

实训结束后每组提交全站仪数据观测记录成果表 1 份，见表 10.5 所示。

表 10.5　　**全站仪观测记录**

测　站：　　成　像：　　温度：　　气　压：　　观测日期：　　年　　月　　日

仪器号：　　仪器高：　　组别：　　记录员：　　观测员：

点　号	角度观测 X		坐标观测		
	水平方向读数（°　′　″）	竖盘读数（°　′　″）	X（m）	Y（m）	H（m）

6.4　思考与练习

1. 用全站仪代替经纬仪之后，全站仪可以完成哪些经纬仪所不能完成的内容？
2. 全站仪采集数据的方法有哪些？是如何实现的？

训练7 认识与操作DS_3水准仪

7.1 技能目标

（1）认识DS_3水准仪各个部件的基本构造及各部件的名称及作用。

（2）掌握DS_3水准仪粗平、瞄准、精平、读数的基本操作方法。

（3）练习普通水准测量一个测站的测量、记录、高差计算的方法。

7.2 训练准备

（1）采用分组的方式进行，每组4人，其中一人观测、一人记录、两人分别竖立水准尺，轮换练习。

（2）DS_3水准仪1套，水准尺1对，尺垫1对，记录板及记录纸1套，遮阳伞1把。

7.3 实训操作与注意事项

1. DS_3水准仪的构造

（1）在教师的指导下熟悉仪器各部件的名称和作用。

（2）在教师的指导下熟悉水准尺的刻画和读数方法。

2. 安置仪器

在测站上打开三脚架，按观测者的身高调节三脚架腿的高度，使三脚架架头大致水平，如果地面比较松软则应将三脚架的三个脚尖踩实，使脚架稳定。然后将水准仪从箱中取出平稳地安放在三脚架头上，一手握住仪器，一手立即用连接螺旋将仪器固定连在三脚架头上。

3. 粗略整平

粗平即初步地整平仪器，通过调节三个脚螺旋使圆水准器气泡居中，在整平的过程中，气泡移动的方向与左手大拇指转动脚螺旋时的移动方向一致。如果地面较坚实，可先练习固定三脚架两条腿，移动第三条腿使圆水准器气泡大致居中，然后再调节脚螺旋使圆水准器气泡居中。

4. 照准标尺

（1）目镜调焦。

将望远镜对着明亮的背景（如天空或白色明亮物体），转动目镜调焦螺旋，使望远镜内的十字丝成像十分清晰。

（2）初步瞄准。

松开制动螺旋，转动望远镜，用望远镜筒上方的照门和准星瞄准水准尺，大致进行物镜调焦使在望远镜内看到水准尺的影像，此时立即拧紧制动螺旋。

（3）物镜调焦和精确瞄准。

转动物镜调焦螺旋进行仔细调焦，使水准尺的分划影像十分清晰，并注意消除视差。再转动水平微动螺旋，使十字丝的竖丝对准水准尺或靠近水准尺的一侧。

（4）精确整平及标尺读数。

转动微倾螺旋，从气泡观察窗内看到符合水准器气泡两端影像严密吻合（气泡居中）。仪器精平后，应立即用十字丝的中丝在水准尺上读数。观测者应先估读水准尺上毫米数（小于一格的估值），然后再将全部读数报出，一般应读出四位数，即米、分米、厘米及毫米数，且应以毫米为单位。

5. 测定地面两点之间的高差步骤

在地面上选定 A、B 两个稳固的标志点，在两点之间安置水准仪，使仪器到两个点的距离大致相等，在两个点上分别竖立水准尺，瞄准后尺，精平后读数，并记录，用同样的方法读取前视读数并记录。计算两点之间的高差，并记入表格中。

6. 注意事项

（1）在读数前，注意消除视差，必须使符合水准器气泡居中（微倾式水准仪水准管气泡两端影像符合）。

（2）注意倒像望远镜中水准尺图形与实际图形的变化。

（3）水准仪安放到三脚架上必须立即将中心连接螺旋旋紧，严防仪器从脚架上掉下摔坏。

（4）标尺不要随便往树上、墙上、电线杆上靠，以防止滑倒摔坏。标尺可平放在地面上，决不允许把标尺当坐垫或用来抬东西，不允许坐仪器箱。

7. 上交资料

每人上交读数练习记录一份，见表 10.6 所示。

表 10.6　　**水准测量记录表**

日　期：　　天　气：　　班　级：　　小组：

仪器型号：　　观测者：　　记录者：

测站	后视读数	前视读数	高差	备注

7.4　思考与练习

1. 简述水准测量的原理。

2. 水准仪由哪些主要部分构成？各起什么作用？

3. 水准测量时需要设置转点。在水准测量作业过程中，如何设置转点？转点对于水准测量有何实际意义？

训练8 普通水准测量

8.1 技能目标

（1）掌握普通水准测量观测的基本原理。

（2）掌握普通水准测量的观测、记录、计算和检核方法。

（3）掌握闭合水准路线（或附合水准路线）高差测量，包括限差要求。

8.2 训练准备

（1）采用分组的方式进行，每组4人，其中一人观测、一人记录、两人分别竖立水准尺，轮换练习。

（2）DS_3水准仪1套，水准尺1对，尺垫1对，记录板及记录纸1套，遮阳伞1把。

8.3 实训操作与注意事项

采用单程双测站的方法测定未知点高程。

（1）在地面上选定三个坚固的点作为未知高程点，指导教师给出已知高程点，安置水准仪于已知点和第一个转点之间（转点上要使用尺垫），目测前后距离大致相等，进行粗略整平仪器和目镜对光，测站编号为1表示为第一测站。

（2）瞄准后尺已知高程点上的水准尺，精平，读取后尺中丝读数，记入手簿。

（3）瞄准前尺转点上的水准尺，精平，读取前尺中丝读数，记入手簿。

（4）升高（或降低）仪器10厘米以上，重复以上步骤。

（5）迁站至第二测站继续观测。沿选定的路线，将仪器迁到第一个转点的前方，用第一站的施测方法，后视第一个转点，前视第二个转点或未知点，依次连续设站观测，最后回到给点的已知点（符合水准路线则符合到另一个已知高程点）。

（6）水准路线施测完毕后，应求出水准路线高差闭合差。在高差闭合差满足$f_{h容}=\pm 12\sqrt{N}$ mm或$f_{h容}=\pm 40\sqrt{L}$mm时，调整闭合差，求出改正数并计算改正后的高差，最后计算待定点高程，最后推算出已知点的高程。

（7）注意事项：

①在每次读数之前，应使水准气泡居中，读数之前要消除视差。

②前后视距应大致相等，且水准尺读数位置离地面应不小于30厘米。

③在已知高程点和未知点上不能使用尺垫。转点应使用尺垫，应将水准尺放置在尺垫半球形的顶点上。

④尺垫应踩入土中或置于坚固的地面上，观测过程中不得碰动仪器和尺垫，迁站时应保护好前尺尺垫，不得移动。

（8）上交资料：每组上交读数记录和计算表各一份，见表10.7和表10.8所示。

表 10.7 **普通水准测量记录表**

日　　期：　　　　天　气：　　　　班　级：　　　　小组：

仪器型号：　　　　观测者：　　　　记录者：

测站	点号	后尺读数	前尺读数	高差	平均高差

表 10.8 **水准测量成果整理计算表**

测段	点名	距离	测站数	实测高差	改正后高差	高程	备注
$\sum$							
辅助计算	$f_h =$ $v_i = -\frac{f_h}{\sum n} n_i$ $f_{h容} =$						

8.4 思考与练习

1. 简述普通水准测量的操作方法。

2. 什么是水准测量的测站检核？其目的是什么？经过测站检核后，为何还要进行路线检核？

训练 9 四等水准测量

9.1 技能目标

（1）掌握四等水准测量观测、记录、计算方法。

（2）熟悉四等水准测量的技术指标，掌握测站、测段及水准路线的检核方法。

9.2 训练准备

（1）采用分组的方式进行，每组 4 人，其中一人观测、一人记录、两人分别竖立水准尺，轮换练习。

（2）DS_3水准仪 1 台，水准尺 1 对，尺垫 2 个，小锤 1 把，木桩 3 个，记录板和记录表格 1 套，测伞 1 把。

9.3 实训操作与注意事项

（1）测量路线布设。

给定一已知高程的水准点，选定一条闭合水准路线，其长度以安置 6 个测站为宜。

（2）四等水准测量一个测站的观测程序：

①后视水准尺黑面，按照下、上、中的次序进行读数。

②后视水准尺红面，读取中丝读数。

③前视水准尺黑面，按照下、上、中的次序进行读数。

④前视水准尺红面，读取中丝读数。

观测的同时，记录员应对照表格实时进行记录计算和相应的检核计算。每一测站上应进行手簿上所有项目的计算。当观测结果中任何一项超限时，则该站必须重新观测。

（3）仪器迁至下一站，上一站的前视标尺不动，变为下一站的后视标尺，上一站的后视标尺迁至下一点作为前视标尺。每一站的操作方法相同，直至终点。

（4）注意事项：

①前、后视距可先由步数概量，再通过视距测量调整仪器位置，使前、后视距大致相等。

②每站观测结束后，应立即计算检核，一旦误差超限，应立即重测。

③必须在整条水准线路的所有观测和计算工作均已完成，并且各项指标（包括水准路线高差闭合差）均满足要求的情况下，才可结束测量。

（5）上交资料：每组上交四等水准测量记录一份，见表 10.9 所示。

表 10.9　　　　　　　　　　　　**四等水准测量记录表**

日　　期：　　　　　　　　　天　气：　　　　　　　　班　级：　　　　　　　　小组：

仪器型号：　　　　　　　　　观测者：　　　　　　　　记录者：

测站编号	后尺 下丝	前尺 下丝	方向及尺号	标尺读数		K+黑-红	平均高差（m）	备注
	上丝	上丝		黑面	红面			
	后距	前距						
	视距差	累计差						
			后					
			前					
			后-前					
			后					
			前					
			后-前					
			后					
			前					
			后-前					
			后					
			前					
			后-前					

9.4　思考与练习

1. 简述四等水准测量一个测站上的操作程序及限差要求。

2. 水准测量中应注意哪些问题？水准测量时为何要使前后视距相等？每一测段为何设置为偶数站？

3. 水准测量的主要误差来源有哪些？

4. 提供DS_3水准仪一套，水准尺一对，尺垫两个，记录板和记录表格等相应的水准测量仪器，已知点高程，试完成符合或闭合水准路线的外业观测与内业计算。

训练10　微倾式水准仪的检验和校正

10.1　技能目标

（1）了解微倾式水准仪各轴线之间应满足的几何条件。

（2）掌握微倾式水准仪检验与校正的方法和技能。

10.2　训练准备

（1）采用分组的方式进行，每组4人，其中一人观测、一人记录、两人分别竖立水准尺，轮换练习。

（2）DS_3水准仪1台，水准尺1对，皮尺1把，木桩2个或尺垫2个，小锤1把，拨针1根，螺丝刀1套，记录板及记录纸1套，测伞1把。

10.3　实训操作与注意事项

1. 圆水准器轴平行于仪器竖轴的检验与校正

（1）检验方法。

安置水准仪后，转动脚螺旋使圆水准器气泡居中，然后将仪器旋转180°，如果气泡仍居中，则表示该几何条件满足，不必校正，否则需进行校正。

（2）校正方法。

水准仪不动，旋转脚螺旋，使气泡向圆水准器中心方向移动偏移量的一半，然后先稍松动圆水准器底部的固定螺丝，按整平圆水准器的方法，分别用校正针拨动圆水准器底部的三个校正螺丝，使圆气泡居中。

重复上述步骤直至仪器旋转至任何方向圆水准气泡都居中为止。最后，把底部固定螺丝旋紧。

2. 十字丝横丝垂直于仪器竖轴的检验与校正

（1）检验方法。

安置水准仪整平后，用十字丝横丝一端瞄准一明显标志，拧紧制动螺旋，缓慢地转动微动螺旋，如果标志始终在横丝上移动，则表示十字丝横丝垂直于仪器竖轴，否则需要校正。

（2）校正方法。

旋下目镜端十字丝环外罩，用小螺丝刀松开十字丝环的四个固定螺丝，按横丝倾斜的方向小心地转动十字丝环，使横丝水平（转动微动螺旋，标志在横丝上移动）。再重复检验，直至满足条件为止。最后固定紧十字丝环的固定螺旋，旋上十字丝环外罩。

3. 视准轴应平行于水准管轴的检验和校正（i角检验）

（1）检验方法。

①在平坦地面上选择相距约80m的A、B两点（可打下木桩或安放尺垫）。

②将水准仪安置于距A、B两点等距处，分别在A、B两点上竖立水准尺，读数为a_1和b_1，求得A、B两点间正确高差为：$h_{AB}=a_1-b_1$。为确保观测的正确性，可用两次仪器高法（或双面尺法）测定高差h_{AB}，若两次测得高差之差不超过3mm，则取平均值作为

A 、B 两点间的正确高差。

③将水准仪搬到 AB 延长线上并靠近 B 处（距 B 点约 3m），测得 A 、B 两点上水准尺上的读数分别为 a_2 和 b_2，求得 A 、B 两点间的高差为：$h'_{AB}=a_2-b_2$。若 $h'_{AB}=h_{AB}$ ，则表明水准管轴平行于视准轴，几何条件满足。若 $h'_{AB}\neq h_{AB}$ ，则 h'_{AB} 中有 i 角的影响。如果 i 角超过 $\pm 20''$，则需要进行校正。

（2）校正的方法

①水准仪不动，瞄准 A 尺，旋转微倾螺旋，使十字丝中丝对准尺上的正确读数 $a'_2=a_2-\frac{i}{\rho}D_A$（$D_A$ 为仪器至 A 点尺距离）。此时符合水准气泡不居中，但视准轴已水平。

②用校正针拨动位于目镜端的水准管上、下两个校正螺丝，使符合水准气泡居中。此时，水准管轴也处于水平位置，达到了水准管轴平行于视准轴的要求。

③校正时，应先稍松动左右两个校正螺丝。校正完毕后，应将左右两个校正螺丝固紧。

4. 注意事项

（1）检验、校正项目要按规定的顺序进行，不能任意颠倒。

（2）转动校正螺丝时应先松后紧，每次松紧的调节范围要小。校正完毕，校正螺丝应处于稍紧状态。

5. 上交资料

每组上交水准仪检验与校正记录一份，见表 10. 10 所示。

表 10. 10　**水准仪检验与校正**

日　　期：　　　　天　气：　　　　班　级：　　　　小组：

仪器型号：　　　　观测者：　　　　记录者：

	检　验　略　图	
	水准仪安置在 A 、B 两点的中间	水准仪安置在 B 点附近
i 角检验	$a_1=$ $b_1=$ $h_{AB}=a_1-b_1=$	$a_2=$ $b_2=$ $h'_{AB}=a_2-b_2=$
	$D_{AB}=$ $i=\frac{h'_{AB}-h_{AB}}{D_{AB}}\rho=$ $x_A=\frac{i}{\rho}D_A=$ $a'_2=a_2-x_A=$ $D_A=$	

10.4　思考与练习

1. 何谓水准仪的 i 角？

2. 提供 DS_3 水准仪一套，完成该仪器的 i 角检验，并进行校正。

训练 11　视距测量

11.1　技能目标

（1）掌握经纬仪视距测量的观测、记录和计算方法。

（2）掌握用视距法计算水平距离和高差的方法、步骤。

11.2　训练准备

（1）采用分组的方式进行，每组 4 人，其中一人观测、一人记录、两人立水准尺、轮换练习。

（2）DJ_6光学经纬仪 1 套、记录板和记录表格 1 套、木桩 2 个、小钉两颗、小锤 1 把。

11.3　实训操作与注意事项

（1）在实训场地上任意选择两个点，在其中一点 A 上安置经纬仪，量取仪器高，同时在另一点 B 上竖立水准尺。

（2）盘左位置用上丝对准水准尺上一整分米处，进行读数得 a ，然后读出下丝在视距尺上的读数 b ，中丝读数 v ，调整竖盘读数指标水准管使气泡居中，读取竖盘读数并记录。

（3）计算尺间隔 $l = a - b$ 、竖直角 α 、量取仪器高 i ，则：水平距离 $D = Kl\cos^2\alpha$ ，高差 $h = D\tan\alpha + i - v$ 。

（4）注意事项：

①将仪器安置进行对中、整平后应立即量取仪器高，以免忘记。

②观测时应观察竖直度盘的注记形式并写出正确的竖直角计算公式。

③注意水平距离和高差要往返测量。

（5）上交资料。每组上交视距测量记录一份，见表 10.11 所示。

表 10.11　**视距测量手簿**

日　　期：　　天　气：　　班　级：　　小　组：

仪器型号：　　仪器高：　　观测者：　　记录者：

测站	目标	中丝读数 V	视距 KL	竖盘读数 α	水平距离 D	高差 h	高程 H	备注

11.4 思考与练习

1. 试述视距法测距的基本原理。

2. 试述三角高程测量的基本原理。

训练12 全站仪三要素测量

12.1 技能目标

掌握全站仪角度测量、距离测量和高差测量的操作方法。

12.2 训练准备

（1）采用分组的方式进行，每组2人，其中一人观测、一人记录，轮换练习。

（2）全站仪1套，反射棱镜2台套，小钢尺1把。

12.3 实训操作与注意事项

（1）在测站点上安置仪器，对中、整平，量取仪器高 i（精确至mm）。

（2）在待测点上安置反射棱镜，棱镜朝向全站仪，量取棱镜高（精确至mm）。

（3）全站仪开机，进入开机界面。

（4）全站仪盘左照准左侧棱镜中心，在角度测量模式下置零，进入测距模式测距，记录水平距离和高差。

（5）顺时针转动全站仪照准部，盘左照准右侧棱镜中心，记录水平度盘读数，进入测距模式测距，记录水平距离和高差。

（6）倒转望远镜，逆时针转动全站仪照准部，盘右照准右侧棱镜中心，记录水平度盘读数，进入测距模式测距，记录水平距离和高差。

（7）逆时针转动全站仪照准部，盘右照准左侧棱镜中心，记录水平度盘读数，进入测距模式测距，记录水平距离和高差。

（8）注意事项：

①全站仪价格昂贵，一定要按规程操作，保证仪器安全。

②量取仪器高和棱镜高时，直接从地面点量至相应的中心位置。

③每次照准都要瞄准棱镜中心。

④测距时，一个测回是指瞄准一次测距两次。

（9）上交材料：每小组上交合格成果一份，每人上交实训报告一份。

12.4 思考与练习

1. 试比较全站仪距离测量与经纬仪视距法测距的区别。

2. 全站仪中显示的高差值是指哪两点间的高差？如何将其转换成地面两点间的高差？

3. 全站仪测量得到的斜距要经过哪些改正计算，才能成为地面两点间的平距？

训练13 图根导线测量

13.1 技能目标

（1）掌握图根导线的外业施测方法。

（2）掌握图根导线的内业计算方法。

13.2 训练准备

（1）采用分组的方式进行，每组4人，其中一人观测、一人记录、两人架设反光镜，轮换练习。

（2）全站仪1台套，反光镜2个，脚架3个，小钢尺1把，导线记录表格4张，计算器1个。

13.3 实训操作与注意事项

（1）在校内训练场上选择4个导线点构成闭合导线，并分别用铁钉在地面上做好点位标志。

（2）在一已知导线点上安置全站仪，在另外两个导线上安置反光棱镜。采用三联脚架法进行导线的水平角和水平距离的测量。

（3）一个导线点的观测工作结束后，换另一个同学观测。做到4人分别在不同的点上均进行了观测、记录和架设反光镜脚架等工作。

（4）外业观测结后，每位同学根据本组观测的导线资料计算导线各点的坐标。

（5）注意事项：

①选点时，应顾及仪器架设和观测的方便性，以及导线点间的通视性。

②每名同学必须进行一个测站点的观测操作。

③观测过程中应注意限差要求。导线闭合差超限必须分析原因，进行重测。

④内业计算用表格进行，必须严格按格式要求进行，各项检核都应符合要求。

（6）上交资料。每组上交导线测量计算成果一份，见表10.12所示。

表 10.12　　　　　　　　　　**导线测量内业计算表格**

导线名称：　　　　　　　　　　导线级别：　　小组：　　　计算者：　　　检核者：

点名	观测角（° ′ ″）	改正数（″）	方位角（° ′ ″）	水平距离（m）	X 坐标增量	改正数	Y 坐标增量	改正数	坐标	
									X（m）	Y（m）
辅助计算	方位角闭合差 f_β：　角度改正数 v_β： x 坐标闭合差 f_x：　x 坐标增量改正数 v_x： y 坐标闭合差 f_y：　y 坐标增量改正数 v_y： 导线全长闭合差 f_s：　导线相对精度 k：									

13.4　思考与练习

1. 何谓导线测量？它有哪几种布设形式？试比较它们的优缺点。

2. 试述导线测量内业计算的步骤并比较支导线、符合导线、闭合导线计算的异同点。

训练 14　经纬仪碎部测量

14.1　技能目标

（1）掌握用经纬仪测绘大比例尺地形图的一般方法和测绘地形图的基本技能。

（2）掌握正确选择地形点的要领，学会正确的跑尺方法。

14.2　训练准备

（1）采用分组的方式进行，每组 4 人，其中一人观测、一人记录及计算、一人绘图、一人跑尺，轮换练习。

（2）DJ_6经纬仪 1 套，小钢尺 1 把，测图板 1 块，聚酯薄膜 1 张，计算器 1 个，绘图工具 1 套，记录板和记录表格 1 套，塔尺 1 把，小针 1 颗，所需的控制点数据 1 份。

14.3　实训操作与注意事项

1. 设站与定向

（1）在测站点 A 上安置经纬仪，量取仪器高 i 。

（2）绘图员在测站旁放一块标好四角坐标的测图板和编好坐标计算程序的计算器。

（3）在施测前，立尺员将塔尺立直在定向点 B 点上，观测员将望远镜先瞄准已知点 B 作为定向方向，配置水平度盘使读数为方位角 α_{AB} ，依次读取视距、中丝度数、竖直角度数、水平盘度数，记录员依次回报确认并记录。计算员启动相应的测图程序，按顺序输入计算出所测 B 点三维坐标，同控制点数据比较，坐标差值应小于 0. 1m，高程差值不应大于 1/5 等高距。

（4）做好上述准备后，可选定远处一个明显目标作为检查方向，并记录水平度数，即可开始施测碎部点。

2. 观测

（1）观测员松开经纬仪照准部，立尺员按一定路线选择地形特征点并竖立塔尺，观测员将望远镜照准立尺员竖立在碎部点上的标尺，依次读取视距、中丝度数、竖直角度数、水平盘度数。记录员依次回报确认并记录，计算员启动相应的测图程序，按顺序输入计算出所测碎部点三维坐标，绘图员依据计算出坐标用坐标展点器进行展点，并标注高程。

（2）同法测出其余碎部点，及时绘出地物，勾绘等高线。对照实地进行检查。

（3）按地形图图式的要求，描绘地物和地貌，并进行图面整饰。

3. 注意事项

（1）观测员一般每观测 20~30 个碎部点后，应检查起始方向有无变动。对碎部点观测只需一个镜位。视距需读至 0. 1m 外，仪器高、中丝读数读至厘米，水平角和竖直角读至分。

（2）小组成员轮流的担任观测员、绘图员、标尺员、记录员等工种。在测站上应边算边绘，掌握施测地形碎部点的最佳工作顺序，注意注记时字头朝北。

（3）因为小组携带的仪器、工具较多，所以要注意保管，防止丢失或损坏。

4. 上交资料

以小组为单位，上交碎部点测量记录表和所测绘的 1∶500 地形图一张。

14.4 思考与练习

1. 试述经纬仪测图法在一个测站上测绘地形图的方法和步骤。

2. 在地形图上表示地物的原则是什么？地形图上的地物符号分为哪几类？请举例说明。

3. 何谓数字测图？数字测图与传统测图相比较有何特点？

本章小结

测绘是一项动手能力要求极强的工作。在本课程的学习中，要求学生必须熟练掌握测绘的基本技能。本章主要介绍了 14 项测绘基本职业技能训练。在教学时，根据各章节教学的需要，选择相应的技能操作训练内容，辅助课堂理论教学。通过基本技能的操作训练，一方面使学生加深对测绘基础理论知识的理解，另一方面增强学生动手能力的培养。

在各项目的操作实训前，对于实训的技术操作、观测方法和成果处理等实施，可详细参阅本书相关章节，做到有的放矢，提高实训的质量和效率。

附录　测绘基本术语

1. 测绘学 Geomatics；Surveying and Mapping

研究地理信息的获取、处理、描述和应用的学科，其内容包括研究测定、描述地球的形状，大小、重力场、地表形态以及它们的各种变化，确定自然和人造物体、人工设施的空间位置及属性，制成各种地图和建立有关信息系统。

2. 工程测量 Engineering Survey

工程建设的勘察设计、施工和运营管理各阶段，应用测绘学的理论和技术进行的各种测量工作。

3. 高斯-克吕格投影 Gauss-Krueger Projection

地图投影带的中央子午线投影为直线且长度不变，赤道投影为直线，且两线为正交的等角横切椭圆柱投影。

4. 高斯平面直角坐标系 Gauss-Krueger Plane Rectangular Coordinate System

根据高斯-克吕格投影所建立的平面直角坐标系。

5. 高程 Elevation；Height

地面点至高程基准面的铅垂距离。

6. 高程基准 Height Datum

由特定验潮站平均海水面确定的起算面所决定的水准原点高程。

7. 1985 国家高程基准 National Height Datum 1985

根据青岛验潮站 1952—1979 年验潮资料计算确定的平均海水面所决定的水准原点高程，于 1987 年由国家测绘局颁布作为我国统一的测量高程基准。

8. 假定高程 Assumed Height

按假设的高程基准所确定的高程。

9. 控制点 Control Point

以一定精度测定其几何、天文和重力数据，为进一步测量及为其他科学技术工作提供依据具有控制精度的固定点。包括平面控制点和高程控制点。

10. 测量控制网 Surveying Control Network

由相互联系的控制点以一定几何图形所构成的网，简称控制网。

11. 标准［偏］差 Standard Deviation

随机误差平方的数学期望的平方根，也称中误差或均方根差。

12. 偶然误差 Accident Error；Random Error

在一定观测条件下的一系列观测值中，其误差大小、正负号不定，但符合一定统计规律的测量误差，也称随机误差。

13. 系统误差 Systematic Error

在一定观测条件下的一系列观测值中，其误差大小、正负号均保持不变，或按一定规律变化的测量误差。

14. 粗差 gross error

在一定观测条件下的一系列观测值中，超过标准差规定限差的测量误差。

15. 多余观测 Redundant Observation

超过确定未知量所必需的观测数量的观测。

16. 控制测量 control survey

为建立测量控制网而进行的测量工作，包括平面控制测量，高程控制测量和三维控制测量。

17. 高斯投影面 Gauss Projection Plane

按照高斯投影公式确定的地球椭球面的投影展开面。

18. 大地水准面 Geoid

一个与假想的无波浪、潮汐、海流和大气压变化引起扰动的处于流体静平衡状态的海洋面相重合并延伸到大陆的重力等位面。

19. 参考椭球面 Surface of Reference Ellipsoid

处理大地测量成果而采用的与地球大小、形状接近并进行定位的椭球体表面。

20. 高斯投影分带 Zone-dividing of Gauss Projection

按一定经差将地球椭球体表面划分成若干投影的区域，简称投影分带。

21. 平面控制网 Horizontal Control Network

在某一参考面上，由相互联系的平面控制点所构成的测量控制网。

22. 平面控制测量 Horizontal Control Survey

确定控制点平面坐标的测量工作。

23. 平面控制点 Horizontal Control Point

具有平面坐标的控制点。

24. 导线测量 Traverse Survey

在地面上按一定要求选定一系列的点依相邻次序连成折线，并测量各线段的边长和转折角，再根据起始数据确定各点平面位置的测量方法。

25. 附合导线 Connecting Traverse

起止于两个已知点间的单一导线。

26. 闭合导线 Closed Traverse

起止于同一个已知点的封闭导线。

27. 导线点 Traverse Point

用导线测量的方法测定的控制点。

28. 坐标增量 Increment of Coordinate

两点之间的坐标值之差。

29. 导线全长闭合差 Total Length Closing Error of Traverse

由导线的起点推算至终点位置与原有已知点的位置之差。

30. 高程控制点 Vertical Control Point

具有高程值的控制点。

31. 高程控制测量 Vertical Control Survey

确定控制点高程值的测量工作。

32. 高程控制网 Control Network of Height; Vertical Control Network

由相互联系的高程控制点所构成的测量控制网。

33. 标石 Markstone

用混凝土、金属或石料制成，埋于地下或露出地面以标志控制点位置的永久性标志。

34. 觇标 Tower; Signal

作为照准目标用的测量标志构筑物。

35. 水平角 Horizontal Angle

测站点至两个观测目标方向线垂直投影在水平面上的夹角。

36. 垂直角 Vertical Angle

观测目标的方向线与水平面间在同一竖直面内的夹角。

37. 天顶距 Zenith Distance

测站点铅垂线的天顶方向到观测方向线间的夹角。

38. 测站 Observation Station

观测时设置仪器或接收天线的位置。

39. 照准点 Sighting Point

观测时仪器照准的目标点。

40. 正镜 Telescope in Norma1 Position

照准目标时，经纬仪的竖直度盘位于望远镜左侧，也称盘左。

41. 倒镜 Telescope in Reversed Position

照准目标时，经纬仪的竖直度盘位于望远镜右侧，也称盘右。

42. 测回 Observation Set

根据仪器或观测条件等因素的不同，统一规定的由数次观测组成的观测单元。

43. 全圆方向法 Method of Direction Observation in Rounds

把两个以上的方向合为一组，从初始方向开始依次进行水平方向观测，最后再次照准初始方向的观测方法。

44. 方向观测法 Method of Direction Observation

以两个以上的方向为一组，从初始方向开始，依次进行水平方向观测，正镜半测回和倒镜半测回，照准各方向目标并读数的方法。

45. 归零差 Misclosure of Round

全圆方向法中，半测回开始与结束两次对起始方向观测值之差。

46. 两倍照准差 Discrepancy between Twice Collimator Errors

全圆方向法中，同一测回、同一方向正镜读数与倒镜读数之差。

47. 坐标方位角 coordinate azimuth

坐标系的正纵轴与测线间顺时针方向的水平夹角。

48. 方位角 azimuth

通过测站的子午线与测线间顺时针方向的水平夹角。

49. 测角中误差 Mean Square Error of Angle Observation

根据测角闭合差或观测值改正数，计算出角度观测值的中误差。

50. 距离测量 distance measurement

测量两点间长度的工作。

51. 电磁波测距 Electromagnetic Distance Measurement（EDM）

以电磁波在两点间往返的传播时间确定两点间距离的测量方法。

52. 光电测距 Electro-optical distance measurement

以光波为载波，采用测频法、脉冲法或相位法确定两点间距离的方法。

53. 全站仪 Total Station

集光、机、电为一体的高技术测量仪器，是集水平角、垂直角、距离（斜距、平距）、高差和坐标测量功能于一体的测绘仪器系统。

54. 反光镜 Reflector

将发射的光束反射至接收系统的反射物。包括：平面反光镜、球面反光镜、透镜反光镜、棱镜反光镜等。

55. 钢尺量距 Steel Tape Distance Measurement

采用宽度 10~201mm，厚度 0.1~0.4mm 薄钢带制成的带状尺测量距离的方法。

56. 视距 Sighting Method

用调焦望远镜观察时在分划面上成清晰像的物体与仪器转轴中心的距离。

57. 往测与返测 Direct and Reversed Observation

两点间测量时，由起点到终点、由终点到起点的测量过程。

58. 高程测量 Height Survey

确定地面点高程的测量工作。

59. 水准测量 Leveling

用水准仪和水准尺测定两固定点间高差的工作。

60. 水准点 Bench Mark

用水准测量方法，测定的高程达到一定精度的高程控制点。

61. 水准网 Leveling Network

由一系列水准点组成多条水准路线而构成的带有结点的高程控制网。

62. 水准测段 Segment of Leveling

分段观测时，相邻两水准点或高程控制点间的水准测量路线。

63. 高差 Difference of Elevation；Level Difference

同一高程系统中两点间的高程之差。

64. 附合水准路线 Annexed Leveling Line

起止于两个已知水准点间的水准路线。

65. 闭合水准路线 closed leveling line

起止于同一已知水准点的封闭水准路线。

66. 支水准路线 Spur Leveling Line；Leveling Branch

从一已知水准点出发，终点不附合或不闭合于另一已知水准点的水准路线。

67. 三角高程测量 Trigonometric Leveling

根据已知点高程及两点间的垂直角和距离确定所求点高程的方法。

68. 电磁波测距三角高程测量 EDM-Trigonometric Leveling

采用电磁波测距仪直接测定两点间距离的三角高程测量。

69. 高程中误差 Mean Square Error of Height

根据高程测量闭合差或不符值计算的中误差。

参 考 文 献

［1］王金玲．测量学基础［M］．北京：中国电力出版社，2011.
［2］李天和．工程测量［M］．郑州：黄河水利出版社，2006.
［3］王晓春．地形测量［M］．北京：测绘出版社，2010.
［4］全志强．建筑工程测量［M］．北京：测绘出版社，2010.
［5］潘松庆．工程测量技术［M］．郑州：黄河水利出版社，2011.
［6］李生平．建筑工程测量［M］．武汉：武汉工业大学出版社，2002..
［7］王根虎．土木工程测量［M］．郑州：黄河水利出版社，2005.
［8］邱国屏．铁路测量［M］．北京：中国铁道出版社，2001.
［9］鲍峰，程效军．测量学（第四版）［M］．上海：同济大学出版社，2004.
［10］李明．地形测量［M］．北京：测绘出版社，2011.
［11］赵文亮．土木工程测量［M］．北京：科学出版社，2004.
［12］马真安，吴文波．地形测量技术［M］．武汉：武汉大学出版社，2011.
［13］张坤宜．测量技术基础［M］．武汉：武汉大学出版社，2011.
［14］国家测绘地理信息局职业技能鉴定指导中心．测绘综合能力［M］．北京：测绘出版社，2012.
［15］李德仁，宁津生等．测绘学概论［M］．武汉：武汉大学出版社，2004.
［16］胡勇，李莲．建筑工程测量［M］．哈尔滨：哈尔滨工业大学出版社，2012.
［17］李天和．地形测量［M］．郑州：黄河水利出版社，2012.
［18］肖建虹．测绘工程技术专业实训与实习［M］．北京：测绘出版社，2011.